Matemáticas

PRIMER trimestre

W0306483

4
primaria

más Savia

Con más Savia puedes disfrutar de recursos digitales y de un entorno donde estarás en contacto con tu profesor y con tus compañeros de clase.

Entrar en smmassavia.com es fácil

Escribe en internet la siguiente dirección:
smmassavia.com

Regístrate e introduce el **número de licencia** que aparece en la página de la izquierda. Solo debes registrarte una vez.

Anota tu identificador y contraseña para que puedas entrar después de haberte registrado.

Si tienes alguna duda, puedes ponerte en contacto con nuestro Centro Integral de Atención al Cliente (CIAC).

ATENCIÓN AL CLIENTE
TEL.: 902 12 13 23 / 912 080 403
clientes@grupo-sm.com
www.grupo-sm.com

sm

Así aprendes con tu libro

1 Tu libro agrupa unidades con contenidos comunes y te propone metas

Con las primeras actividades vas a sentir curiosidad por los contenidos. Vas a darte cuenta de las cosas que ya sabes y de lo que te gustaría saber.

Conocerás la meta final para poner en práctica lo aprendido y colaborar a mejorar nuestro mundo. Estas actividades se llaman en tu libro Mejora tu... Son tareas de **aprendizaje-servicio**.

4 Cálculo mental

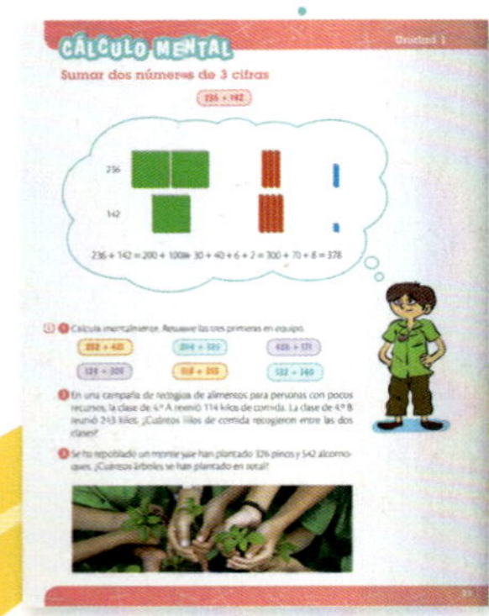

Activarás tu mente poniendo en marcha estrategias para mejorar tu cálculo mental. Así, poco a poco, cogerás agilidad, destreza y velocidad para hacer operaciones sin necesidad de escribirlas.

5 Ordena el aprendizaje en 4 momentos clave

Nos activamos	Comprendemos	Aplicamos	Comprobamos lo aprendido
Con actividades que despiertan tu interés y tu curiosidad.	Con textos e imágenes que te ayudan a comprender mejor.	Con actividades para que utilices lo aprendido.	Con actividades para que sepas qué has aprendido y cómo.

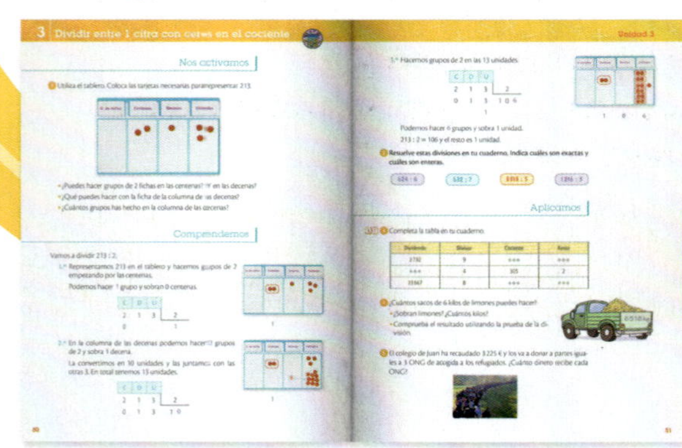

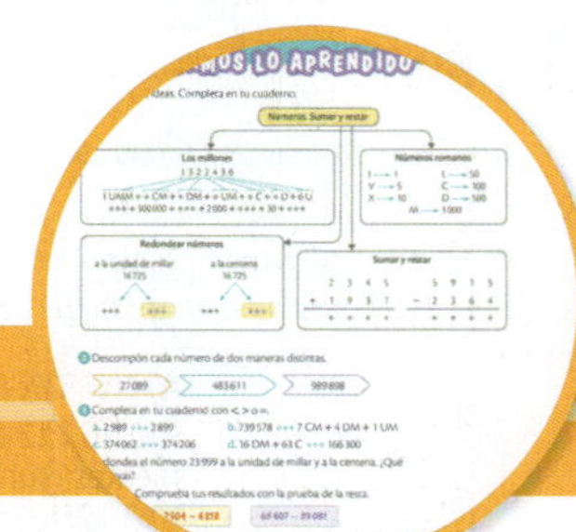

2 Te permite trabajar con el apoyo de tus compañeros o tú solo con un poco de ayuda

Habrá actividades que resolverás en **equipo** para tener más seguridad. Así, poco a poco, trabajando en **equipo** aprenderás mejor a trabajar tú solo. A esta forma de trabajar la llamamos **Aprendizaje cooperativo**.

Hemos puesto iconos en estas actividades:

- G Lo haces todo en equipo.
- I G Empiezas tú solo.
- G I Empiezas en equipo.
- Actividad oral.
- i Actividad con ayuda para trabajar solo.

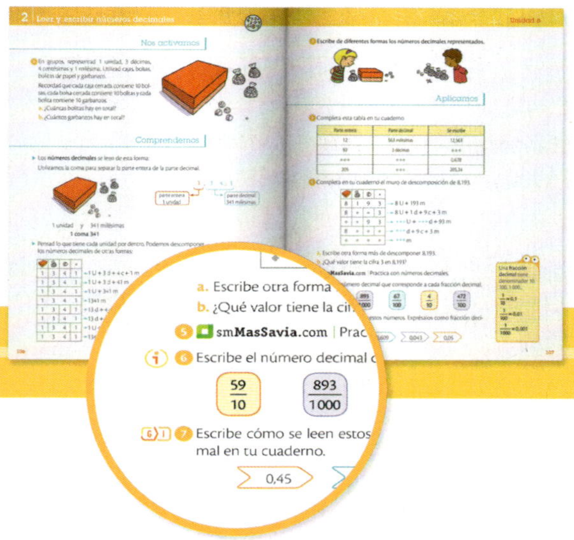

3 Mejora tu resolución de problemas

En Grandes Estrategas aprenderás estrategias que te permitirán resolver cualquier tipo de problema.

Podrás razonar a partir de una imagen en Observa y contesta. También podrás resolver más problemas utilizando tus propias estrategias.

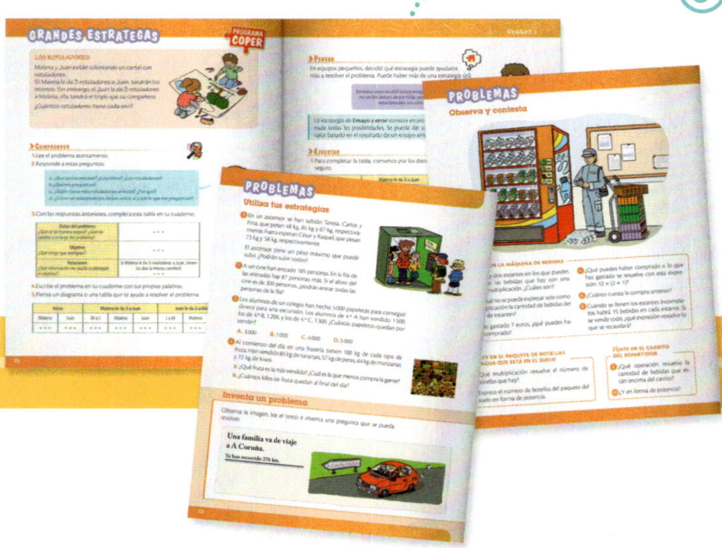

6 Te ayuda a saber cómo has aprendido

Al final de cada unidad y de la tarea de aprendizaje-servicio, podrás reflexionar sobre:

- Qué has aprendido y cómo has aprendido mejor.
- Con quién has aprendido y cómo te has sentido.

A esto le llamamos **metacognición**.
Sirve para que poco a poco te conozcas y cada vez puedas aprender mejor.

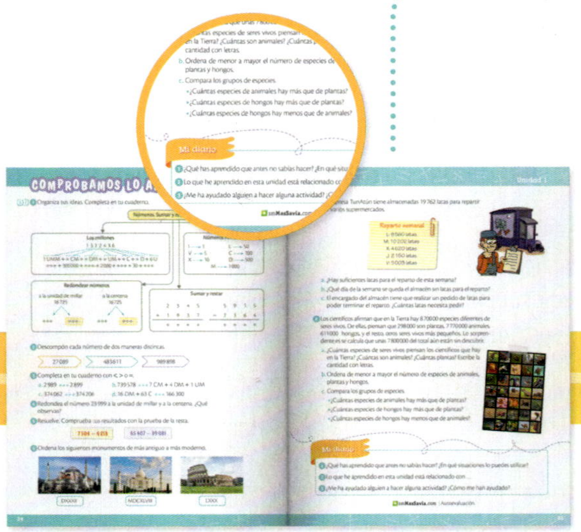

Índice

Números naturales. Sumar y restar

Unidad 1
Números. Sumar y restar

TAREA FINAL
Mejora tu entorno

1 Cifras y letras

- ¿Qué medio de transporte te parece que cuida más el medioambiente?
- ¿Sabrías decir qué coche es más antiguo observando su matrícula? ¿Es suficiente con mirar los números?

4520JFL   8205HRP   0123KKD

2 ¡Sabes más de lo que crees!

- Observa los números que aparecen en la parada del autobús. ¿Qué indica cada uno?
- Si en el cubo ya hay 15 latas, ¿cuántas faltan para poder hacer una llanta de bicicleta?

3 Sigue haciéndote preguntas

- Cada persona deposita en un año 1 142 envases en el contenedor amarillo. ¿El número de envases está más cerca de 1 000 o de 2 000?
- ¿Cuántas carreras populares se han hecho?

TAREA
FINAL

Mejora tu entorno

Aprende a reciclar para cuidar nuestro planeta.

1

Números. Sumar y restar

En esta unidad vamos a:

Leer, descomponer y ordenar números.

¿Qué número va detrás del 999 999?

Redondear números.

¿Entre qué unidades de millar está el número 1 850? ¿Cuál está más cerca?

Sumar y restar.

¿Cuántas entradas han vendido en total en el fin de semana?

Números romanos.

¿En qué año se empezó a construir la Mezquita de Córdoba?

smMasSavia.com
Lo que ya sé.

Nos activamos

1. Forma números con tus compañeros.

- ¿Qué número han formado estos niños? ¿Cuánto vale el 1?

- ¿Qué número han formado ahora? ¿Cuánto vale el 1?

Construye otros números con tus compañeros. Indicad el valor de la cifra roja en todos los casos.

Comprendemos

Cada cifra tiene un valor según la posición que ocupa.

CM	DM	UM	C	D	U
7	3	5	8	4	6

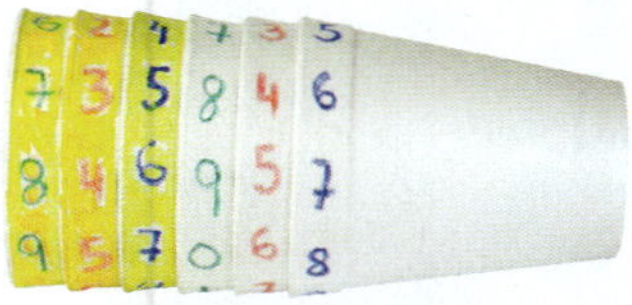

1 CM = 10 DM = 100 UM = 1 000 C =
= 10 000 D = 100 000 U

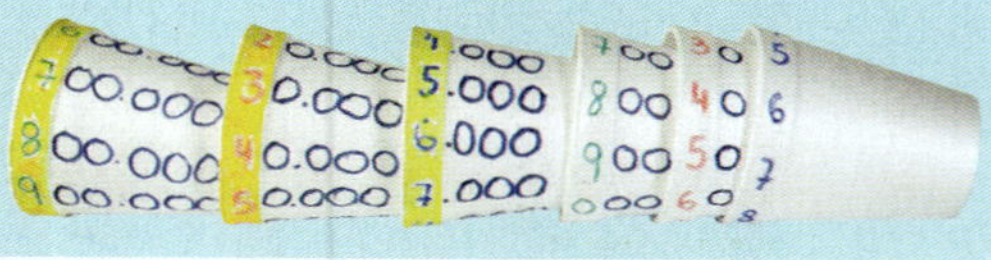

2 Descompón los siguientes números. Para ello, fíjate en el valor de posición de sus cifras. Después, escribe cómo se leen.

Ejemplo ▸

322 436 = 3 CM + 2 DM + 2 UM + 4 C + 3 D + 6 U

322 436 = 300 000 + 20 000 + 2 000 + 400 + 30 + 6

trescientos veintidós mil cuatrocientos treinta y seis

693 **23 872** **4 032** **534 787**

3 ¿Cuáles son estos números? Escríbelos.

600 000 + 70 000 + 200

6 DM + 8 UM + 5 D + 4 U

seiscientos treinta mil quinientos tres

Aplicamos

4 Podemos descomponer los números de diferentes formas. Completa en tu cuaderno el muro de descomposición.

UM	C	D	U	
1	3	2	7	→ 1 UM + 3 C + 2 D + 7 U
1	3	2	7	→ 13 C + 27 U
1	3	2	7	→ ◆◆◆ UM + ◆◆◆ U
◆	◆	◆	◆	→ 132 ◆◆◆ + ◆◆◆ U
◆	◆	◆	◆	→ ◆◆◆

G › I **5** ¿Qué números son?

Ejemplo ▸

DM	UM
5	3

UM +

C	D
1	5

D = 53 150

a. 27 C + 46 U b. 53 DM + 15 C + 5 U c. 26 C + 18 D

6 Escribe el número anterior y posterior a estos números.

10 000 120 309 873 999

2 El millón

Nos activamos

1 Ahora vamos a formar números en grupos de 6 compañeros.

a. ¿Qué número han formado estos niños? ¿Cuánto vale el 1?

b. ¿Cuál es el mayor número que puedes formar con seis cifras? Fórmalo con tus compañeros. ¿Cuál es el número siguiente?

Comprendemos

▶ Después del 999 999 viene el número 1 000 000, que se lee un millón.

Para escribir números de más de seis cifras utilizamos los **millones**.

1 UMM = 1 000 UM = 1 000 000 U

▶ Vamos a representar números grandes:

- Junta tu tablero con el de tu compañero. Colocad las tarjetas correspondientes. Si os falta alguna podéis utilizar las tarjetas blancas y escribir en ellas.

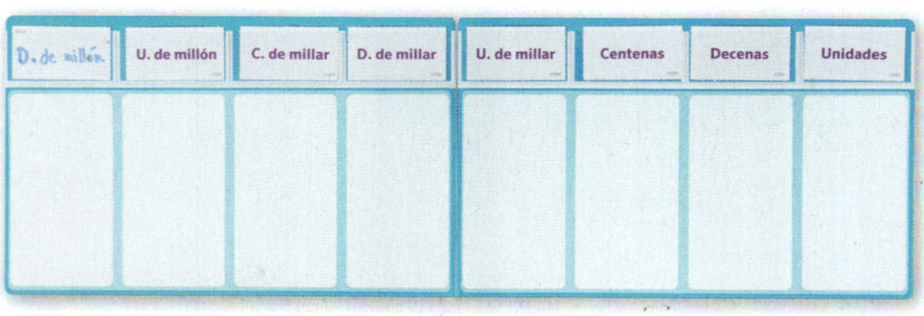

- Colocad las fichas para representar:

3 DMM + 1 UMM + 2 CM + 4 UM + 1 D + 2 U

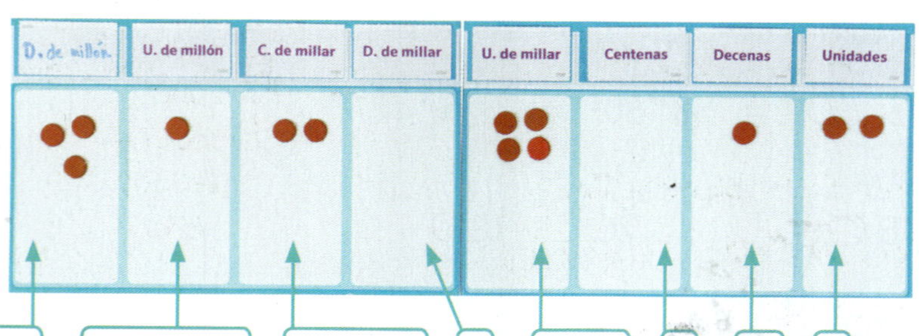

30 000 000 + 1 000 000 + 200 000 + 0 + 4 000 + 0 + 10 + 2 = 31 204 012

Se lee: treinta y un millones doscientos cuatro mil doce.

2 Representad números por parejas. Un miembro de la pareja representa un número y el compañero debe decir cómo se lee.

3 Descompón estos números. Escribe cómo se leen.

1 320 114 | 2 131 765 | 998 279 | 1 762 136

4 ¿Cuáles son estos números? Escríbelos.

70 000 000 + 300 000 + 200 + 5

9 UMM + 4 DM + 5 UM + 8 D

Ciento cinco millones ochocientos treinta mil cuatrocientos dos

a. ¿Qué posición ocupa la cifra 3 en cada número?

b. ¿Qué valor tiene la cifra 5 en cada uno de los números?

Aplicamos

5 Juntad vuestros tableros para representar números por parejas. Representad el mayor número de 7 cifras con 7 fichas. Tenéis que colocar 2 fichas en las centenas y 3 fichas en las unidades. Después, escribid el número que habéis obtenido con cifras y con letras.

6 ¿Qué números son?

a. 67 UMM + 25 DM + 3 C

b. 53 DM + 15 C + 5 U

c. 6 DMM + 16 UM + 45 U

d. 25 CM + 48 D

7 Sigue las pistas. Indica en tu cuaderno a qué película le corresponde cada barra del gráfico.

- El número de personas que ha visto *Torreblanca* es de 2 UMM + 5 CM.
- La película *Crácula* la han visto 1 UMM menos que *Juguetes rebeldes*.
- 400 DM espectadores han visto *Juguetes rebeldes*.
- La película *Dramas y comedias* ha tenido 2 CM + 8 CM espectadores menos que *Torreblanca*.

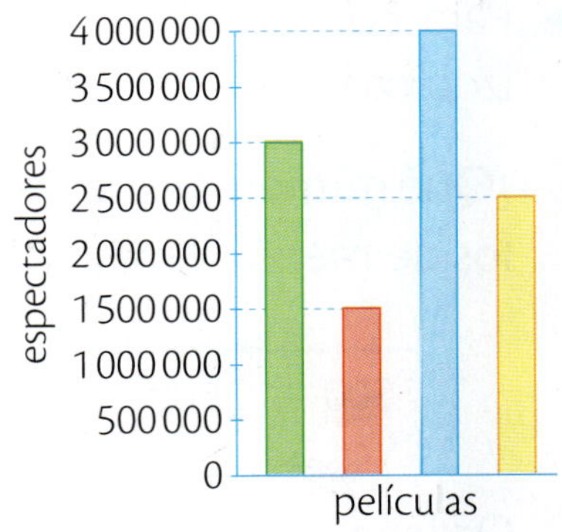

8 **Reflexionamos.** Todos los números tienen un siguiente. ¿Todos los números tienen un anterior?

3 Comparar números

Nos activamos

1 Vamos a realizar saltos de longitud.

- Construid tiras numéricas con papel de cocina.
- En cada trozo escribid números de 100 en 100.
- Saltad al lado de la tira por turnos.

a. ¿Hasta que número habéis llegado cada uno?

b. ¿Quién ha ganado? ¿Por qué?

Comprendemos

▶ Para comparar números, podemos representarlos sobre la recta numérica. El mayor es el que se encuentre más a la derecha.

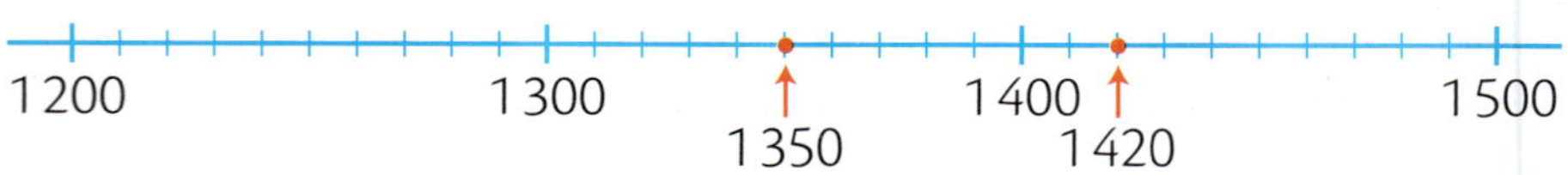

1350 < 1420 — menor que

1420 > 1350 — mayor que

▶ Para comparar números, también podemos comparar sus cifras de izquierda a derecha, hasta encontrar las que son diferentes.

2 **¿Qué números están representados sobre la recta numérica? Ordénalos de menor a mayor.**

3 **Ordena estos números de mayor a menor.**

2 125 350 | 2 126 030 | 1 226 500 | 1 998 000

Aplicamos

4 Fíjate en el número de oyentes de cada emisora de radio. Contesta verdadero o falso en tu cuaderno.

410 356 oyentes

409 234 oyentes

410 099 oyentes

- El número de oyentes de radio piña es menor que el de radio naranja.
- El número de oyentes de radio naranja es mayor que el de radio manzana.
- El número de oyentes de radio manzana es menor que el de radio piña.

5 Ordena los siguientes números de mayor a menor.

4 DM + 9 C + 9 D + 9 U

5 UM + 2 C + 39 U

4 DM + 5 UM + 3 C + 9 U

6 smMasSavia.com | Practica la comparación de números.

I G 7 Observa el número de visitantes de un museo en 2018 y contesta.

Enero 59 865	Febrero 42 651	Marzo 98 332	Abril 154 741
Mayo 148 475	Junio 173 002	Julio 194 207	Agosto 201 746
Septiembre 145 099	Octubre 139 998	Noviembre 85 410	Diciembre 54 056

a. ¿Qué mes han visitado el museo más personas?

b. Si en mayo de 2017 visitaron el museo 145 328 personas, ¿en qué meses del 2018 el número de visitantes ha sido mayor?

8 Un grupo de rock va a actuar en una de las cuatro salas de conciertos de la Plaza de la Música. Han vendido 11 989 entradas. ¿En qué sala será el concierto?

Aforos

Sala Sol: 11 090

Sala Re: 11 900

Sala Fa: 11 990

Sala Do: 11 099

Nos activamos

1 Construye una recta numérica como esta con papel de cocina. Después, lanza fichas sobre ella.

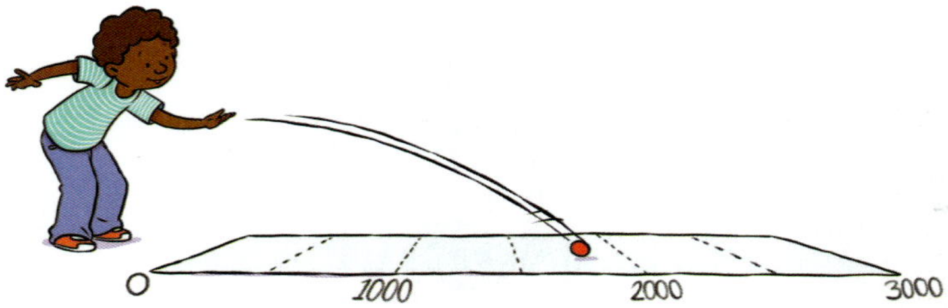

- ¿Entre qué dos números has caído?
- ¿De qué número estás más cerca?
- ¿Te atreves a decir en qué número has caído de forma exacta?

Comprendemos

▶ El número 1 850 está comprendido entre el 1 000 y el 2 000.

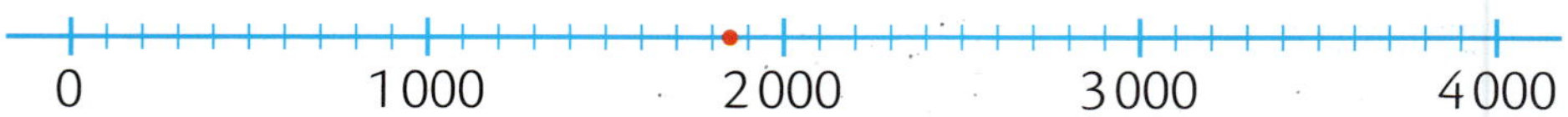

1 850

1 000 **2 000**

Está más cerca del 2 000.

1 850 redondeado a la unidad de millar es 2 000.

> ▶ Para **redondear un número a la unidad de millar** nos fijamos entre qué unidades de millar se encuentra y elegimos la más cercana.
>
> ▶ Para **redondear un número a la centena** nos fijamos entre qué centenas se encuentra y elegimos la más cercana.

Si un número se encuentra justo entre dos centenas, se aproxima a la centena superior.

3 250

3 200 **3 300**

2 **Redondea estos números:**

1365 7750 4 653 9 850

a. A las unidades de millar.

b. A las centenas.

3 En la tabla aparecen las distancias que recorren varios animales en sus migraciones anuales. Completa la tabla en tu cuaderno.

Animal	Distancia recorrida (km)	Redondeo a la unidad de millar	Redondeo a la centena
Mariposa monarca	4764	◆◆◆	◆◆◆
Caribú	2638	◆◆◆	◆◆◆
Ganso	3923	◆◆◆	◆◆◆

Aplicamos

4 ¿Cuáles de las siguientes afirmaciones no son ciertas? Corrígelas en tu cuaderno.

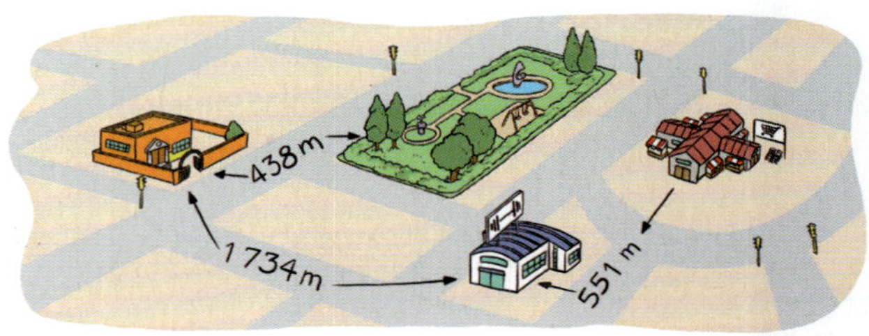

- La distancia entre el colegio y el parque redondeada a la decena es de 450 metros.
- La distancia entre el colegio y el polideportivo redondeada a la unidad de millar es de 1800 metros.
- La distancia entre el polideportivo y el mercado redondeada a la centena es de 600 metros.

G I 5 ¿Entre qué decenas de millar se encuentra cada número? Redondéalo a la más cercana.

1 DM + 2 UM + 3 C + 6 D + 5 U   364 C + 77 U

7 DM + 811 U   5 DM + 4 UM + 9 D + 6 U

6 **PREPARA LA TAREA.** El año pasado se colocaron en las calles 218 146 contenedores verdes, 212 852 contenedores azules y 378 272 contenedores amarillos. Redondea cada cantidad a la unidad de millar. ¿De qué tipo había más contenedores?

Nos activamos

1 ¿Qué cantidad está representada en el tablero?

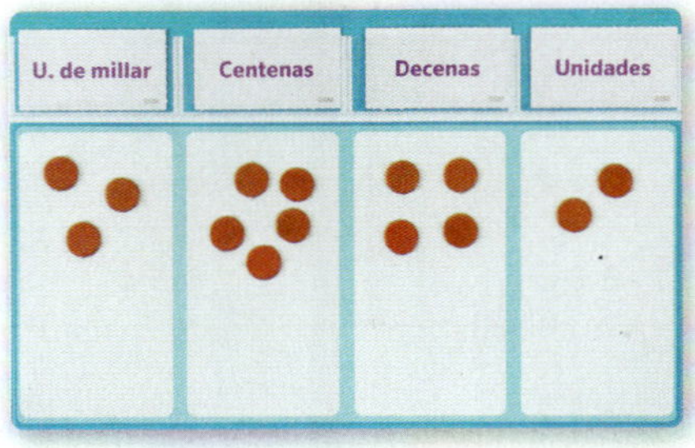

a. Añade 9 C, 8 D y 4 U.
- ¿Qué operación has realizado?
- ¿Te han quedado 10 o más fichas en alguna columna? ¿Qué puedes hacer?
- ¿Qué cantidad has obtenido?

b. Quita 3 UM, 5 C, 0 D y 6 U.
- ¿Qué operación has realizado?
- ¿Puedes quitar las fichas que necesitas? ¿Qué puedes hacer?
- ¿Qué cantidad has obtenido?

Comprendemos

Vamos a ver cómo podemos escribir las operaciones.

- Para sumar dos números, colocamos los sumandos alineados por unidades, decenas, centenas, etc., y sumamos.

	UM	C	D	U
	1	1		
	3	5	4	2
+		9	8	4
	4	15	12	6

- Para restar dos números, colocamos el minuendo y sustraendo alineados por unidades, decenas, centenas, etc., y preparamos la resta si es necesario.

	UM	C	D	U
			3	12
	3	5	~~4~~	~~2~~
−	3	5	0	6
	0	0	3	6

2 **Resuelve estas operaciones.**

a. 1 394 + 1 133 b. 5 249 − 3 147 c. 4 481 − 2 156

- Para comprobar si una resta está bien hecha, sumamos el sustraendo y la diferencia y debemos obtener minuendo.

4 850 − 4 506 = 344 4 506 + 344 = 4 850

3 **Resuelve estas restas. Después, realiza la prueba de la resta para comprobar que están bien hechas.**

9 347 − 3 909

27 654 − 8 546

▶ Las propiedades de la suma son:

- **Conmutativa:** 26 + 15 = 15 + 26 = 41
- **Asociativa:** (23 + 8) + 11 = 23 + (8 + 11) = 42

Cuando tenemos tres sumandos y hay dos entre paréntesis, realizamos antes lo que está entre paréntesis.

4 **Completa en tu cuaderno. Indica qué propiedad de la suma has utilizado.**

a. 475 + 126 + 321 = 475 + (◆◆◆ + ◆◆◆) = ◆◆◆

b. 1 852 + 962 = ◆◆◆ + 1 852 = ◆◆◆

c. 745 + ◆◆◆ + 628 = 745 + (◆◆◆ + 47) = ◆◆◆

Aplicamos

5 Estima el resultado de estas operaciones redondeando primero cada sumando a las unidades de millar.

4 128 + 8 619

478 + 3 915 + 18 222

6 Averigua los términos que faltan. Completa en tu cuaderno.

a. ◆◆◆ + 5 748 = 11 630

b. 15 374 + ◆◆◆ = 36 488

c. ◆◆◆ − 6 218 = 7 566

d. ◆◆◆ − 22 476 = 966

7 **smMasSavia.com** | Practica la suma y la resta.

8 Para entrar a ver el partido de tenis podemos pasar por tres puertas. Por la puerta A han entrado 1 475 personas y por la puerta B han pasado 1 899 personas.

a. ¿Cuántas personas han entrado por C si se han vendido 4 850 entradas?

b. De las 1 475 personas que han entrado por la puerta A, 947 son adultos. ¿Cuántos niños han entrado por la puerta A?

9 **PREPARA LA TAREA.** Recupera el resultado de la actividad 6 de la página 15. Suma el número de contenedores amarillos, verdes y azules redondeados para obtener el número de contenedores grises.

Nos activamos

1 Lee de dónde viene cada letra de los números romanos e intenta contestar a las preguntas.

> La C es la inicial de ***Centum***.
>
> La M es la inicial de ***Mil***, aunque inicialmente se utilizaba la letra griega **Φ**.
>
> La mitad de la letra griega **Φ** parece una D.

- ¿Con que letra representaban el número 100? ¿Y el 1 000?
- ¿Con que letra representaban el 500? ¿Por qué?

Comprendemos

Los romanos escribían los números utilizando letras:

I	V	X	L	C	D	M
1	5	10	50	100	500	1 000

Para leer o escribir un número romano seguimos estas reglas:

1. Si una letra está la derecha de otra de igual o mayor valor, se suman sus valores.

   VI = 5 + 1 = 6

2. Si las letras I, X o C están a la izquierda de una de mayor valor, se restan sus valores.

   IX = 10 − 1 = 9 XIX = X + IX = 10 + 9 = 19

   CD = 500 − 100 = 400 MCD = M + CD = 1 000 + 400 = 1 400

3. Las letras I, X, C y M se pueden repetir, pero nunca más de 3 veces seguidas.

   MMCCXXX = 2 230

4. Para escribir una cantidad en números romanos, primero hay que descomponer el número.

   2 580 = 2 000 + 500 + 80 = MM + D + LXXX = MMDLXXX

G I **2** Fíjate en el ejemplo. Escribe en números romanos los siguientes números.

Ejemplo ▸

357

300 50 7

CCC L VII

357 = CCCLVII

483 1296 1758

3 Escribe en números romanos el año en que se empezó a construir cada monumento.

1769 1221 785

4 Relaciona en tu cuaderno.

821 2172 1020 1984

MMCLXXII MXX MCMLXXXIV DCCCXXI

Aplicamos

i **5** ¿Es cierta la afirmación de la niña? Razona tu respuesta y escribe el número 99 en números romanos en tu cuaderno.

6 Completa cada serie en tu cuaderno.

II – IV – VI – ◆◆◆ – ◆◆◆

LV – CX – CLXV – ◆◆◆ – ◆◆◆

7 Contesta utilizando todas las letras que tiene Jaime.

¿Cuál es el mayor número romano que puede formar?

¿Y el menor?

LOS ROTULADORES

Malena y Juan están coloreando un cartel con rotuladores.
Si Malena le da 3 rotuladores a Juan, tendrán los mismos. Sin embargo, si Juan le da 3 rotuladores a Malena, ella tendrá el triple que su compañero.

¿Cuántos rotuladores tiene cada uno?

> Comprender

1. Lee el problema atentamente.

2. Responde a estas preguntas:

a. ¿Qué datos me dan? ¿Los niños? ¿Los rotuladores?
b. ¿Qué me preguntan?
c. ¿Quién tiene más rotuladores al inicio? ¿Por qué?
d. ¿Cómo se relacionan los datos entre sí y con lo que me preguntan?

3. Con las respuestas anteriores, completa esta tabla en tu cuaderno.

Datos del problema ¿Qué sé de manera segura? ¿Qué no cambia a lo largo del problema?	◆◆◆
Objetivo ¿Qué tengo que averiguar?	◆◆◆
Relaciones ¿Qué información me ayuda a conseguir el objetivo?	Si Malena le da 3 rotuladores a Juan, tienen los dos la misma cantidad. ◆◆◆

4. Escribe el problema en tu cuaderno con tus propias palabras.

5. Piensa un diagrama o una tabla que te ayude a resolver el problema

Inicio		Malena le da 3 a Juan			Juan le da 3 a Malena			¿Responde al problema?
Malena	Juan	M a J	Malena	Juan	J a M	Malena	Juan	
◆◆◆	◆◆◆	◆◆◆	◆◆◆	◆◆◆	◆◆◆	◆◆◆	◆◆◆	◆◆◆

> PENSAR

En equipos pequeños, decidid qué estrategia puede ayudaros más a resolver el problema. Puede haber más de una estrategia útil.

En este caso es útil la estrategia: Ensayo y error, porque no sé los datos de partida, pero sí como deben quedar relacionadas las cantidades al final.

La estrategia de **Ensayo y error** consiste en probar de manera ordenada todas las posibilidades. Se puede dar un valor al azar o un valor basado en el resultado de un ensayo anterior.

> EJECUTAR

1. Para completar la tabla, comienza por los datos que sabes seguro.

Inicio		Malena le da 3 a Juan			Juan le da 3 a Malena			¿Responde al problema?
Malena	Juan	M a J	Malena	Juan	J a M	Malena	Juan	
◆◆◆	◆◆◆	3	◆◆◆	◆◆◆	3	◆◆◆	◆◆◆	◆◆◆

2. Da un valor a los rotuladores que pueden tener Malena y Juan para completar la primera fila de la tabla. ¿Se cumplen las condiciones del problema? Si no se cumplen, cambia los datos iniciales hasta llegar a la respuesta correcta.

Inicio		Malena le da 3 a Juan			Juan le da 3 a Malena			¿Responde al problema?
Malena	Juan	M a J	Malena	Juan	J a M	Malena	Juan	
10	4	3	7	7	3	13	1	No
12	6	3	9	9	3	15	3	No
◆◆◆	◆◆◆	◆◆◆	◆◆◆	◆◆◆	◆◆◆	◆◆◆	◆◆◆	◆◆◆

> RESPONDER

1. Vuelve al principio y comprueba si tu solución es válida.
2. ¿Hay una única solución o varias?
3. Lee de nuevo el objetivo y escribe una respuesta que tenga sentido. No olvides que la respuesta debe contestar al objetivo.

Al inicio, Malena tiene ◆◆◆ rotuladores y Juan, ◆◆◆ rotuladores.

PROBLEMAS

Utiliza tus estrategias

1 En un ascensor se han subido Teresa, Carlos y Fina, que pesan 48 kg, 85 kg y 67 kg, respectivamente. Fuera esperan César y Raquel, que pesan 73 kg y 58 kg, respectivamente.

El ascensor tiene un peso máximo que puede subir. ¿Podrán subir todos?

2 A un cine han entrado 185 personas. En la fila de las entradas hay 87 personas más. Si el aforo del cine es de 300 personas, ¿podrán entrar todas las personas de la fila?

3 Los alumnos de un colegio han hecho 5 000 papeletas para conseguir dinero para una excursión. Los alumnos de 4.º A han vendido 1 500, los de 4.º B, 1 200, y los de 4.º C, 1 300. ¿Cuántas papeletas quedan por vender?

A. 3 000 **B.** 1 000 **C.** 4 000 **D.** 5 000

4 Al comienzo del día en una frutería tienen 100 kg de cada tipo de fruta. Han vendido 85 kg de naranjas, 57 kg de peras, 64 kg de manzanas y 72 kg de kiwis.

a. ¿Qué fruta es la más vendida? ¿Cuál es la que menos compra la gente?

b. ¿Cuántos kilos de fruta quedan al final del día?

Inventa un problema

Observa la imagen, lee el texto e inventa una pregunta que se pueda resolver.

Una familia va de viaje a A Coruña.

Ya han recorrido 276 km.

CÁLCULO MENTAL

Sumar dos números de 3 cifras

236 + 142

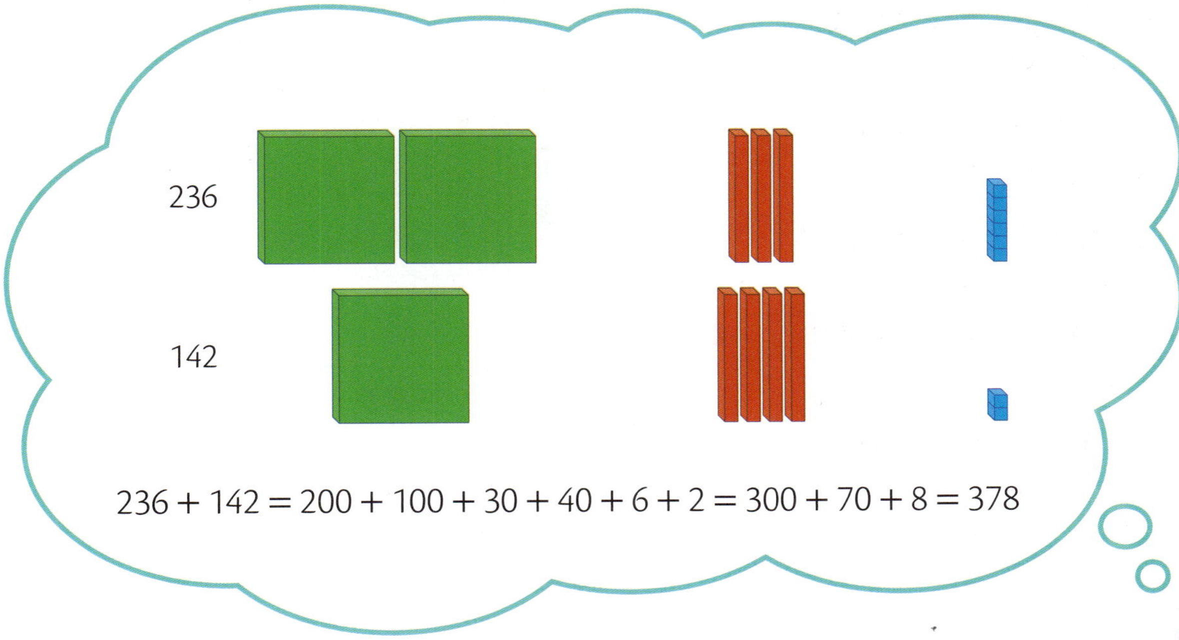

G 1 Calcula mentalmente. Resuelve las tres primeras en equipo.

252 + 421	204 + 385	426 + 171
124 + 303	143 + 355	532 + 340

2 En una campaña de recogida de alimentos para personas con pocos recursos, la clase de 4.º A reunió 114 kilos de comida. La clase de 4.º B reunió 243 kilos. ¿Cuántos kilos de comida recogieron entre las dos clases?

3 Se ha repoblado un monte y se han plantado 326 pinos y 542 alcornoques. ¿Cuántos árboles se han plantado en total?

COMPROBAMOS LO APRENDIDO

G I **1** Organiza tus ideas. Completa en tu cuaderno.

Números. Sumar y restar

Los millones

1 3 2 2 4 3 6

1 UMM + ◆ CM + ◆ DM + ◆ UM + ◆ C + ◆ D + 6 U

◆◆◆ + 300 000 + ◆◆◆ + 2 000 + ◆◆◆ + 30 + ◆◆◆

Números romanos

I → 1 V → 5 X → 10 L → 50 C → 100 D → 500 M → 1 000

Redondear números

a la unidad de millar: 16 725 → ◆◆◆ / ◆◆◆

a la centena: 16 725 → ◆◆◆ / ◆◆◆

Sumar y restar

	2	3	4	5
+	1	9	3	7
	◆	◆	◆	◆

	5	9	1	5
−	2	3	6	4
	◆	◆	◆	◆

2 Descompón cada número de dos maneras distintas.

27 089 483 611 989 898

3 Completa en tu cuaderno con <, > o =.

a. 2 989 ◆◆◆ 2 899

b. 739 578 ◆◆◆ 7 CM + 4 DM + 1 UM

c. 374 062 ◆◆◆ 374 206

d. 16 DM + 63 C ◆◆◆ 166 300

4 Redondea el número 23 999 a la unidad de millar y a la centena. ¿Qué observas?

5 Resuelve. Comprueba tus resultados con la prueba de la resta.

7 504 − 4 218 65 407 − 39 081

6 Ordena los siguientes monumentos de más antiguo a más moderno.

DXXXII

MDCXLVIII

LXXX

7 La empresa TunAtún tiene almacenadas 19 762 latas para repartir por varios supermercados.

Reparto semanal
L: 9 560 latas
M: 10 202 latas
X: 4 620 latas
J: 2 150 latas
V: 5 003 latas

a. ¿Hay suficientes latas para el reparto de esta semana?

b. ¿Qué día de la semana se queda el almacén sin latas para el reparto?

c. El encargado del almacén tiene que realizar un pedido de latas para poder terminar el reparto. ¿Cuántas latas necesita pedir?

8 Los científicos afirman que en la Tierra hay 8 700 000 especies diferentes de seres vivos. De ellas, piensan que 298 000 son plantas, 7 770 000 animales, 611 000 hongos, y el resto, otros seres vivos más pequeños. Lo sorprendente es que se cree que unas 7 800 000 del total aún están sin descubrir.

a. ¿Cuántas especies de seres vivos piensan los científicos que hay en la Tierra? ¿Cuántas son animales? ¿Cuántas plantas? Escribe la cantidad con letras.

b. Ordena de menor a mayor el número de especies de animales, plantas y hongos.

c. Compara los grupos de especies.
- ¿Cuántas especies de animales hay más que de plantas?
- ¿Cuántas especies de hongos hay más que de plantas?
- ¿Cuántas especies de hongos hay menos que de animales?

Mi diario

1 ¿Qué has aprendido que antes no sabías hacer? ¿En qué situaciones lo puedes utilizar?

2 Lo que he aprendido en esta unidad está relacionado con …

3 ¿Me ha ayudado alguien a hacer alguna actividad? ¿Cómo me han ayudado?

smMasSavia.com | Autoevaluación.

MEJORA TU ENTORNO

¿Sabías que si reciclamos envases pueden convertirse en otros objetos? Por ejemplo, podemos hacer camisetas a partir de botellas de plástico o fabricar sillas de aluminio con latas de bebida. Reciclar es una forma mágica de cuidar nuestro planeta.

¿Cómo reciclo?

PASO 1

Conocemos los diferentes tipos de residuos para hacer una correcta separación. Así los envases pueden reciclarse y tener una segunda vida.

- ¿Qué tipo de residuos van en cada uno de los cubos? Relaciona en tu cuaderno.

- ¿Qué residuos se depositan en cada contenedor? Completa la tabla con algunos ejemplos más que se te ocurran.

Amarillo	Azul	Verde	Gris
yogures	revistas	tarros	cáscara de huevo
◆◆◆	◆◆◆	◆◆◆	◆◆◆

- ¿Dónde colocarías un juguete de plástico roto? ¿Y dónde una caja sucia de *pizza*? ¿Y un vaso roto?

Preparamos la prueba

TAREA FINAL

PASO 2 Formad equipos de 5.

- Anotad en un pósit cada uno de los ejemplos de la tabla. Si queréis podéis acompañarlo con un dibujo.
- Incluid opciones de distinta dificultad: tarro de mayonesa medio lleno, papel manchado de aceite, etc.

PASO 3 Preparad 4 cartulinas amarilla, azul, verde y gris que representen cada uno de los contenedores.

- Recuperad el resultado de la actividad 6 de la página 15 y de la actividad 9 de la página 17 y anotad las cantidades redondeadas en cada cartulina. Será su puntuación.

Nos ponemos a prueba

PASO 4 Intercambiad los pósits con otro equipo.

- Colocad los que os han dado en vuestras cartulinas, según corresponda.

PASO 5 Comprobad entre toda la clase y con ayuda del profe si la distribución ha sido correcta. Calculad el resultado:

- Cada cartulina con todos los pósits correctos suma su puntuación. Si hay algún fallo, resta su puntuación.
- ¿Qué puntuación habéis obtenido entre todos?
- Podéis colgar las cartulinas en la pared para ir añadiendo pósit.

Mi diario

1. ¿Qué aspecto nuevo sobre el reciclaje he descubierto haciendo esta tarea?
2. ¿Qué es lo que me ha parecido más complicado? ¿Qué he hecho para poder terminar?
3. ¿Cómo me he sentido durante la tarea trabajando en equipo? Intento explicar por qué.

Multiplicar y dividir. Múltiplos y divisores

Unidad 2
Multiplicar

Unidad 3
Dividir

Unidad 4
Practicar la división

TAREA FINAL
Mejora tu convivencia en casa

1 Tiempo para todo

- ¿Qué actividades te gusta realizar con tu familia?
- ¿Cómo repartís el tiempo de ocio? ¿Y las tareas de casa?

2 ¡Sabes más de lo que crees!

- Observa la distancia que han recorrido. Si han avanzado 4 km cada hora, ¿durante cuánto tiempo han caminado?
- Cada adulto lleva una cantimplora de 2 L y cada niño una de 1 L. ¿Cuánta agua llevan en total? Exprésalo en una sola operación.

3 Sigue haciéndote preguntas

- Al repartir las avellanas entre todos, tocan al mismo número y no sobra ninguna. ¿Cuántas avellanas puede tener la bolsa?

TAREA FINAL

Mejora tu convivencia en casa

Aprende cómo puedes colaborar en el bienestar de tu familia.

2

Multiplicar

En esta unidad vamos a:

Multiplicar por números de 1, 2 o más cifras.

¿Cuántos huevos hay en 24 docenas?

Aplicar las propiedades de la multiplicación.

¿Cómo puedes multiplicar descomponiendo uno de los factores?

Calcular cuadrados y cubos.

¿Cuántos cuadraditos necesito para formar un cuadrado de lado 4?

Descomponer números utilizando potencias.

¿Cómo podemos escribir 100 en forma de potencia? ¿Y 1 000?

smMasSavia.com

Lo que ya sé.

Nos activamos

1 Coloca tus fichas formando 4 filas con 6 fichas en cada fila.

- ¿Cuántas fichas hay en total? Escribe en forma de multiplicación y calcula.
- Fíjate ahora en las columnas, ¿puedes escribir otra multiplicación que también represente esta situación?

Comprendemos

▶ Vamos a multiplicar 1 052 por 4 con el tablero.

- Representa 4 veces 1 052 en tu tablero.

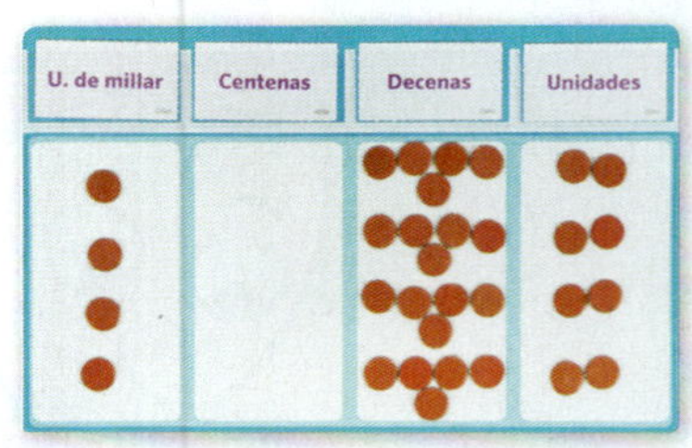

- ¿En alguna columna tienes 10 o más fichas?

  Cambia 10 fichas de una columna por 1 ficha en la columna de su izquierda.

- El resultado de multiplicar 1 052 por 4 es 4 208.

$$1\,052 \times 4 = 4\,208$$

2 **Resuelve con tu tablero estas multiplicaciones.**

1 321 × 3 265 × 2

▶ Vamos a escribir la multiplicación que hemos hecho con el tablero.

1.º Multiplicamos 4 por las unidades.

	UM	C	D	U
	1	0	5	2
×				4
				8

2.º Multiplicamos 4 por las decenas.

	UM	C	D	U
	1	0	5	2
×				4
			20	8

3.º Multiplicamos 4 por las centenas y sumamos las que nos llevamos.

	UM	C	D	U
		2		
	1	0	5	2
×				4
		0 + 2	0	8

4.º Multiplicamos 4 por las unidades de millar.

	UM	C	D	U
		2		
	1	0	5	2
×				4
	4	2	0	8

3 **Resuelve en tu cuaderno.**

a. 2 147 × 3 b. 3 792 × 5 c. 6 746 × 8 d. 23 658 × 7

Aplicamos

G I **4** Expresa como producto el número de piezas. ¿Qué observas?

a. 

b. 

5 Escribe los números que faltan en cada caso.

13 × ◆ = ◆ × 7 = ◆

◆ × 24 × ◆ = 3 × ◆ × 2 = ◆ × ◆ × ◆ = ◆

6 Observa la siguiente situación y contesta.

a. ¿Cuántas baldas hay en la estantería azul? ¿Y en la verde?

b. Si en cada balda de la estantería verde hay 7 libros, ¿cuántos libros tiene en total?

c. Si colocamos 6 libros en cada uno de los huecos de la estantería azul, ¿cuál de las dos estanterías tiene más libros? Razona tu respuesta.

La multiplicación cumple estas propiedades:

Conmutativa

15 × 4 = 4 × 15 = 60

Asociativa

(5 × 3) × 11 =

= 15 × 11 = 165

5 × (3 × 11) =

= 5 × 33 = 165

Nos activamos

1 Recuerda cómo construimos la tabla del 7.

¿Qué operaciones intermedias has realizado para obtener el 20 y el 8? Coméntalo con tu compañero. Después, escribid todos los pasos de la operación.

Comprendemos

Podemos resolver la operación $4 \times (5 + 2)$ de dos formas:

1.ª $4 \times (5 + 2) = 4 \times 7 = 28$

2.ª $4 \times (5 + 2) = \underbrace{4 \times 5} + \underbrace{4 \times 2} =$

$= 20 + 8 = 28$

> Los paréntesis indican qué operación hay que realizar en primer lugar.
> $4 \times (5 + 2) = 4 \times 7$

> Al multiplicar un número por una suma, podemos multiplicar el número por cada sumando y después sumar los resultados.
>
> Esta es la **propiedad distributiva de la multiplicación**.

2 **Utiliza la propiedad distributiva y resuelve.**

- $6 \times (3 + 9)$
- $25 \times (2 + 5)$
- $4 \times (13 + 8)$
- $11 \times (12 - 7)$
- $8 \times (312 - 305)$
- $9 \times (34 - 23)$

> La propiedad distributiva también se cumple para la resta.
> $2 \times (9 - 4) =$
> $= 2 \times 9 - 2 \times 4$

3 **Relaciona en tu cuaderno cada dibujo con la operación que indica la cantidad de huevos.**

A.

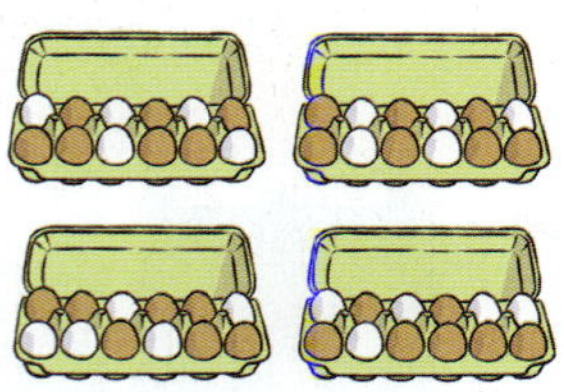

B.

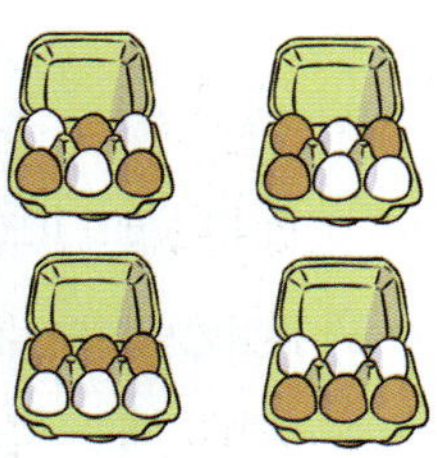

C.

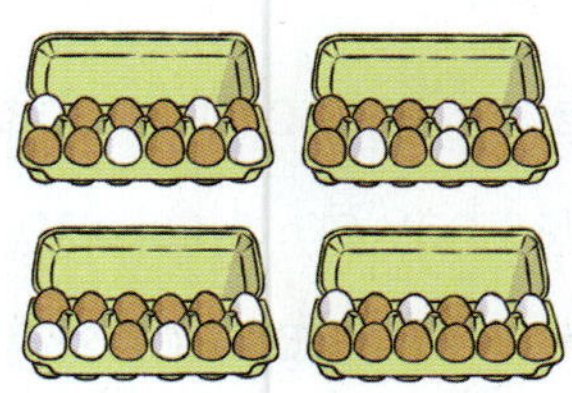

$4 \times (3 + 3)$ $4 \times (5 + 7)$ $4 \times (8 + 4)$

Aplicamos

4 Resuelve de dos modos distintos.

$(5+2)\times 3$ $\quad$ $4\times(4+2)$ $\quad$ $2\times(3-2)$

G I **5** ¿Cuál de estas igualdades no es cierta? Corrígela en tu cuaderno.

A. $(5+7)\times 2 = 5\times 2 + 7\times 2$
B. $5\times 7 + 3 = 5\times 7 + 5\times 3$
C. $4\times 7 + 4\times 3 = 4\times(7+3)$
D. $8\times(12-4) = 8\times 12 - 8\times 4$

6 Observa el ejemplo y completa en tu cuaderno. Si lo necesitas, utiliza tu tablero.

Ejemplo ▸

$215\times 4 = (200+10+5)\times 4 = 800+40+20 = 860$

$304\times 7 = (300+4)\times ◆ = ◆ + ◆ = ◆$

$426\times 3 = (◆ + ◆ + ◆)\times ◆ = ◆ + ◆ + ◆ = ◆$

$1\,254\times 4 = (◆ + ◆ + ◆ + ◆)\times ◆ = ◆ + ◆ + ◆ + ◆ = ◆$

7 Completa en tu cuaderno.

a. $4\times 7\times 2 = 4\times(7\times 2) = 4\times ◆ = ◆$
b. $6\times 30 = 30\times ◆ = ◆$
c. $4\times(4+2) = 4\times ◆ + ◆ \times 2 = ◆ + ◆ = ◆$
d. $3\times 10\times ◆ = 10\times(◆\times 5) = ◆\times 15 = ◆$

8 En la granja escuela tienen establos en el norte y en el sur. En el norte tienen 3 establos con 6 vacas con manchas y 4 marrones en cada establo. En el sur tienen 2 establos con 9 vacas con manchas y 6 marrones en cada uno.

a. ¿Dónde hay más vacas marrones, en el sur o en el norte? ¿Y con manchas?
b. ¿Cuántas vacas hay en total en cada zona? ¿Y en la granja?

9 El álbum de Hugo tiene 20 páginas. Se pueden pegar 6 cromos en las páginas pares. Sin embargo, en las páginas impares solo se pueden pegar 5 cromos. ¿Qué expresión indica el número de cromos que forman el álbum?

A. $(5+6)\times 20$ $\quad$ B. $10\times(5+6)$ $\quad$ C. $5\times 6\times 10$ $\quad$ D. $20\times 5 + 20\times 6$

Nos activamos

1 Podemos utilizar la propiedad distributiva para multiplicar dos números descomponiendo uno de los factores.

- Resuelve estas multiplicaciones utilizando el método anterior.

321 × 14

2 103 × 15

144 × 18

Comprendemos

Ahora, vamos a escribir la multiplicación que hemos resuelto antes.

Como 12 = 2 + 10, multiplicamos 124 por 2 y 124 por 10 y sumamos los resultados.

			C	D	U	
			1	2	4	← Factores
	×			1	2	← Factores
124 × 2 →			2	4	8	
124 × 10 →		1	2	4	0	
		1	4	8	8	← Producto

2 **Resuelve estas multiplicaciones en tu cuaderno.**

	3	4	5
×		2	5
	◆	◆	◆

	6	2	7
×		3	8
	◆	◆	◆

	2	3	1	0
×			1	3
	◆	◆	◆	◆

3 Con 3 o más cifras, el proceso es similar. Fíjate en el ejemplo y resuelve las multiplicaciones en tu cuaderno.

Ejemplo ▸

231 × 132 = 231 × (100 + 30 + 2)

			2	3	1	
		×	1	3	2	
231 × 2 →			4	6	2	
231 × 30 →		6	9	3	0	
231 × 100 →	2	3	1	0	0	
	3	0	4	9	2	

215 × 123

864 × 367

2745 × 143

Para multiplicar un número por 10, 100 o 1 000, añadimos uno, dos, o tres ceros a la derecha del número.

Aplicamos

4 smMasSavia.com | Practica la comparación de números.

5 Realiza las siguientes multiplicaciones en tu cuaderno.

a. (2 C + 7 D + 6 U) × (8 D + 1 U) b. (5 C + 23 U) × (9 D + 11 U)

6 Descompón y calcula mentalmente. Fíjate en el ejemplo.

Ejemplo ▸

23 × 12 = 23 × 10 + 23 × 2 = 230 + 46 = 276

24 × 15 **173 × 16** **1 234 × 13**

7 Expresa cada situación en forma de producto. Después, resuélvelos.

12 bandejas

234 paquetes

8 Una noria tiene 32 cabinas con capacidad para cuatro personas en cada cabina.

a. ¿Cuántas personas pueden subir de una vez a la noria?

b. La noria se pone en funcionamiento 72 veces en un día. ¿Cuántas veces funcionará durante 15 días?

Potencias. Cuadrados y cubos

Nos activamos

1 Vamos a construir cuadrados con pósits.

- Si colocas un pósit tienes un cuadrado de lado 1.
- ¿Cuántos pósits debes añadir para formar un cuadrado más grande? ¿Cuántos pósits tiene cada lado del cuadrado? ¿Y en total?
- Forma un cuadrado más grande. ¿Cuántos pósits tiene cada lado del cuadrado? ¿Y en total?

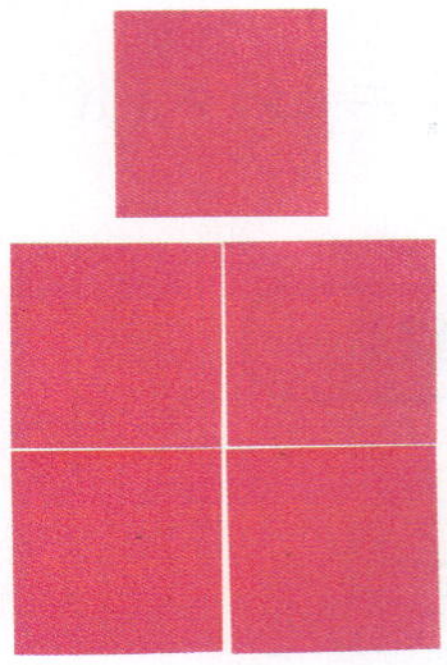

2 Utiliza dados u otros objetos con forma de cubo.

- Forma un cubo grande utilizando el menor número de cubitos posible. ¿Cuántos cubitos tiene cada lado de cubo que has formado? ¿Y en total?
- Forma un cubo aún más grande. ¿Cuántos cubitos tiene cada lado del cubo? ¿Y en total?

Comprendemos

▶ Para averiguar la cantidad de cuadraditos que forman un cuadrado más grande, multiplicamos el número de cuadraditos de cada lado.

$$4 \times 4 = 16$$

Podemos escribirlo como una **potencia**:

$$4^2 = 4 \times 4 = 16$$

4^2 se lee cuatro **elevado al cuadrado**.

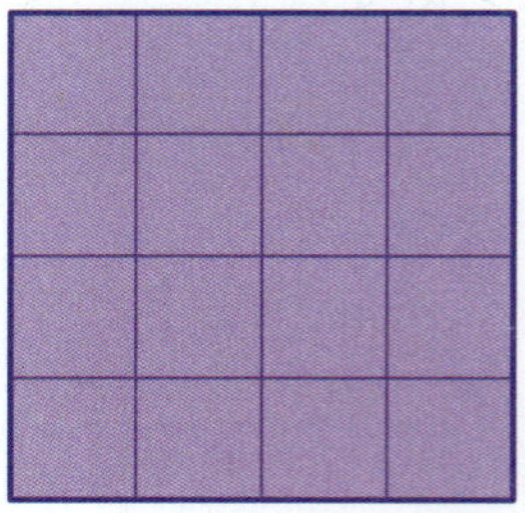

▶ Para averiguar la cantidad de cubitos que forman un cubo más grande, multiplicamos el número de cubitos de cada lado.

$$3 \times 3 \times 3 = 27$$

Podemos escribirlo como una **potencia**:

$$3^3 = 3 \times 3 \times 3 = 27$$

3^3 se lee tres **elevado al cubo**.

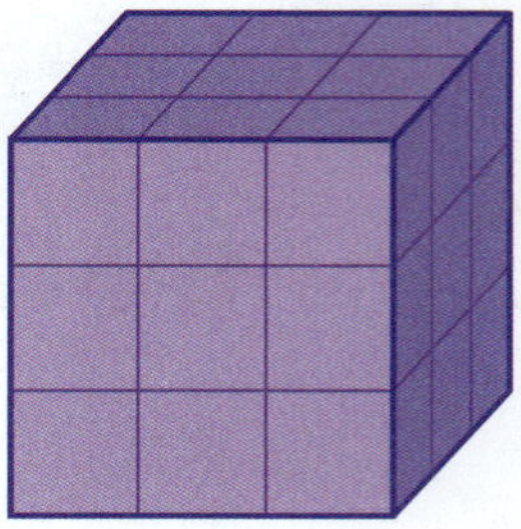

El **cuadrado** de un número es el resultado de multiplicar ese número por sí mismo.

El **cubo** de un número es el resultado de multiplicar el número por sí mismo hasta usarlo 3 veces como factor.

3 Dibuja 3 cuadrados más en tu tablero y completa la serie.

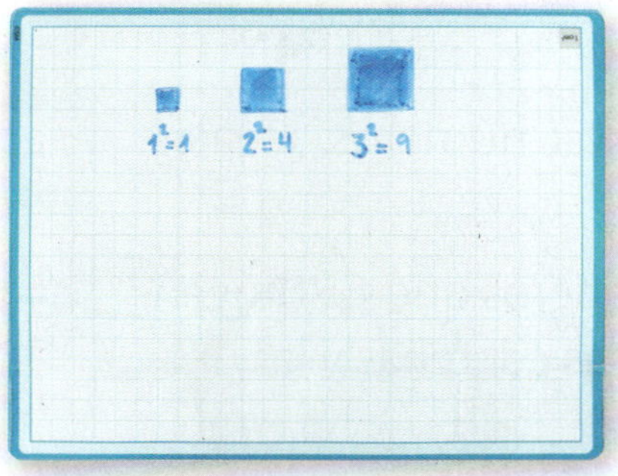

4 Completa esta tabla en tu cuaderno.

Se expresa	Se lee	Producto
6^2	Seis elevado al cuadrado	◆◆◆
◆◆◆	◆◆◆	$8 \times 8 \times 8$
◆◆◆	Siete elevado al cubo	◆◆◆
◆◆◆	◆◆◆	5×5
1^3	◆◆◆	◆◆◆

5 Copia en tu cuaderno las expresiones que representan el cuadrado o el cubo de un número. Escríbelas en forma de potencia y calcula sus resultados.

$25 + 25$ | 42×42 | $15 + 15 + 15$ | $18 \times 18 \times 18$

Aplicamos

6 Escribe en tu cuaderno el cuadrado y el cubo de los tres primeros números impares.

7 Si $4 \times 4 = 4^2$ y $3 \times 3 \times 3 = 3^3$, ¿cómo se escribirán las siguientes multiplicaciones en forma de potencia?

$5 \times 5 \times 5 \times 5$ | $2 \times 2 \times 2 \times 2 \times 2$ | $10 \times 10 \times 10 \times 10 \times 10$

8 smMasSavia.com | Practica las potencias.

9 Observa el tablero de este juego.

a. ¿Cuántos cuadrados de cuatro cuadraditos de lado forman el tablero? ¿Cuántas casillas tiene cada parte? Exprésalo como potencia.

b. ¿Cuántas casillas faltan para que el tablero tenga forma cuadrada?

Nos activamos

G I **1** Si en lugar de palabras tuvieras que escribir números, ¿cuáles serían?

Utiliza las tarjetas blancas y escribe los números que sustituyen a las tarjetas de las unidades, las decenas, las centenas y las unidades de millar.

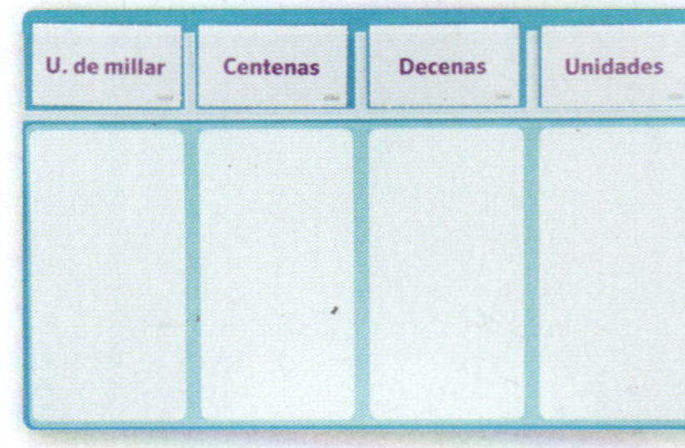

Comprendemos

- Podemos escribir los números 100, 1 000, 10 000… en forma de potencia.

Número	Producto	Potencia
100	10×10	10^2
1 000	$10 \times 10 \times 10$	10^3
10 000	$10 \times 10 \times 10 \times 10$	10^4

2 **Escribe estos números como potencias de base 10.**

mil | cien mil | cien | diez mil

- Podemos expresar cualquier número utilizando potencias de base 10.

2 524

$$2\,000 + 500 + 20 + 4$$

$$2 \times 1\,000 + 5 \times 100 + 2 \times 10 + 4$$

$$2 \times 10^3 + 5 \times 10^2 + 2 \times 10 + 4$$

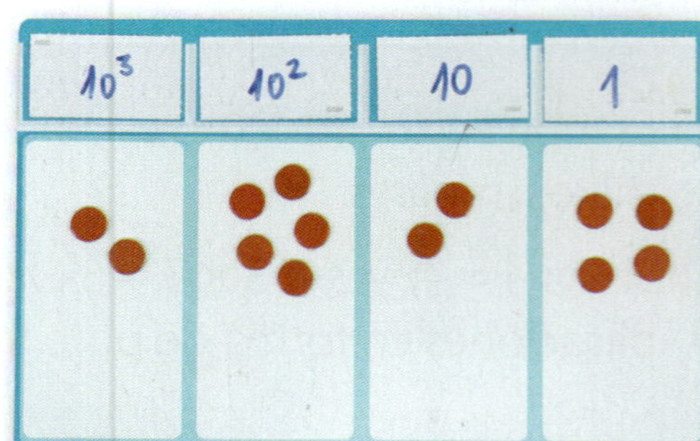

3 **Descompón los siguientes números utilizando potencias.**

378   3 456

4 **¿Qué número hay representado en el tablero?**

- Juega con tu compañero a representar otras cantidades y averiguar cuáles son.

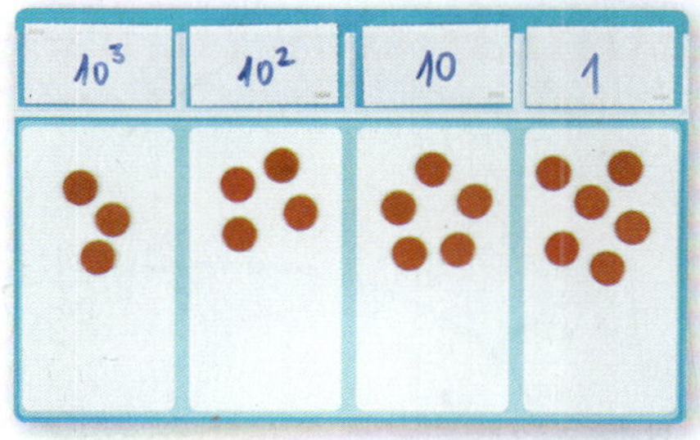

Aplicamos

5 Para representar cantidades mayores junta tu tablero con el de tu compañero.

- Utilizad las tarjetas blancas para escribir las potencias necesarias para completar todas las cabeceras.
- Representad distintas cantidades con fichas.
- Escribid el número que habéis representado y cómo podéis descomponerlo utilizando potencias.

6 Completa la tabla en tu cuaderno.

	$\times 10$	$\times 10^2$	$\times 10^3$
38	380	3 800	38 000
562	◆◆◆	◆◆◆	◆◆◆
3 087	◆◆◆	◆◆◆	◆◆◆
23 114	◆◆◆	◆◆◆	◆◆◆

Para multiplicar un número por 10, 100 o 1 000, añadimos uno, dos, o tres ceros a la derecha del número.

7 Ordena los siguientes números de mayor a menor.

25×10^5 $\quad$ $1 \times 10^5 + 2 \times 10^4$ $\quad$ 412×10^4

$7\,456 \times 10^3$ $\quad$ $1 \times 10^5 + 9 \times 10^3$

8 Del planeta de Blay al planeta de Spay hay $1\,575 \times 10^4$ km. Blay decide ir a visitar a su amigo. Si ya ha recorrido 835×10^3 km:

a. ¿Cuántos kilómetros le faltan a Blay para llegar al planeta de Spay?

b. Después, decide visitar el planeta de Aymes, que se encuentra a 10 000 km del planeta de Spay en la misma dirección. ¿A cuántos kilómetros está de su casa?

CÁLCULO MENTAL

Sumar dos números por sumas sucesivas

451 + 247

451 → + 200 → 651 → + 40 → 691 → + 7 → 698

G 1 Calcula mentalmente. Haz las dos primeras en equipo.

712 + 134 | 832 + 121 | 343 + 245 | 330 + 346 | 532 + 264 | 451 + 107

2 Hemos preparado para el mercadillo del colegio 243 marcapáginas la semana pasada y 135 marcapáginas esta semana. ¿Cuántos hemos realizado en total?

3 En una planta de reciclado se han recogido 125 pilas de botón y 253 pilas AAA. ¿Cuántas pilas se han recogido en total?

4 ¿Cómo resolverías la operación 215 + 423 con una calculadora si las teclas del 2 y el 4 están estropeadas?

LAS MESAS

Las mesas del comedor del colegio son de dos tipos: unas son para grupos de 3 y otras para grupos de 5. El curso de Pablo tiene 31 alumnos y cuando se sientan en el comedor, cada uno ocupa un lugar y no quedan sitios libres.

¿Cuál es el número mínimo de mesas para grupos de 5 que se necesitan?

> Comprender

1. Lee el problema atentamente.
2. Responde a las siguientes preguntas:

   a. ¿Qué cosas conozco de manera segura, sin depender de otras?

   b. ¿Qué me preguntan? ¿Qué tengo que averiguar?

   c. ¿Hay algún dato más, aunque no esté definido de manera exacta?

3. Escribe el problema en tu cuaderno con tus propias palabras.
4. Piensa un diagrama o una tabla que te ayude a resolver el problema.

> Pensar

1. En equipos, decidid qué estrategia puede ayudaros a resolver el problema. ¿Por qué habéis elegido esta?

> Ejecutar

1. Representa la situación en un diagrama y aplica la estrategia elegida.
2. Resuelve el problema. ¿Cuál es la solución?

> Responder

1. Vuelve al principio y comprueba si tu solución es válida.
2. ¿Hay una única solución o varias?
3. Lee de nuevo el objetivo y escribe una respuesta con sentido. No olvides que la respuesta debe contestar al objetivo.

Hacen falta ◆◆◆ mesas para grupos de 5.

PROBLEMAS

Observa y contesta

FÍJATE EN LA MÁQUINA DE BEBIDAS

1. Solo hay dos estantes en los que puedes expresar las bebidas que hay con una única multiplicación. ¿Cuáles son?
2. ¿Por qué no se puede expresar solo como multiplicación la cantidad de bebidas del resto de estantes?
3. Si has gastado 7 euros, ¿qué puedes haber comprado?
4. ¿Qué puedes haber comprado si lo que has gastado se resuelve con esta expresión: $12 \times (2 + 1)$?
5. ¿Cuánto cuesta la compra anterior?
6. Cuando se llenen los estantes incompletos habrá 15 bebidas en cada estante. Si se vende todo, ¿qué expresión resuelve lo que se recaudará?

FÍJATE EN EL PAQUETE DE BOTELLAS DE AGUA QUE ESTÁ EN EL SUELO

7. ¿Qué multiplicación resuelve el número de botellas que hay?
8. Expresa el número de botellas del paquete del suelo en forma de potencia.

FÍJATE EN EL CARRITO DEL REPARTIDOR

9. ¿Qué operación resuelve la cantidad de bebidas que están encima del carrito?
10. ¿Y en forma de potencia?

Utiliza tus estrategias

1. Una librería vende 527 libros cada mes. ¿Cuántos libros venden al año?

2. En el colmenar de Pedro se estima que hay 5 950 abejas por colmena.

a. ¿Cuántas abejas hay en el colmenar aproximadamente?

b. ¿Cuántos gramos de miel hay en una caja con 6 tarros?

3. En un comedor escolar gastan 7 paquetes de yogures de fresa, 6 de macedonia, 5 de vainilla y 9 naturales a la semana. Si en cada paquete vienen 12 unidades, averigua cuántos yogures consumen en total.

4. En un hotel hay 25 habitaciones triples, 67 dobles y 15 cuádruples. ¿Cuántas personas se pueden alojar?

A. 107 B. 319

C. 269 D. 1 380

5. En una granja tienen 5 rebaños de 34 ovejas cada uno y 3 rebaños de 20 cabras cada uno.

a. ¿Cuántos animales tienen en total?

b. ¿Cuántos necesitan para llegar a tener 300 animales?

Inventa un problema

Observa la imagen e inventa una pregunta que se pueda resolver con la operación:

35×12

COMPROBAMOS LO APRENDIDO

G I **1** Organiza tus ideas. Completa en tu cuaderno.

Multiplicar

Multiplicar por una cifra

UM	C	D	U
3	6	0	2
×			3
◆	◆	◆	◆

Multiplicar por 2 o más cifras

		C	D	U
		2	3	5
	×		2	1
235 × 1 →		◆	◆	◆
235 × 20 →	◆	◆	◆	0
	◆	◆	◆	◆

Multiplicar por 10, 100 y 1 000

9 348 × 10 = ◆◆◆
9 348 × 100 = ◆◆◆
9 348 × 1 000 = ◆◆◆

Propiedad distributiva

2 × (6 + 8) = 2 × ◆◆◆ + 2 × ◆◆◆ = ◆◆◆ + ◆◆◆ = ◆◆◆
2 × (6 + 8) = 2 × ◆◆◆ = ◆◆◆

Potencias

Cuadrado y cubo

4^2 = ◆ × ◆ = ◆ → Se lee ◆◆◆.
2^3 = ◆ × ◆ × ◆ = ◆ → Se lee ◆◆◆.

Potencias de base 10

Número	Producto	Potencia
◆◆◆	◆◆◆ × ◆◆◆	10^2
◆◆◆	10 × 10 × 10	◆◆◆
10 000	◆ × ◆ × ◆ × ◆	◆◆◆

2 Resuelve en tu cuaderno.

365 × 2 | 4 713 × 23 | 14 705 × 16

3 Completa en tu cuaderno.

5 × ◆◆◆ = 13 × ◆◆◆

◆◆◆ × 14 × ◆◆◆ = 32 × ◆◆◆ × 13

21 × (◆◆◆ + ◆◆◆) = ◆◆◆ × 11 + ◆◆◆ × 25

4 Expresa las siguientes multiplicaciones como potencias.

a. 6 × 6
b. 9 × 9 × 9
c. 10 × 10 × 10 × 10
d. 15 × 15 × 15

5 Observa el valor de las piezas que tiene Leyre y contesta.

a. ¿Qué cantidad ha representado?

b. Si Leyre quiere representar el número 8 979, ¿qué piezas de cada tipo tiene que añadir?

c. ¿Qué valor suman los bloques 1 000 que tiene? Exprésalo como potencia de base 10.

d. Si Leyre quiere representar la cantidad 10^4, ¿qué cantidad le falta? ¿Qué piezas debe añadir?

6 Álvaro revisa su nuevo juego de construcción, formado por piezas grandes y pequeñas de cada tipo. Ha mirado las instrucciones y aparece un dibujo como este con la cantidad de piezas.

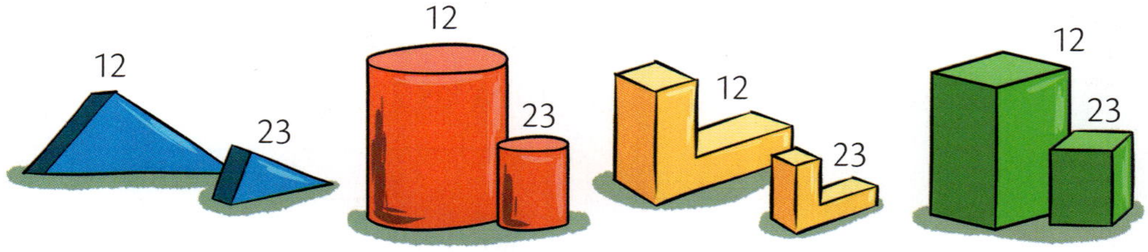

a. Álvaro ha contado las piezas grandes y tiene 48. ¿Le falta alguna pieza grande?

b. Si en total tiene 135 piezas, ¿le falta alguna de las pequeñas?

c. Si tiene todas las piezas verdes y rojas grandes y hace una torre con ellas, ¿qué altura máxima tendrá si cada pieza mide 3 cm de alto?

d. Su hermana asegura que con una de las siguientes expresiones calcula el número total de piezas de la caja. ¿Qué expresión utiliza?

A. $12 \times 23 \times 4$ B. $4 \times (12 + 23)$

C. $(12 + 4) \times 23$ D. $(4 + 23) \times 12$

Mi diario

1. Lo que más me ha gustado aprender es…
2. Me he sentido … dentro de mi equipo, porque …
3. Una cosa nueva que he hecho en esta unidad por primera vez es…

smMasSavia.com | Autoevaluación.

3 Dividir

En esta unidad vamos a:

Leer y escribir números decimales.

¿Cómo puedo hacer grupos de 3 con 28 bolitas? ¿Y repartirlas en 3 recipientes?

Encontrar múltiplos y divisores.

¿Cuántos grupos de 2 puedo hacer con 8 bolitas? ¿Y cuántos grupos de 4? ¿Puedo hacer grupos de 3 con 8 bolitas sin que sobre ninguna?

Identificar números primos.

¿Cuántos divisores tiene el número 13? ¿Y el número 18?

smMasSavia.com
Lo que ya sé.

Nos activamos

1 Por parejas, haced 28 bolitas iguales de papel.

Vamos a hacer la división 28 : 3 de dos formas distintas.

1.º Haciendo grupos.

Agrupa las 28 bolitas de 3 en 3.

a. ¿Cuántos grupos has formado?

b. ¿Sobra alguna bolita?

2.º Repartiendo.

- Coge 3 recipientes iguales.
- Reparte las 28 bolitas en los 3 recipientes a partes iguales.

a. ¿Cuántas bolitas hay en cada recipiente?

b. ¿Sobra alguna? ¿Cuántas?

Comprendemos

Vamos a ver cómo escribimos las divisiones que hemos hecho.

Haciendo grupos

Número de bolitas
Dividendo (D)

Número de bolitas en cada grupo
Divisor (d)

28 | 3
1   9

Bolitas que sobran
Resto (r)

Número de grupos
Cociente (c)

Repartiendo

Número de bolitas
Dividendo (D)

Número de recipientes
Divisor (d)

28 | 3
1   9

Bolitas que sobran
Resto (r)

Número de bolitas en cada recipiente
Cociente (c)

2 **Expresa como división. Indica el dividendo y el divisor de cada una.**

a. Repartir 84 canicas entre 8 niños.

b. Hacer 6 grupos con 42 sacapuntas.

c. Agrupar, de 2 en 2, 26 pulseras.

d. Repartir 90 monedas en bolsas de media docena.

Aplicamos

G⟩I **3** Completa la tabla en tu cuaderno. Utiliza bolitas si te hace falta.

	Dividendo	Divisor	Cociente	Resto
25 : 3	◆◆◆	◆◆◆	◆◆◆	◆◆◆
16 : 8	◆◆◆	◆◆◆	◆◆◆	◆◆◆
35 : 4	◆◆◆	◆◆◆	◆◆◆	◆◆◆

4 Daniela ha recogido 59 castañas. Quiere hacer cucuruchos con 7 castañas en cada uno. ¿Cuántos cucuruchos de castañas puede hacer? ¿Cuántas castañas sobran?

2 Dividir entre 1 cifra

Nos activamos

1 En la operación kilo de este año en Primaria se han recogido 3 963 kg de alimentos. El encargado tiene que dividirlos en 3 lotes iguales. Fíjate en lo que ha hecho.

- Si en Secundaria han recogido 3 645 kg, ¿cuántos kg van a cada lote?

  Utiliza la misma estrategia que el encargado.

3 000 entre 3	→	1 000
900 entre 3	→	300
60 entre 3	→	20
3 entre 3	→	1
Total	→	1 321

Comprendemos

Vamos a dividir 3 645 : 3 con el tablero.

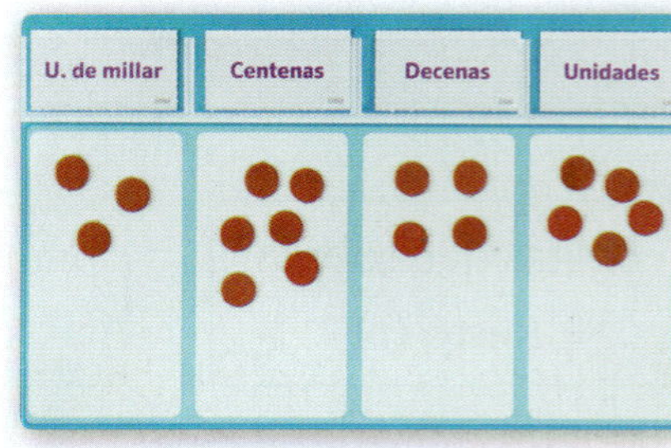

1.º Colocamos las tarjetas correspondientes y representamos 3 645.

2.º Hacemos grupos de 3. Comenzamos por las unidades de millar.

UM → 3 : 3 = 1 grupo
C → 6 : 3 = 2 grupos
D → 4 : 3 = 1 grupo y sobra 1 D. La convertimos en 10 U.

UM	C	D	U	
3	6	4	5	3
0	0	1		1 2 1

No sobra ninguna UM. → 0
No sobra ninguna C. → 0
Sobra 1 D. → 1
1 grupo · 2 grupos · 1 grupo → 1 2 1

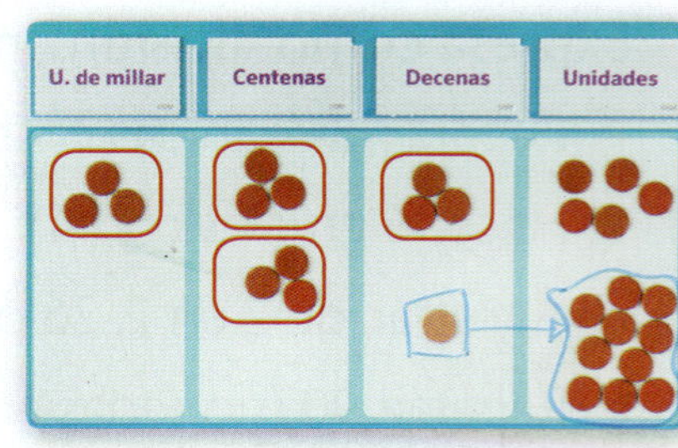

1 2 1

3.º En total tenemos 15 unidades. Seguimos haciendo grupos.

U → 15 : 3 = 5 grupos.

UM	C	D	U	
3	6	4	5	3
0	0	1	5	1 2 1 5
			0	

No sobra ninguna U. → 0
5 grupos → 5

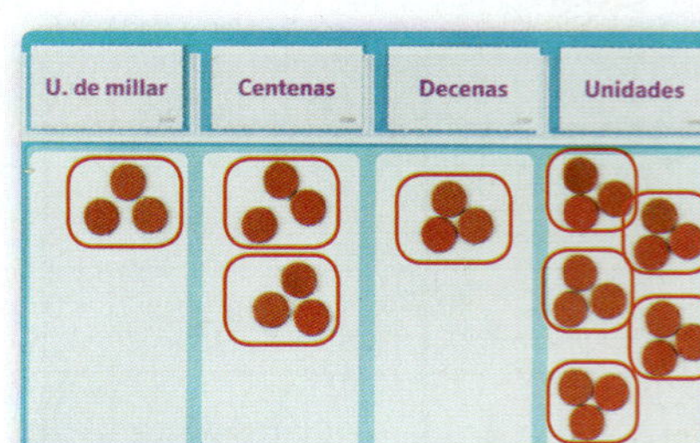

1 2 1 5

3 645 : 3 = 1 215 y el resto es 0.

Cuando en una división el resto es cero decimos que la división es **exacta**.

Cuando una división no es exacta, decimos que es **entera**.

3 645 : 3 es una división exacta porque el resto es 0.

Podemos comprobar que una división está bien hecha utilizando la **prueba de la división**.

divisor × cociente + resto = Dividendo

3 × 1215 + 0 = 3 645. La división es correcta.

2 **Resuelve estas divisiones en tu cuaderno. Comprueba que están bien hechas. Indica las que son exactas.**

924 : 6 | 642 : 7 | 3 760 : 5 | 1 406 : 3

Aplicamos

3 Escribe esta situación en forma de división y contesta.

a. ¿Es exacta la división? ¿Por qué?

b. ¿Cuántos tornillos más hacen falta para que la división sea exacta?

G I **4** Completa la tabla en tu cuaderno.

Dividendo	Divisor	Cociente	Resto
2 632	9	◆◆◆	◆◆◆
◆◆◆	4	361	2
33 467	8	◆◆◆	◆◆◆

i **5** Los 5 nietos del abuelo Teo han recopilado 20 fotos cada uno para colocarlas en un álbum. Si han colocado 4 en cada página y no han sobrado, ¿cuántas páginas tiene el álbum?

Nos activamos

1 Utiliza el tablero. Coloca las tarjetas necesarias para representar 213.

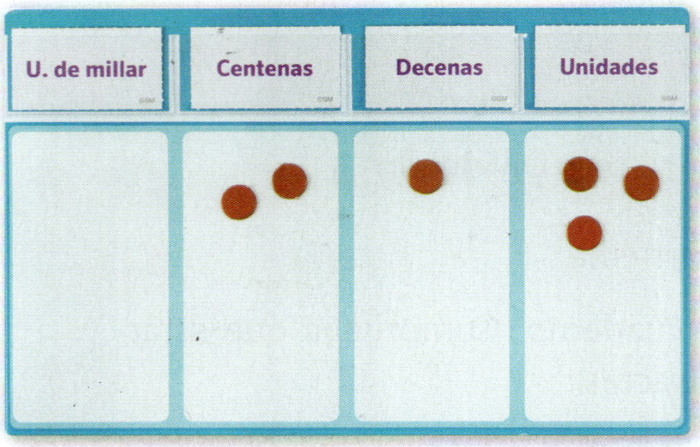

- ¿Puedes hacer grupos de 2 fichas en las centenas? ¿Y en las decenas?
- ¿Qué puedes hacer con la ficha de la columna de las decenas?
- ¿Cuántos grupos has hecho en la columna de las unidades?

Comprendemos

Vamos a dividir 213 : 2.

1.º Representamos 213 en el tablero y hacemos grupos de 2 empezando por las centenas.

Podemos hacer 1 grupo y sobran 0 centenas.

C	D	U	
2	1	3	2
0			1

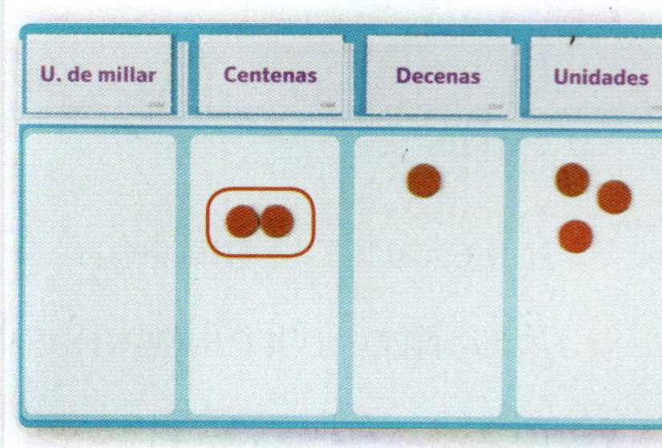

1

2.º En la columna de las decenas podemos hacer 0 grupos de 2 y sobra 1 decena.

La convertimos en 10 unidades y las juntamos con las otras 3. En total tenemos 13 unidades.

C	D	U	
2	1	3	2
0	1	3	1 0

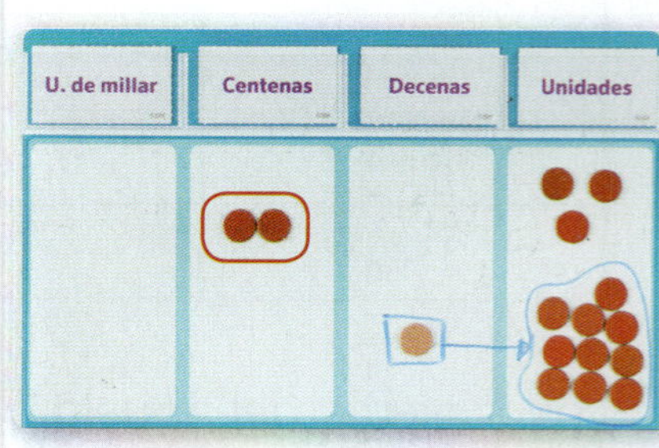

1

3.º Hacemos grupos de 2 en las 13 unidades.

C	D	U	
2	1	3	2
0	1	3	1 0 6
		1	

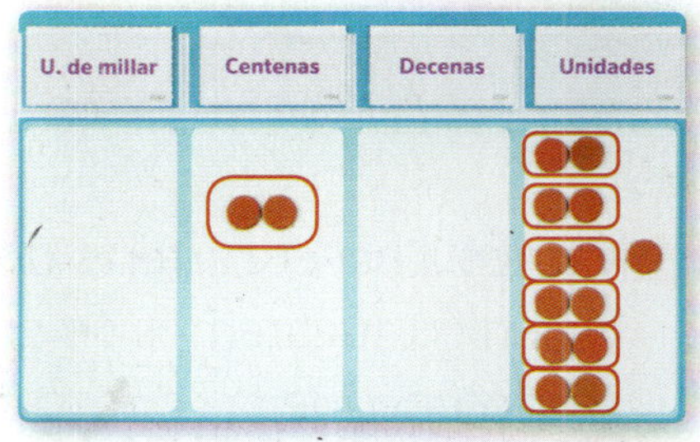

1 0 6

Podemos hacer 6 grupos y sobra 1 unidad.

213 : 2 = 106 y el resto es 1 unidad.

2 **Resuelve estas divisiones en tu cuaderno. Indica cuáles son exactas y cuáles son enteras.**

624 : 6 | 632 : 7 | 3 513 : 5 | 1 216 : 3

Aplicamos

G〉I **3** Completa la tabla en tu cuaderno.

Dividendo	Divisor	Cociente	Resto
2 732	9	◆◆◆	◆◆◆
◆◆◆	4	305	2
33 667	8	◆◆◆	◆◆◆

4 ¿Cuántos sacos de 6 kilos de limones puedes hacer?

- ¿Sobran limones? ¿Cuántos kilos?
- Comprueba el resultado utilizando la prueba de la división.

5 El colegio de Juan ha recaudado 3 225 € y los va a donar a partes iguales a 3 ONG de acogida a los refugiados. ¿Cuánto dinero recibe cada ONG?

Nos activamos

1 Vamos a hacer carreras de números con papel higiénico. Jugaremos en grupos de 3. En cada grupo uno juega con trozos de 1, otro, con trozos de 2, y otro, con trozos de 3.

a. ¿Dónde empatan?

b. Si seguís poniendo trozos, ¿dónde empatan?

c. ¿Y después?

d. ¿Puedes seguir?

Comprendemos

▶ Vamos a fijarnos en los trozos de 2:

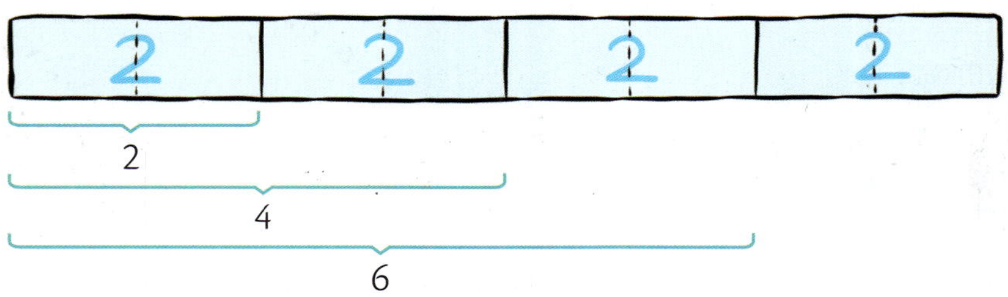

2, 4 y 6 son múltiplos de 2.

Los **múltiplos** de un número se obtienen al multiplicar el número por 0, 1, 2, 3, etc.

	× 0	× 1	× 2	× 3	× 4	× 5	× 6	× 7	× …
Múltiplos de 2	0	2	4	6	8	10	12	14	…

Hay infinitos múltiplos de un número.

2 **Escribe los cinco primeros múltiplos de los siguientes números.**

5 6 8 14

▶ Para comprobar si **un número es múltiplo de otro** dividimos el primero entre el segundo. El resto debe ser 0.

21 es múltiplo de 7 porque 21 : 3 = 7 y no sobra nada.

Además, 7 × 3 = 21.

3 **Comprueba en tu cuaderno si 45 es múltiplo de 5. ¿Y de 7?**

Aplicamos

4 Completa la tabla con los diez primeros múltiplos.

Múltiplos de 3	0	◆	◆	9	◆	◆	18	◆	◆	◆
Múltiplos de 7	◆	7	◆	◆	28	◆	◆	◆	◆	◆
Múltiplos de 9	◆	◆	18	◆	◆	45	◆	◆	◆	◆

- ¿Puede un número ser múltiplo de varios números?

5 Una empresa empaqueta pelotas saltarinas en cajas como esta.

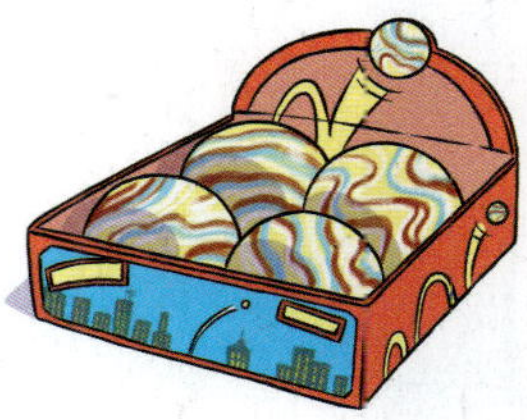

a. ¿Cuántas pelotas hay en 3 cajas iguales a esta? ¿Y en 5? ¿Y en 7?

b. ¿De qué número son múltiplos los resultados obtenidos?

G〉I 6 Coloca cada número en las pizarras que le correspondan. Hazlo en tu cuaderno.

135 88 142 305 333 162 96

Múltiplos de 2 | Múltiplos de 3 | Múltiplos de 5

Puede haber números que deban estar en más de una pizarra.

7 **Reflexionamos.** ¿Hay algún número que sea múltiplo de todos?

8 Jesús ha comprado algunos paquetes de yogures como estos.

a. ¿Puede haber comprado 36 yogures? ¿Por qué?

b. Su hermana María dice que ha comprado 40 yogures de ese mismo tipo. ¿Es posible?

c. ¿Cuántos yogures tiene que tener cada paquete para que puedan comprar 24 yogures?

Nos activamos

1 Observa el muro del 6 que hemos hecho con papel higiénico.

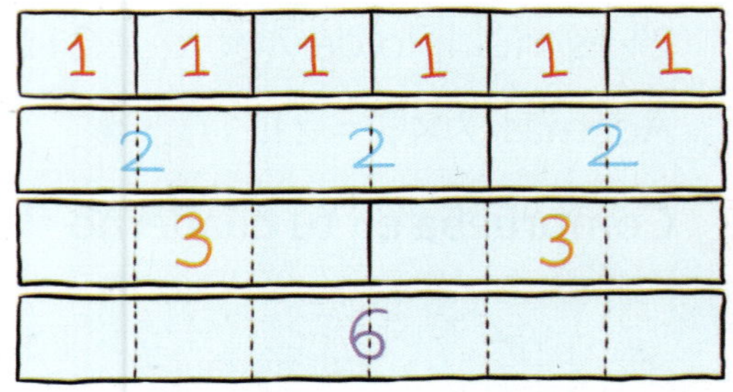

- Al muro del 6 pueden jugar los 1, los 2 y los 3. ¿Qué otro número puede?
- ¿Quién puede jugar al muro del 5?

Comprendemos

▶ Observa el muro del 10.

Decimos que 1, 2, 5 y 10 son **divisores** del 10.

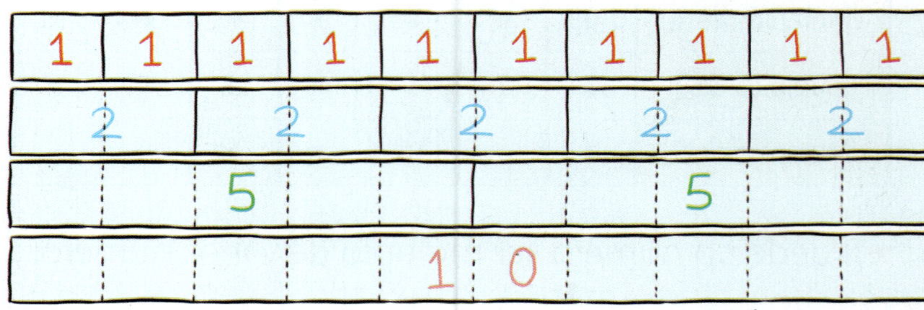

Un número es **divisor** de otro si al dividir el segundo entre el primero, el resto es 0.

10	5
0	2

Como la división es exacta, 5 es divisor de 10.

2 **Observa los grupos y completa en tu cuaderno.**

De 6 en 6 no sobran coches.
El ◆◆◆ es divisor de 30.

De 4 en 4 ◆◆◆ coches.
El 4 ◆◆◆ de 30.

- Escribe otras tres maneras de agrupar los coches sin que sobren.

▸ Veamos qué pasa con el muro del 7.

1	1	1	1	1	1	1
			7			

El número 7 solo tiene 2 divisores, el 1 y el propio 7.

▸ Un número es **primo** cuando solo tiene dos divisores, él mismo y la unidad.

▸ Un número es **compuesto** cuando tiene más de dos divisores.

El muro de cualquier número primo solo tendrá dos filas.

El número 7 es primo y el número 10 es compuesto.

3 **Indica qué números son primos.**

16 2 9 26 3 35

El 1 no es ni primo ni compuesto porque solo tiene un divisor, él mismo.

Aplicamos

G I **4** Coloca cada número en las pizarras que le correspondan. Hazlo en tu cuaderno.

2 3 4 6 9 12 18 27 36

Divisores de 18

Divisores de 36

Divisores de 27

5 **smMasSavia.com** | Practica con los múltiplos y los divisores.

6 Una superheroína se ha escondido en la habitación de un hotel para que no descubran su verdadera identidad. Un detective sabe que está allí. El número de la habitación es divisible entre 9 y está comprendido entre la habitación 70 y 79. ¿De qué habitación se trata?

7 ¿De qué maneras puedes repartir estos cromos sin que sobren?

Nos activamos

1

¿Quién puede hacer grupos sin que sobren bolitas?

Comprendemos

Podemos dividir 30 bolitas entre 2, 3, 5 y 10 sin que sobren bolitas. Decimos entonces que 30 es **divisible** entre 2, 3, 5 y 10.

No podemos dividir 30 bolitas entre 7 sin que sobren bolitas.

Decimos entonces que 30 no es divisible entre 7.

> Un número es **divisible** entre otro si el segundo es divisor del primero.

- 30 es divisible entre 2 porque 2 es divisor de 30.

3	0	2
1	0	1 5
	0	

- 30 es divisible entre 3 porque 3 es divisor de 30.

3	0	3
0	0	1 0
	0	

- 30 es divisible entre 5 porque 5 es divisor de 30.

3	0	5
	0	6

- 30 no es divisible entre 7 porque 7 no es divisor de 30.

3	0	7
	2	4

2 **En grupos de 4 haced 35 bolitas de papel. Comprobad si 35 es divisible entre 2, 3, 5 y 7 haciendo grupos con las bolitas. Después escribid las divisiones para probar si el resto es 0.**

▶ Los **criterios de divisibilidad** son reglas que nos permiten saber si un número es divisible por otro sin tener que hacer la división.

Un número es **divisible entre 2** si termina en 0 o en cifra par.
45 no es divisible entre 2 porque termina en 5.

Un número es **divisible entre 5** si termina en 0 o en 5.
45 es divisible entre 5 porque termina en 5.

Un número es **divisible entre 3** si la suma de sus cifras es múltiplo de 3.
45 es divisible entre 3 porque $4 + 5 = 9$ que es múltiplo de 3.

Un número es **divisible entre 10** si termina en 0.
45 no es divisible entre 10 porque no termina en 0.

3 **Completa la tabla con estos números sin hacer divisiones.**

26 135 63 120 15 81

Divisibles entre 2	◆◆◆
Divisibles entre 3	◆◆◆
Divisibles entre 5	◆◆◆
Divisibles entre 10	◆◆◆

Aplicamos

4 Claudio tiene en su casa una hucha con 100 € en billetes de 5 €. ¿Qué juguetes podría comprar entregando el importe exacto? ¿Cuántos billetes gastaría?

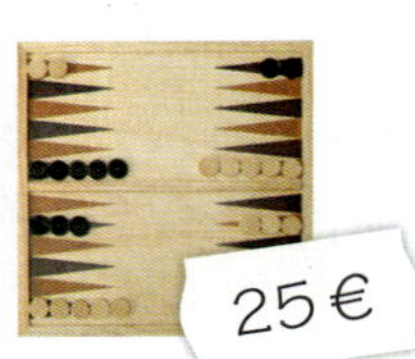

5 smMasSavia.com | Practica los criterios de divisibilidad.

6 **PREPARA LA TAREA.** ¿Cuántos alumnos sois en clase? ¿Es un número primo o compuesto? Utiliza los criterios de divisibilidad para averiguar si podéis hacer grupos de 2, de 3, de 5 o de 10 sin que sobre ninguno.

PROGRAMA COPER

EL HUERTO

A Lucía y a Pablo les han encargado plantar seis filas iguales de lechugas en el huerto escolar.

Lucía planta 2 lechugas en la 1.ª fila, 4 lechugas en la 2.ª fila, 6 lechugas en la 3.ª fila, y continúa así, dos lechugas más por cada fila que sigue. Al final, en la última fila, queda una sola lechuga por plantar.

¿Cuántas lechugas ha plantado Lucía?

¿Cuántas han quedado para que Pablo plante?

> Comprender

1. Lee el problema atentamente.
2. Responde a estas preguntas:
   a. ¿Qué datos me dan? ¿Los niños? ¿Las filas de lechugas?
   b. ¿Qué me preguntan?
   c. ¿Cómo se relacionan los datos entre sí y con lo que me preguntan?
3. Con las respuestas anteriores, completa esta tabla en tu cuaderno.

Datos del problema ¿Qué sé de manera segura? ¿Qué no cambia a lo largo del problema?	◆ ◆ ◆
Objetivo ¿Qué tengo que averiguar?	◆ ◆ ◆
Relaciones ¿Qué información me ayuda a conseguir el objetivo?	Lucía planta 2 lechugas en la primera fila y después planta, en cada fila, 2 lechugas más que en la anterior.

4. Dibuja un diagrama o un gráfico que explique el problema.

Observo que hay una historia donde no conozco el principio, pero sí el final y, además, sé cómo se llega a ese final. Puedo inventarme un modelo con el que representar la situación. Por ejemplo, puedo dibujar puntos rojos para representar las lechugas de Lucía y puntos azules para representar las lechugas de Pablo.

> Pensar

En equipos pequeños, decidid qué estrategia puede ayudaros más a resolver el problema.

Puede haber más de una estrategia útil.

En este caso es útil la estrategia:
Modelización

La estrategia **Modelización** consiste en hacer un dibujo, objeto o representación que sirva de apoyo para comprender y resolver el problema.

El modelo no es único, depende de cada problema.

> Ejecutar

1. Representa la situación del problema en un diagrama.
   Piensa en el número de lechugas que planta Lucía en cada fila.

   1.ª fila ● ●

   2.ª fila ● ● ● ●

   …

2. Cuando tengas las 6 filas con las lechugas de Lucía, empieza a plantar las de Pablo. Ten en cuenta que en la última fila tiene que haber 13 lechugas en total.

   6.ª fila ● ● ● ● ● ● ● ● ● ● ● ● ●

3. Si no llegas a una solución, tienes que cambiar de estrategia.

> Responder

1. Vuelve al principio y comprueba si tu solución es válida.
2. ¿Hay una única solución o varias?
3. Lee de nuevo el objetivo y escribe una respuesta que tenga sentido. No olvides que la respuesta debe contestar al objetivo.

Hay que plantar ◆◆◆ lechugas, ◆◆◆ en cada una de las seis filas. Lucía ha plantado ◆◆◆ lechugas y Pablo ha plantado ◆◆◆ lechugas.

PROBLEMAS

Utiliza tus estrategias

1 Pablo, Julia y Daniela quieren comprarse un videojuego que cuesta 165 € entre los tres. Si todos ponen la misma cantidad para comprarlo, ¿cuánto dinero le sobrará a Pablo si tiene 75 €?

2 La pista del colegio tiene forma cuadrada.
Si Lucía le da 7 vueltas y recorre 364 m en total, ¿cuántos metros mide cada lado?

3 Pepe guarda en un archivador el mismo número de páginas de Lengua, de Inglés y de Matemáticas. Si en total hay 243 páginas, ¿cuántas son de cada asignatura?

4 El asador "Don pollo" vende 324 pollos a la semana. Todos los días vende la misma cantidad, aunque cierra los lunes. ¿Cuántos pollos vende al día?

A. 12 meses B. 365 días C. 54 pollos D. 324 pollos

5 En un partido de baloncesto, el equipo de Mercedes marcó 25 puntos en el primer cuarto, 12 en el segundo y 17 en el tercero. En el último cuarto todas las canastas fueron de dos puntos. Averigua cuántas tienen que meter para llegar a los 80 puntos.

Inventa un problema

Observa la ilustración, lee el texto e inventa un problema que se pueda resolver.

¿Cuántas parejas se pueden formar?

CÁLCULO MENTAL

Sumar completando decenas

47 + 9 + 3

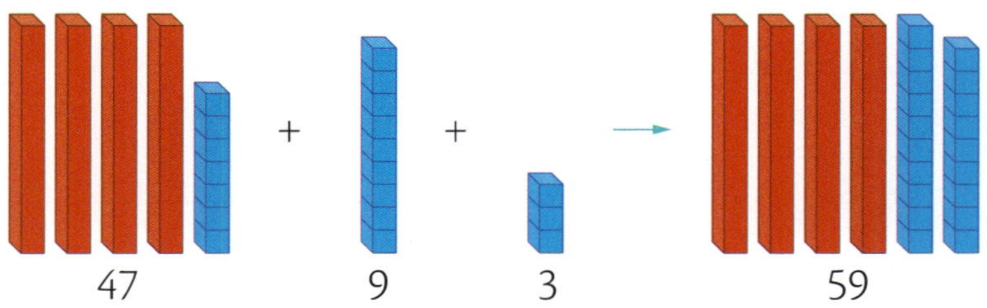

G 1 Calcula mentalmente. Resuelve las dos primeras en equipo.

47 + 19 + 3 55 + 12 + 5 15 + 34 + 6

20 + 59 + 21 37 + 13 + 4 28 + 39 + 12

2 En una caja de galletas surtidas, hay 25 redondas, 18 rectangulares y 22 de otras formas. ¿Cuántas galletas vienen en la caja?

3 Andrea tiene 34 canicas, Felipe tiene 16 canicas y Olga tiene 12. ¿Cuántas canicas tienen entre los 3?

4 Iker está leyendo un libro. El lunes leyó 9 páginas, el martes leyó 21 y el miércoles leyó 12. ¿Cuántas páginas lleva en total?

COMPROBAMOS LO APRENDIDO

1 Organiza tus ideas. Copia y completa en tu cuaderno.

Dividir

La división y sus términos

Dividendo (D) → 26 | 4 ← ◆◆◆

◆◆◆ → 2   6 ← ◆◆◆

División entre una cifra

```
3 1 5 | 3
0 ◆ ◆   1 ◆ ◆
    ◆
```

Múltiplos y divisores

– Los múltiplos de un número se obtienen al ◆◆◆ el número por 0, 1, 2, etc.

– Un número es ◆◆◆ de otro si al dividir el segundo entre el primero, el resto es cero.

Criterios de divisibilidad

Un número es divisible entre:

– 2 si termina en 0 o en ◆◆◆

– 3 si ◆◆◆.

– 5 si ◆◆◆

– 10 si ◆◆◆

2 Resuelve las siguientes divisiones.

1 834 : 7   5 268 : 9   832 : 8

3 Completa la tabla en tu cuaderno.

Dividendo	Divisor	Cociente	Resto
◆◆◆	5	212	0
◆◆◆	9	87	6
◆◆◆	7	95	5

4 Encuentra el número perdido. Tiene que cumplir estas dos pistas:

- Es divisor de 36 y múltiplo de 2 y 3.
- Es mayor que 10 y menor que 20.

5 En clase de Educación Física hacen equipos de relevos. Si hay 21 alumnos y cada equipo está formado por 4 niños, ¿pertenecen todos los niños a algún equipo? ¿Por qué?

6 En el campeonato de baloncesto de la ciudad de César participan 12 equipos diferentes.

a. Todos los equipos están formados por 15 jugadores numerados del 1 al 15. ¿Cuántos participan en el campeonato?

b. Observa el equipo del colegio de César. Empiezan a jugar los alumnos con dorsales con números primos. ¿Cuántos jugadores de su equipo salen al inicio? ¿Qué dorsales llevan?

c. El año pasado jugaron en el campeonato 15 equipos. Participaban el mismo número de alumnos. ¿Cuántos jugadores formaban cada equipo?

7 Nicolás quiere organizar su armario. Ha sacado todas sus cosas y las ha puesto sobre la cama. Ha dejado 3 montones con 12 camisetas en cada uno. También ha hecho 4 montones con 3 pantalones en cada uno y ha colocado 6 sudaderas en un montón.

a. Quiere repartir las camisetas en partes iguales en los cajones. ¿Cuántas camisetas pondrá en cada cajón?

b. En las baldas quiere poner las sudaderas repartidas. ¿Cuántas pondrá en cada balda?

Al colocar el armario, Nicolás ha encontrado ropa que ya no le sirve. La ha metido en una caja para llevarla a una asociación que ayuda a personas sin recursos.

c. La asociación ha recibido 721 kg de ropa este mes y lo distribuye entre 7 centros. ¿Cuántos kilos le corresponden a cada uno?

Mi diario

1. Hoy me ha encantado aprender… y saberlo me sirve para …
2. ¿Qué tipo de actividades son las que más me han gustado? Intento explicar por qué.
3. ¿En qué momento me he sentido mejor hoy?

smMasSavia.com | Autoevaluación.

4

Practicar la división

En esta unidad vamos a:

Dividir entre 2 o más cifras.

¿A cuántos peces tocan cada uno de los 23 pingüinos emperador de la colonia?

Dividir entre 10, 100 y 1 000.

¿Cuánto es 57 000 entre 100?

Operar usando la jerarquía de operaciones.

¿Qué operación tengo que hacer primero?

smMasSavia.com

Lo que ya sé.

Nos activamos

1 Vamos a dividir 133 entre 12 con el tablero y las fichas.

- Representamos 133 en el tablero. Hacemos grupos de 12 empezando por las centenas.
- Como con 1 C no podemos hacer grupos de 12, convertimos 1 C en 10 D.

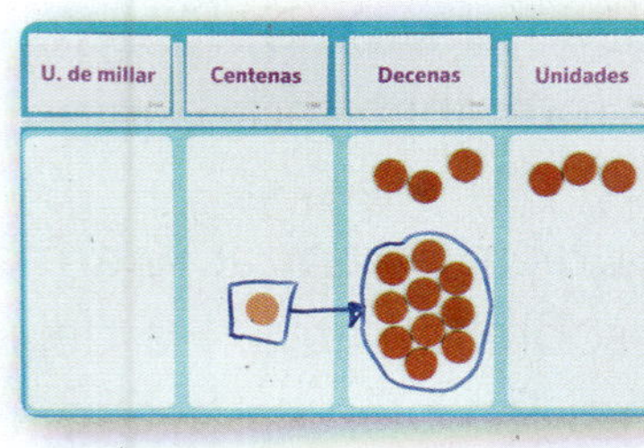

a. ¿Cuántos grupos de 12 hay en las centenas? ¿Y en las decenas? ¿Sobran fichas en las decenas? ¿Qué hacemos con la decena que sobra?

- Continúa haciendo grupos de 12 en las unidades.

b. ¿Cuál es el resultado? ¿Sobran fichas?

Comprendemos

Vamos a hacer la división 4 051 : 25.

1.º Con 4 UM no podemos hacer grupos de 25, así que hacemos grupos de 25 con 40 C.

Con 40 C hacemos 1 grupo de 25 y sobran 15 C porque:

$$40 - 25 = 15$$

```
4  0  5  1 | 2  5
           |------
1  5         1
```

sobran 15 C → 1 5

1 grupo de 25 → 1

2.º Con 15 C no podemos hacer grupos de 25. Convertimos 15 C en 150 D y las juntamos con las 5 D que ya tenemos. En total hay **155** D.

4	0	5	1	2	5	
1	5	5		1		

Con 155 D podemos hacer **6** grupos de 25 porque $6 \times 25 = 150$.
Y sobran **5** D.

4	0	5	1	2	5	
1	5	5		1	6 ← 6 grupos de 25	
sobran 5 D →		5				

3.º Tenemos 5 D, pero no podemos hacer grupos de 25. Convertimos 5 D en 50 U y las juntamos con 1 U que ya tenemos. En total hay **51** U.

Con **51** U podemos hacer 2 grupos de 25 porque $2 \times 25 = 50$.
Y sobra **1** U.

4	0	5	1	2	5	
1	5	5		1	6	2 ← 2 grupos de 25
		5	1			
	sobra 1 U →		1			

Entonces, 4051 : 25 = 162 grupos de 25 y sobra 1 U.

2 **Resuelve las divisiones y completa la tabla en tu cuaderno.**

	Dividendo	Divisor	Cociente	Resto
667 : 23	◆◆◆	◆◆◆	◆◆◆	◆◆◆
9293 : 45	◆◆◆	◆◆◆	◆◆◆	◆◆◆
13714 : 12	◆◆◆	◆◆◆	◆◆◆	◆◆◆

Aplicamos

G〉I **3** Estima el cociente de la división 6012 : 29 redondeando el dividendo a la centena y el divisor a la decena.

4 Morgana tiene 234 gomas rojas y 324 verdes. Quiere hacer pulseras de 24 gomas. ¿Cuántas pulseras podrá hacer? ¿Cuántas gomas le sobrarán en total?

Nos activamos

1 Estos cuatro amigos quieren resolver la división 241 : 29. Para ello, intentan descubrir cuántos grupos de 29 pueden hacer con 241 U. Observa lo que dicen.

- ¿Quién dice lo correcto? ¿Por qué?
- ¿Sobra algo?

Comprendemos

Vamos a dividir 2 412 : 29.

1.º Con 2 UM no podemos hacer grupos de 29. Con 24 C tampoco, así que hacemos grupos de 29 con **241** D.

Con 9 nos pasamos porque 9 × 29 = 261. Probamos con **8**:
8 × 29 = 232 y sobran **9** porque 241 − 232 = 9.

	2	4	1	2	29	
sobran 9 D →			9		8	← 8 grupos

2.º Tenemos 9 D, pero no podemos hacer grupos de 29. Convertimos 9 D en 90 U y las juntamos con las 2 U que ya tenemos. En total hay **92** U.

Con **92** U podemos hacer 3 grupos de 29 porque 3 × 29 = 87. Y sobran **5** U.

	2	4	1	2	29	
			9	2	83	← 3 grupos
sobran 5 U →				5		

Entonces, 2 412 : 29 = 83 grupos de 29 y sobran 5 U.

Aplicamos

2 Completa la siguiente tabla en tu cuaderno.

	Dividendo	Divisor	Cociente	Resto
167 : 23	◆◆◆	◆◆◆	◆◆◆	◆◆◆
◆◆◆	◆◆◆	45	58	25
10034 : 92	◆◆◆	◆◆◆	◆◆◆	◆◆◆

Recuerda la prueba de la división:

$D = d \times c + r$

3 Transforma la siguiente situación en una división y resuélvela.

¿Cuántos peces faltan para que la división sea exacta?

G I **4** Un grupo de 20 amigas ha comprado material para su equipo de fútbol. ¿Qué cantidad tiene que poner cada una si todas han aportado lo mismo?

DEPORTES "El balón"

20 camisetas	512 €
20 pantalones	368 €
20 pares de medias	144 €
8 balones	196 €

i **5** Fíjate en el ejemplo. Después, resuelve las divisiones en tu cuaderno.

Ejemplo ▸

```
2 5 3 5 | 1 1 5            2 5 3 5 | 1 1 5
0 2 3     2        →       0 2 3 5   2 2
                                 5
```

3856 : 123   7124 : 245   5341 : 512   9534 : 234

6 smMasSavia.com | Practica la división.

7 Sin hacer la división explica cuál tendrá menor cociente. Explica por qué y compruébalo.

7862 : 64   7862 : 614

3 Dividir entre 10, 100 y 1 000

Nos activamos

G I **1** Colocaos por parejas y coged la calculadora.

- Elegid un número de esta lista y divididlo entre 10. Anotad el resultado.

230	150	7 580
390	1 850	4 700

- Elegid otro número y haced lo mismo. ¿Qué observáis?
- Si elegís otro número, ¿podéis saber qué resultado saldrá sin hacer la división?
- Ahora elegid varios números de esta lista y divididlos entre 100 y entre 1 000. ¿Qué observáis?

23 000	5 000	745 000
3 000	185 000	47 000

Comprendemos

Vamos a dividir 4 000 entre 10, entre 100 y entre 1 000.

- Para dividir entre 10 eliminamos el cero final:

$$4\,000 : 10 = 400$$

- Para dividir entre 100 eliminamos los dos ceros finales:

$$4\,000 : 100 = 40$$

- Para dividir entre 1 000 eliminamos los tres ceros finales:

$$4\,000 : 1\,000 = 4$$

Para **dividir** un número acabado en ceros **entre 10, 100, 1 000...** eliminamos en el número tantos **ceros finales** como ceros tenga el divisor.

2 **Resuelve estas divisiones mentalmente. Después escribe el resultado en tu cuaderno.**

- 40 : 10
- 270 : 10
- 3 000 : 10
- 500 : 100
- 2 600 : 100
- 8 000 : 100
- 8 000 : 1 000
- 12 000 : 1 000
- 345 000 : 1 000

Aplicamos

3 Redondea los divisores a la centena más próxima y resuelve.

Ejemplo ▶

1 400 : 215 ⟶ 1 400 : 200 ⟶ 14 : 2 = 7

18 600 : 295

87 400 : 186

72 100 : 709

64 500 : 498

4 En una fábrica de papel reciclado venden los folios que fabrican en paquetes de 100. Estos son los folios reciclados que han fabricado hoy.

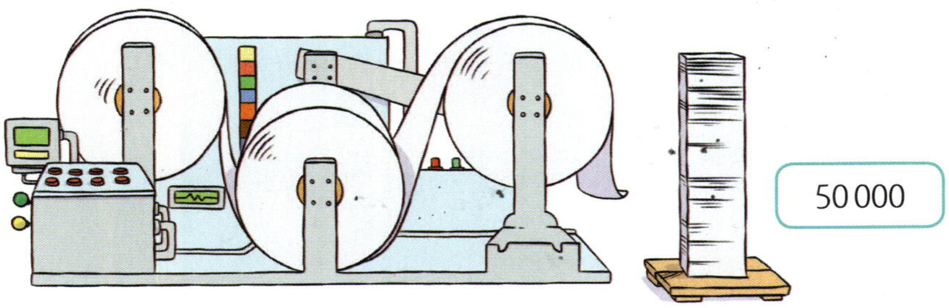

a. ¿Cuántos paquetes pueden formar?

b. Si en lugar de hacer los paquetes de 100 folios los hacen de 500, ¿cuántos paquetes forman?

5 El Estadio Olímpico tiene una capacidad para 84 000 personas. Si en cada grada caben 4 200 personas, ¿cuántas gradas hay?

Nos activamos

1 Observa la imagen.

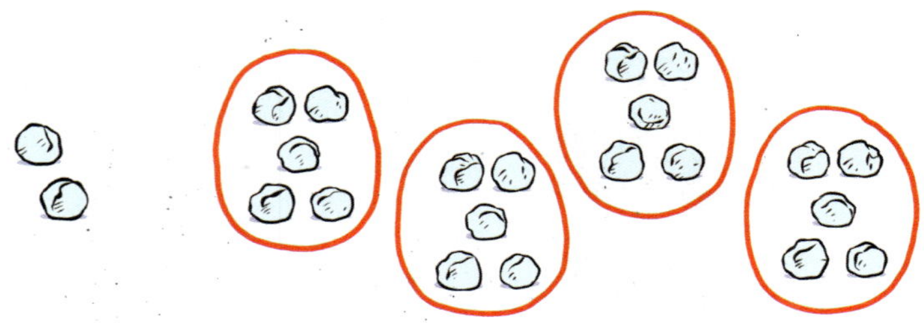

$2 + 4 \times 5$

a. ¿Cuántas bolitas hay en total?

b. ¿Quién dice lo correcto, Omar o Rebeca?

c. ¿Qué crees que ha hecho Omar para decir que hay 30 bolitas?

Comprendemos

Para **resolver operaciones combinadas** hay que seguir este orden:

1.º Si hay paréntesis, resolvemos primero las operaciones que están dentro de los paréntesis.

2.º Resolvemos las multiplicaciones y divisiones de izquierda a derecha.

3.º Resolvemos las sumas y las restas de izquierda a derecha.

2 **Calcula el resultado de estas expresiones.**

Ejemplo ▸

$$25 - (\underbrace{\underbrace{3 \times 3}_{9} + \underbrace{7 \times 2}_{14}}_{23}) = 25 - 23 = 2$$

$24 : (35 - 27)$ | $3 \times 5 + 6$ | $44 - 11 \times 3$

$(54 + 9) : (13 - 4)$ | $24 + 12 \times 5$ | $20 \times (12 - 5 + 7)$

Aplicamos

3 Relaciona en tu cuaderno cada expresión con la situación correspondiente.

Cuatro **docenas** de huevos más media docena de huevos.	Cuatro bolsas de fruta con doce fresas y seis naranjas en cada una.	Cuatro cajas de doce vasos menos seis que están rotos.
$4 \times (12 + 6)$	$4 \times 12 + 6$	$4 \times 12 - 6$

Una **docena** está formada por 12 elementos.

4 smMasSavia.com | Practica la jerarquía de operaciones.

5 Resuelve y observa los resultados.

$2 \times 10 + 5 + 3$ $\quad$ $2 \times (10 + 5 + 3)$ $\quad$ $2 \times (10 + 5) + 3$

6 Lucía dice que el triple de tres más cuatro es veintiuno. Aníbal, en cambio, dice que es 13. ¿Quién dice lo correcto? Razona la respuesta.

7 Copia en tu cuaderno. Después, coloca los paréntesis necesarios para que las operaciones sean correctas.

$6 \times 6 - 2 = 24$	$5 + 3 \times 2 + 1 = 24$
$48 : 12 - 10 = 24$	$2 \times 2 \times 3 \times 2 = 24$

I G **8** Araceli ha comprado 5 cuadernos iguales y una caja de témperas de colores por 19 euros. ¿Cuánto vale cada cuaderno? Escribe todos los cálculos con una sola expresión.

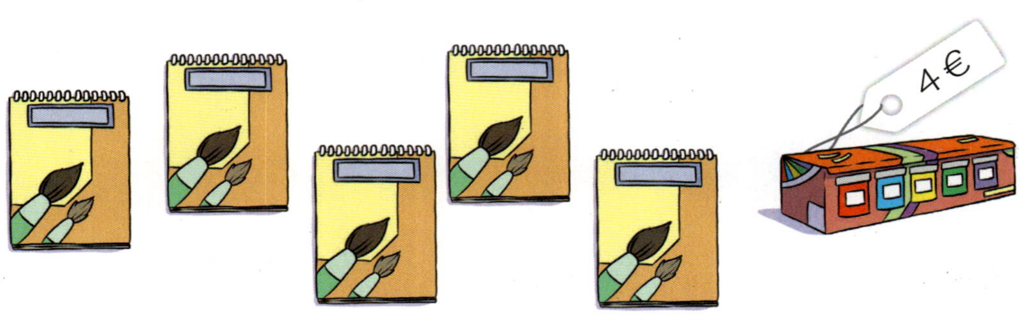

CÁLCULO MENTAL

Multiplicar por 5

45 × 5

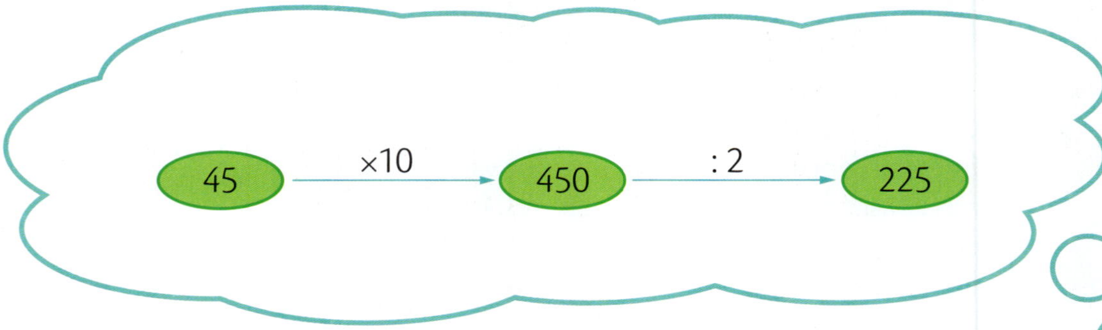

G 1 Calcula mentalmente y escribe el resultado en tu cuaderno.
Resuelve las dos primeras multiplicaciones con tu equipo.

24 × 5	28 × 5
51 × 5	62 × 5
32 × 5	84 × 5

2 En una atracción de la feria hay 19 vagones. En cada vagón caben 5 personas. ¿Cuántas personas llenan la atracción en cada viaje?

3 La profesora ha comprado 26 cajas de ceras blandas como la de la imagen. Las necesita para hacer un mural. ¿Cuántas ceras hay en total? Calcula mentalmente.

EL BALÓN

Un balón cuesta 22 €. El comprador no tiene más que billetes de 5 €.
El vendedor, además, solo tiene monedas de 2 €.

¿Se puede hacer la compra exacta del balón en estas condiciones?

> Comprender

1. Lee el problema atentamente.
2. Responde a las siguientes preguntas:

a. ¿Cuánto cuesta el balón?
b. ¿Qué tiene que ver el precio del balón con las monedas y billetes?

3. Organiza los datos, las relaciones y el objetivo del problema.
4. Dibuja un diagrama o un gráfico que explique el problema.

> Pensar

1. En grupos, pensad qué estrategia podéis utilizar para resolver el problema. ¿Por qué la utilizáis?
2. ¿Habías pensado en otra estrategia? ¿Por qué no la habéis elegido?

> Ejecutar

1. Ten en cuenta la información que has recogido y la estrategia que has elegido.
2. Representa la situación del problema en un diagrama.
3. Resuelve el problema. ¿Cuál es la solución?

> Responder

1. Vuelve al problema y comprueba si la solución es válida.
2. Asegúrate de si hay una solución única o hay varias.
3. Lee de nuevo el objetivo y escribe una respuesta.

La compra ◆◆◆ se puede realizar.

PROBLEMAS

Observa y contesta

FÍJATE EN LOS TRABAJADORES

1. ¿Qué están haciendo?
2. ¿Cuántos lápices caben en cada caja roja?
3. Cuando acaban de meter todos los lápices en las cajas de 12 no sobra ninguno. ¿Se puede decir entonces que el total de lápices es múltiplo de 12 o que es divisor de 12?

FÍJATE EN LAS CAJAS GRANDES

4. Cada caja de 12 va a parar a una gran caja en la que caben 10 500 lápices. ¿Cuántas cajas de 12 lápices hay en cada gran caja?
5. Si agrupan los lápices de 10 en 10 en lugar de hacerlo de 12 en 12, ¿pueden seguir completando grandes cajas de 10 500 lápices sin que sobren?
6. ¿Cuántas cajas de 10 lápices caben entonces en la gran caja?
7. ¿Pueden haber agrupado los lápices de 100 en 100 sin que sobren y meterlos en la gran caja?
8. ¿Cuántas cajas de lápices habría en la gran caja en ese caso?
9. ¿Qué expresión resuelve el total de cajas de lápices que hay en las grandes cajas que ya están cerradas? Escríbela y calcula el resultado.

Utiliza tus estrategias

1 Para hacer las actuaciones del festival de Navidad, los 56 niños de 4.º se han organizado en grupos de 14. ¿Cuántos grupos han organizado?

A. 70 grupos **B.** 4 grupos **C.** 42 grupos **D.** 14 grupos

2 En una pastelería artesana hornean cada semana 8 300 figuritas de mazapán. Las empaquetan en cajas de 25 figuritas.

a. ¿Cuántas cajas empaquetan cada semana?

b. En una semana en concreto solo empaquetan cajas de tamaño familiar con 100 figuritas. ¿Cuántas cajas familiares empaquetan esa semana?

3 Los alumnos de 4.º de Primaria tienen 3 bolsas con 8 ramas en cada una para montar el árbol de Navidad. Entre todas ellas hay 8 ramas muy largas, 7 ramas largas y 6 ramas medianas. El resto son ramas cortas. ¿Cuántas ramas cortas hay?

4 Tres hermanos decoran su árbol de Navidad con 4 cajas de 6 bolas rojas, 2 cajas de 12 bolas doradas, 3 cajas de 10 estrellitas azules y 5 cajas de 6 campanitas. ¿Cuántos adornos colocará cada uno si todos quieren colocar el mismo número?

Inventa un problema

Observa la imagen, lee el texto e inventa una pregunta que se pueda resolver.

Hacen falta 27 bombillas de cada color.

COMPROBAMOS LO APRENDIDO

G I **1** Organiza tus ideas. Completa en tu cuaderno.

Practicar la división

- **Dividir entre dos o más cifras**

  2 3 0 8 | 2 1

  ◆ ◆ ◆ ◆ ◆

- **Jerarquía de las operaciones**

  37 − (4 × 3 + 12 : 6) = ◆◆◆

- **Dividir entre 10, 100 o 1 000**

  7 000 : ◆ = 700

  7 000 : ◆ = 70

  7 000 : ◆ = 7

2 Resuelve las siguientes divisiones.

642 : 61 **2703 : 30** **836 : 42**

3 Copia la siguiente tabla y complétala en tu cuaderno.

D	d	c	r
3 617	11	◆◆◆	◆◆◆
◆◆◆	32	216	25

4 Indica el cociente de 6 500 : 100 sin realizar la división.

A. 60 **B.** 65 **C.** 100 **D.** 650

5 Calcula el resultado de las siguientes expresiones.

98 − 28 : 2 + 12 = ◆◆◆

(28 + 12) × 3 + 8 = ◆◆◆

6 ¿Cuántas vueltas han dado los atletas al circuito si han recorrido 7 800 metros y solo han corrido por la calle más larga?

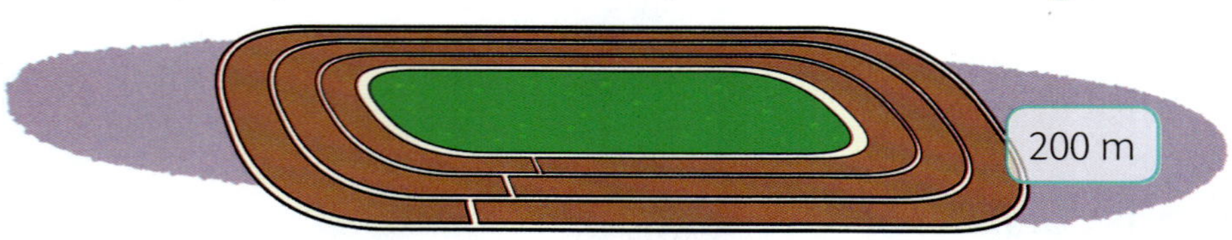

7 En clase de Jairo guardan las fichas de lectura en cajas de 30 fichas. ¿Cuántas cajas hay que utilizar para que 25 alumnos tengan 24 fichas de lectura cada uno? ¿Sobrarán fichas?

8 Observa la información que les han dado a los alumnos de 4.º de Primaria en su visita a la fábrica de yogures.

– *Cada una de nuestras vacas produce aproximadamente 25 litros de leche al día.*

– *Los yogures que se producen en 8 horas se empaquetan en lotes de 12 yogures.*

a. ¿Cuánta leche producen las 342 vacas en un día aproximadamente?

b. ¿Cuántos yogures se producen en una hora? ¿Y en 16?

c. ¿Cuántos lotes de 12 yogures se pueden hacer con 4 328 yogures? ¿Sobran?

9 En el colegio han organizado una campaña de recogida para un banco de alimentos. Se han conseguido los siguientes productos.

Arroz	Azúcar	Aceite	Legumbres	Leche	Turrones
24 kg	12 kg	20 L	36 kg	44 L	9 tabletas

a. ¿Cómo puedes repartir los kilos de arroz, azúcar y legumbres para que los paquetes pesen lo mismo?

b. Si los productos se reparten entre 4 familias, ¿pueden darle a cada familia 12 litros de leche? ¿Y 5 de aceite?

c. ¿Cuántas barras de turrón se necesitan para que las 4 familias reciban 3 tabletas?

d. Pregunta a tus compañeros qué pueden traer ellos para la operación kilo. Haz una tabla y pensad una forma de repartirlo entre 3 familias.

Mi diario

1 De lo que estamos aprendiendo yo ya sabía… Pero además he aprendido…

2 Me gusta trabajar con… porque…

3 Al hacer esta actividad he sentido …

smMasSavia.com | Autoevaluación.

MEJORA TU CONVIVENCIA EN CASA

Nuestra actitud en casa influye en el bienestar de las personas con las que convivimos. Colaborar en el cuidado y en las tareas de casa mejora la calidad de vida familiar. ¿Quieres saber cómo?

Cuidados en familia

PASO 1 Lee estas pautas para el bienestar de la familia. Piensa en qué medida se cumplen en tu caso. Después, marca el número correspondiente en tu cuaderno.

	Poco	Algo	Mucho
Tener una dieta sana.	1	2	3
Cuidar la higiene personal.	1	2	3
Participar en las tareas de casa.	1	2	3
Pasar tiempo de ocio juntos.	1	2	3
Hacer ejercicio físico.	1	2	3

- Observa tu puntuación. ¿Puedes escribirla como una operación? Calcula el total.
- ¿Qué pauta has puntuado más alto? Explica si te parece la más importante.

PASO 2 Dividid la clase en 5 equipos. Cada equipo elige una de las pautas de la tabla.

- Pensad situaciones de familia relacionadas con vuestra pauta. Después, dibujad cada una en una tarjeta.

Repartimos cuidados

TAREA FINAL

PASO 3 Juntad las tarjetas de toda la clase.

- Recupera el resultado de la actividad 6 de la página 57. ¿Podemos repartir las tarjetas entre todos los de la clase sin que sobre ninguna?
- ¿Cuántas sobran o cuántas faltan? Haced más tarjetas para completar si es necesario.

PASO 4 Repartid las tarjetas al azar entre todos. Cada uno debe de tener el mismo número.

En marcha

PASO 5 Observa las tarjetas que te han tocado. Durante la semana, pon atención en casa a las situaciones que representan.

- ¿Cómo te sientes si las realizas? ¿Cómo influye en la familia si las dejas de hacer?

Al finalizar la semana, escribe un titular con tu experiencia. Colgad los titulares en el corcho de clase.

Mi diario

1. ¿Qué he descubierto nuevo sobre mí mismo haciendo esta tarea?
2. Cuento una cosa que ha ocurrido mientras hacía la tarea y que me ha hecho sentir bien.

El libro **Matemáticas para 4.º de Primaria** forma parte del Proyecto Editorial de Educación Primaria de SM.
En su realización ha participado el siguiente equipo:

Autoría
Javier Bernabeu, Mercedes Garín, Martín Francisco Cabello, Manuel García, María Nila Pérez, Francisco Morales, José Manuel Vidal, Aurora Bellido, Equipo editorial SM

Edición
Oiana García, Eva Béjar, Equipo I més. Servicios Editoriales, Belén Martínez, Carolina Arias, Silvia González

Asesoría pedagógica
José Gabriel Díaz

Corrección
Javier López

Ilustración
Ricard Zaplana, Diego Burdío, Juan Antonio Rocafort, Javier Andrada, Alejandro Mesa (cubierta)

Fotografía
Sergio Cuesta; Olimpia Torres; María Pía Hidalgo; THINKSTOCK; 123RF; SHUTTERSTOCK; iStock; AGE FOTOSTOCK; ARCHIVO SM

Edición gráfica
Sergio Cuesta

Diseño de cubierta e interiores
Estudio SM

Coordinación editorial de Matemáticas
Fina Arévalo

Coordinación transversal del proyecto
Nuria Corredera, Mara Mañas, Antonio de Pedro y Nuria Vallina

Dirección de Arte del proyecto
Mario Dequel

Dirección editorial
Aída Moya y Fina Arévalo

Todas las actividades contenidas en este libro han de ser realizadas en un cuaderno aparte, nunca en el propio libro.
Los espacios incluidos son meramente indicativos y su finalidad es puramente didáctica.

Igualdad de género
En SM utilizamos el masculino genérico, según las directrices académicas establecidas, para evitar textos excesivamente artificiosos y difíciles de entender. Con el fin de agilizar la lectura, utilizamos nombres de género común, y recurrimos a la duplicidad masculino/femenino cuando pueda producirse ambigüedad en el mensaje. En este último caso, equilibramos el uso de ambos géneros y evitamos estereotipos.

Así mismo, siguiendo la orientación de Ana López-Navajas, experta en igualdad de género, en Más Savia damos visibilidad a las mujeres desde diferentes perspectivas: ofrecemos una imagen ajustada y equitativa de todas las áreas del saber para construir un recorrido histórico sin sesgo de género, ofreciendo modelos históricos y culturales femeninos para transmitir una cultura participada por ambos sexos; identificamos el papel, impulsor de progreso social, que han tenido las mujeres anónimas en la intrahistoria; y ofrecemos referentes profesionales y experiencias vitales que rompen con una visión limitada de las vocaciones, aficiones y sensibilidades al no asociarlas con un género concreto.

Gestión de las direcciones electrónicas
Debido a la naturaleza dinámica de internet, SM no puede responsabilizarse de los cambios o las modificaciones en las direcciones y los contenidos de los sitios web a los que remite en este libro.

Con el objeto de garantizar la adecuación de las direcciones electrónicas de esta publicación, SM emplea un sistema de gestión que redirecciona las URL que con fines educativos aparecen en la misma hacia diversas páginas web; entre otras de uso frecuente: http://es.wikipedia.org, www.youtube.es. SM declina cualquier responsabilidad por los contenidos o la información que pudieran albergar, sin perjuicio de adoptar de forma inmediata las medidas necesarias para evitar el acceso desde las URL de esta publicación a dichas páginas web en cuanto tenga constancia de que pudieran alojar contenidos ilícitos o inapropiados. Para garantizar este sistema de control es recomendable que el profesorado compruebe con antelación las direcciones relacionadas y que comunique a la editorial cualquier incidencia a través del correo electrónico ediciones@grupo-sm.com.

Este libro está impreso en papel procedente de bosques gestionados de manera sostenible.

Matemáticas

SEGUNDO trimestre

4
primaria

más Savia

sm

Índice

Fracciones

Unidad 5
Fracciones

TAREA FINAL

Mejora tu convivencia en clase

1 El que parte y reparte...

- ¿Alguna vez te ha tocado repartir en alguna situación complicada? ¿Cómo lo resolviste? ¿Pediste ayuda?
- ¿Qué situaciones de ayuda observas en la imagen?

2 ¡Sabes más de lo que crees!

- Observa las fichas que hay sobre el tablero. ¿De qué color es la ficha que va ganando? ¿Y de qué color es la que va perdiendo?
- ¿Qué fracción de la ficha ha completado cada uno?
- ¿Qué fracción le falta a cada uno para ganar?

3 Sigue haciéndote preguntas

- ¿Qué fracción de hora ha avanzado el reloj? ¿Cuántos minutos son?
- ¿Qué fracción queda de la tarta?

TAREA FINAL

Mejora tu convivencia en clase

Aprende a dedicar un tiempo a ayudar y a recibir ayuda.

5 Fracciones

En esta unidad vamos a:

Leer, escribir y comparar fracciones.

¿Qué queda de la tortilla después de haber comido?

Encontrar fracciones equivalentes.

¿Podemos comer la misma cantidad de tortilla tomando diferente número de trozos?

Sumar y restar fracciones.

¿Cuánta tortilla hemos comido en total? ¿Cuánta queda?

Calcular la fracción de una cantidad.

Si la tortilla pesaba 800 gramos, ¿cuántos gramos hemos comido?

smMasSavia.com

Lo que ya sé.

Nos activamos

1 Observa la mesa de pimpón y la manzana.

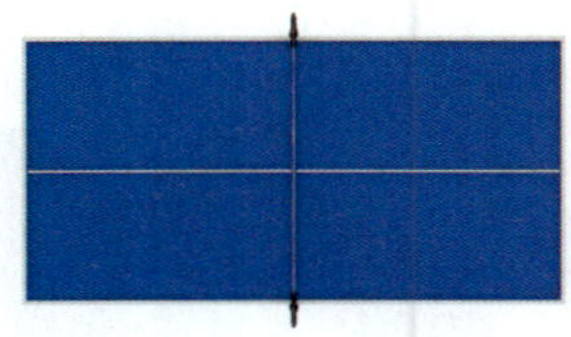

a. ¿Son iguales las mitades de cada unidad?

b. ¿Cómo se escribe la mitad del primer objeto en forma de fracción?

c. ¿Y la mitad del segundo objeto?

Comprendemos

Alfredo ha partido una empanada en 8 partes iguales. Podemos representar cada porción de empanada de bonito con una fracción.

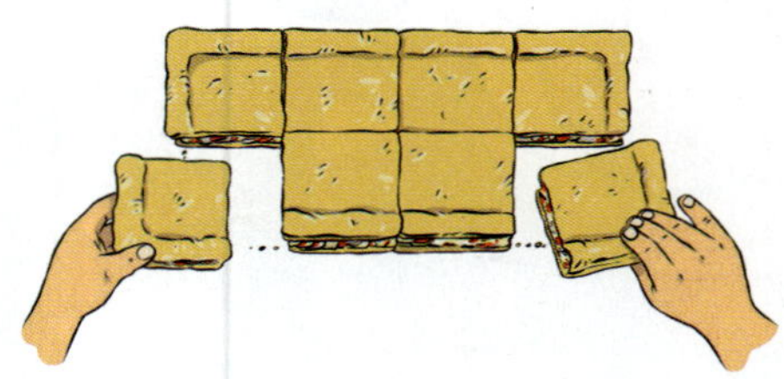

Cada parte se llama octavo.

Hemos cogido 2 partes, así que hemos cogido **2 octavos**.

$\frac{2}{8}$

- 2 ← **numerador:** partes que se cogen de la empanada
- 8 ← **denominador:** partes iguales en las que se divide la empanada

Para representar las partes de una unidad utilizamos **fracciones**. Los términos de una fracción se llaman **numerador** y **denominador**.

2 Coge estos sectores de tu material. ¿Qué fracción representa la pieza azul? ¿Cómo lo has averiguado?

3 Poned todos los sectores revueltos sobre la mesa. Escoged una pieza sin mirar. Colocad el libro de espejos como en la imagen.

a. ¿Qué fracción representa la pieza que has escogido? Escríbelo con letra y en forma de fracción.

b. ¿Cuántas piezas como la tuya forman la unidad?

Aplicamos

4 Relaciona en tu cuaderno cada dibujo con la fracción que representa.

A.

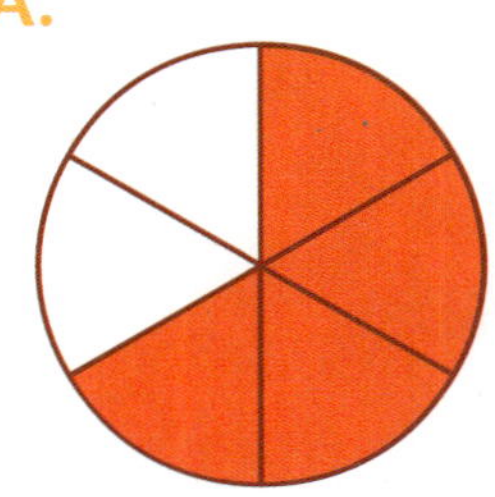

B.

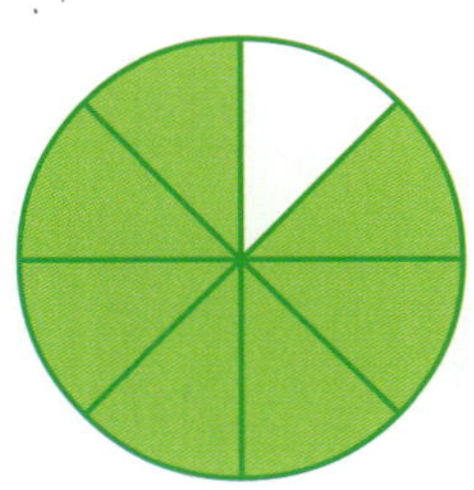

C.

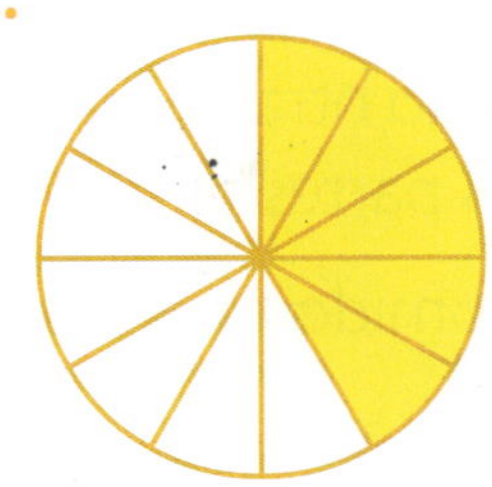

$\frac{5}{12}$ $\frac{4}{6}$ $\frac{7}{8}$

5 Escribe en tu cuaderno cómo se leen estas fracciones.

a. $\frac{2}{3}$ **b.** $\frac{1}{9}$ **c.** $\frac{3}{7}$ **d.** $\frac{2}{4}$

6 Carmen ha preparado un batido multifrutas con cuatro partes de uva, tres partes de pera, dos partes de manzana y una de limón. ¿Qué fracción representa cada fruta en el batido?

Si el denominador es 2 se lee **medio**, cuando es 3 se lee **tercio**, cuando es 4 se lee **cuarto**, etc.

Nos activamos

1 Colocaos en grupos de 4 y coged los sectores de fracciones y los libros de espejos.

Tomad el círculo amarillo como unidad. Coged cada uno una pieza sin mirar y usad el libro de espejos para averiguar qué fracción representa.

Después, colocadla sobre vuestro círculo amarillo.

a. ¿Cuánto falta para completar la unidad?

b. ¿Qué fracción es mayor, la que habéis identificado en el espejo o la que falta para completar la unidad?

Comprendemos

Una amiga de Alfredo ha traído otra empanada del mismo tamaño pero esta vez es de pulpo. De las 8 partes se han comido 4.

¿De qué empanada se han comido más cantidad?

De los 8 octavos que había se han comido 2 octavos.

De los 8 octavos que había se han comido 4 octavos.

Se han comido más octavos de la empanada de pulpo que de la de bonito.

$\frac{4}{8}$ es mayor que $\frac{2}{8}$ → $\frac{4}{8} > \frac{2}{8}$

2 Escribe en tu cuaderno la fracción que representa la cantidad de zumo que hay en cada jarra. ¿Cuál es mayor? ¿Cuánto le falta a cada una para completar la unidad?

Aplicamos

3 Indica qué fracción representan las piezas que hay en cada puzle. Ordénalas de menor a mayor.

a.

b.

c.

d.

4 Escribe dos fracciones que estén entre dos novenos y siete novenos. Ordena las cuatro fracciones de mayor a menor.

5 Román y Elia han plantado un huerto ecológico. Lo han dividido en 9 partes iguales. Del total del huerto, han plantado dos novenos con tomates. Han plantado más tomates que pimientos. También han plantado más lechugas que tomates.

¿Qué fracción del huerto representa cada verdura?

Nos activamos

1 Coged las tiras de fracciones de vuestro material y haced trenes. Uno con vagones de cuartos y otro con vagones de medios. ¡Tenéis que conseguir que empaten!

1.º

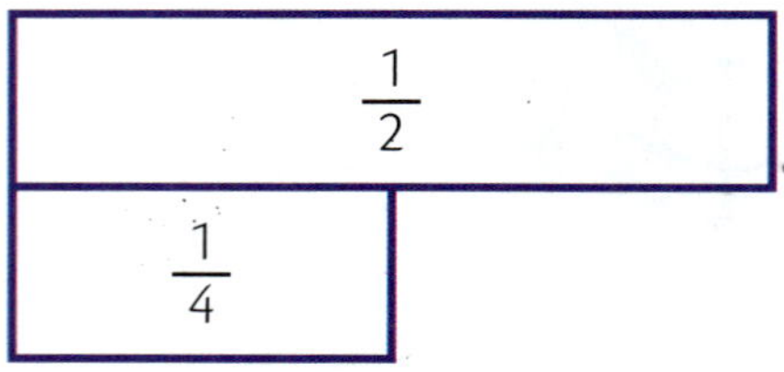

No empatan.

2.º

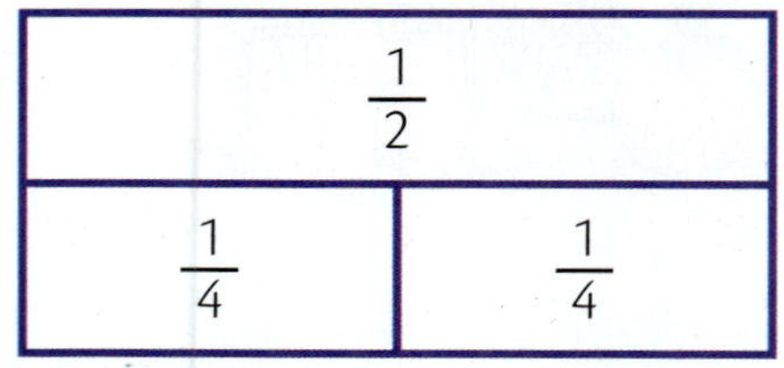

¡Ya empatan!

- ¿Cuántos vagones de un cuarto empatan con un vagón de un medio?
- Si todos los vagones de un tren tienen que ser del mismo tipo, ¿con qué otros vagones podéis hacer un tren que empate con el vagón de un medio?

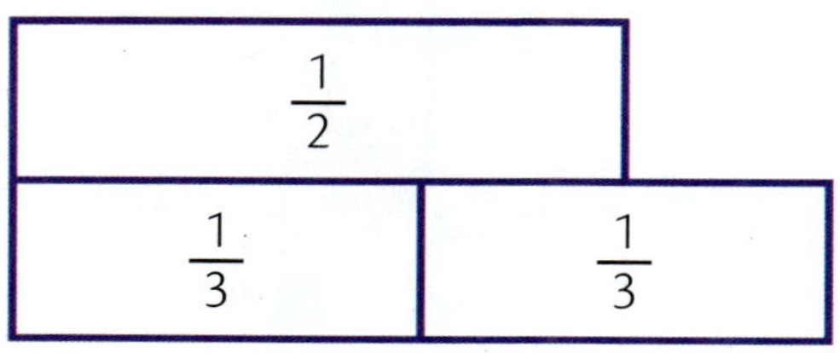

Comprendemos

Vamos a ver qué ocurre cuando empatan dos trenes.

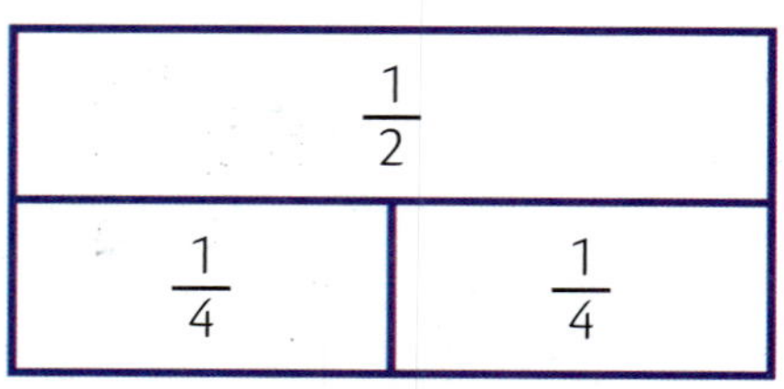

1 medio $\frac{1}{2}$

2 cuartos $\frac{2}{4}$

2 vagones de $\frac{1}{4}$ empatan con 1 vagón de $\frac{1}{2}$. Por tanto, $\frac{2}{4} = \frac{1}{2}$.

Entonces, $\frac{2}{4}$ y $\frac{1}{2}$ son **fracciones equivalentes**.

> Dos **fracciones** son **equivalentes** cuando representan la misma parte de la unidad.

2 Usa las tiras y comprueba si las siguientes fracciones son equivalentes.

$\frac{2}{3}$ y $\frac{4}{6}$ $\frac{2}{5}$ y $\frac{6}{10}$ $\frac{6}{12}$ y $\frac{1}{2}$

Aplicamos

3 Colorea y completa en tu cuaderno para tener fracciones equivalentes.

a.

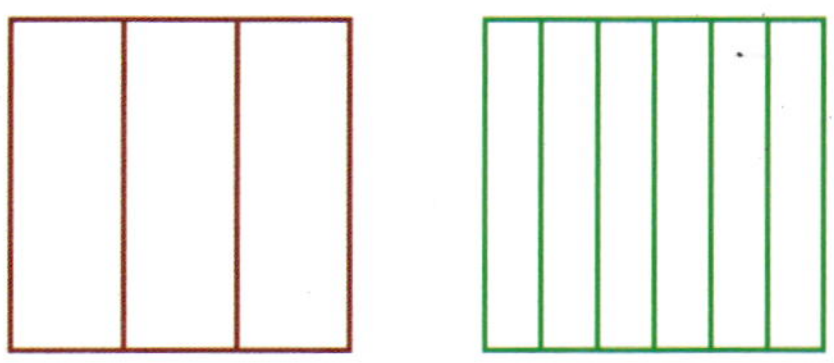

$\frac{1}{3} = \frac{\blacklozenge}{6}$

b.

$\frac{2}{4} = \frac{\blacklozenge}{8}$

c.

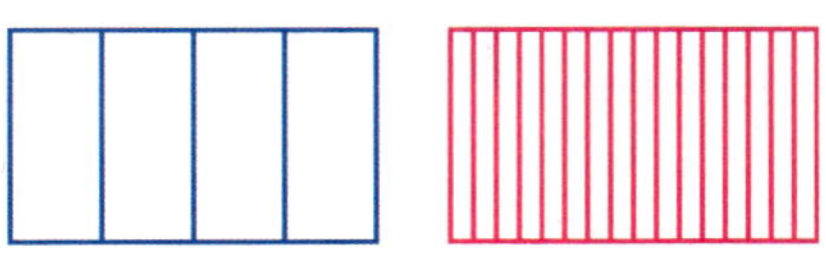

$\frac{\blacklozenge}{4} = \frac{12}{16}$

d.

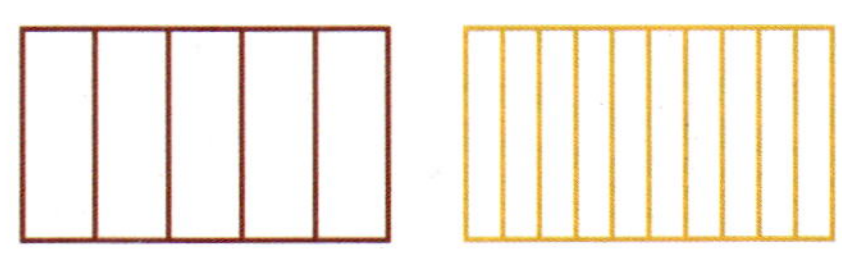

$\frac{\blacklozenge}{5} = \frac{8}{10}$

4 smMasSavia.com | Practica con fracciones equivalentes.

G I **5** Recorta un folio por la mitad y cada mitad por la mitad. Después responde verdadero o falso.

- La mitad de la mitad representa $\frac{1}{4}$.
- La mitad de la unidad es equivalente a $\frac{2}{4}$.
- 2 unidades equivalen a $\frac{4}{4}$.
- $\frac{1}{2}$ junto con $\frac{2}{4}$ equivalen a la unidad.
- 4 cuartos equivalen a 2 medios.

Nos activamos

1 Coge tus sectores de fracciones que representen octavos y forma la fracción de la imagen.

a. Escribe la fracción que hay representada.

b. Fíjate en la imagen y escribe otras formas de representar esta fracción.

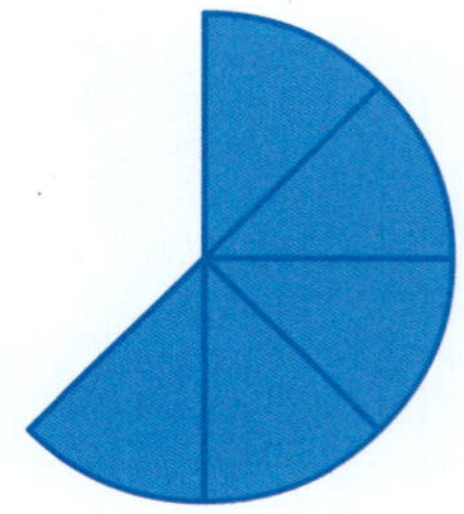

Comprendemos

A Clara le quedan $\frac{5}{10}$ de su tableta de chocolate, y a Luis, $\frac{3}{10}$. Si las juntan, ¿volverán a tener una tableta entera?

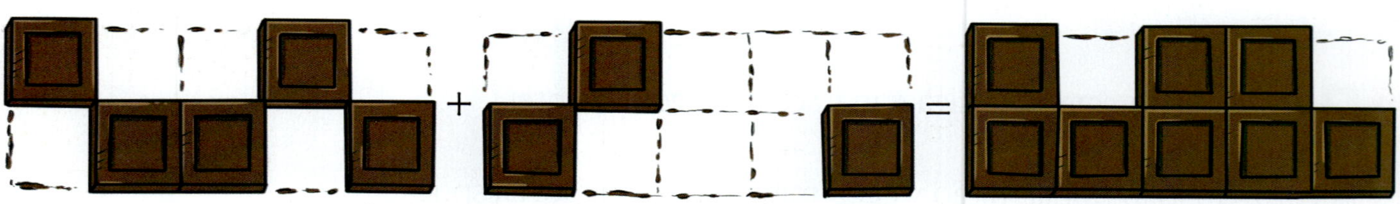

Clara tiene 5 **décimos**. Luis tiene 3 **décimos**. Juntos tienen 8 **décimos**.

$$\frac{5}{10}+\frac{3}{10}=\frac{5+3}{10}=\frac{8}{10}$$

Entre los dos tienen $\frac{8}{10}$ de una tableta. Por tanto, no la tienen entera.

> Para **sumar fracciones** con el mismo denominador, dejamos el mismo denominador y sumamos los numeradores.

2 Escribe las fracciones representadas y calcula.

a. 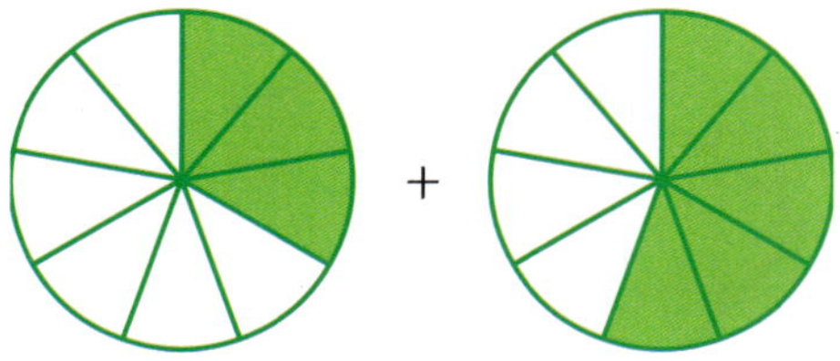

b. 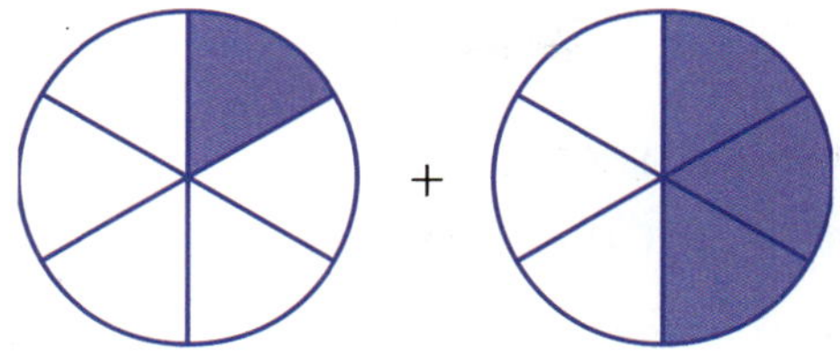

c. 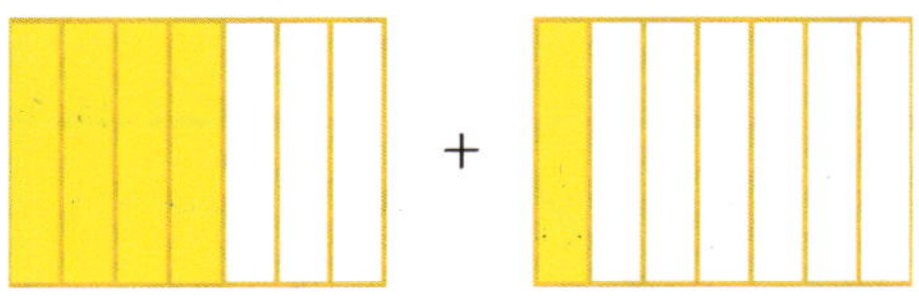

d. 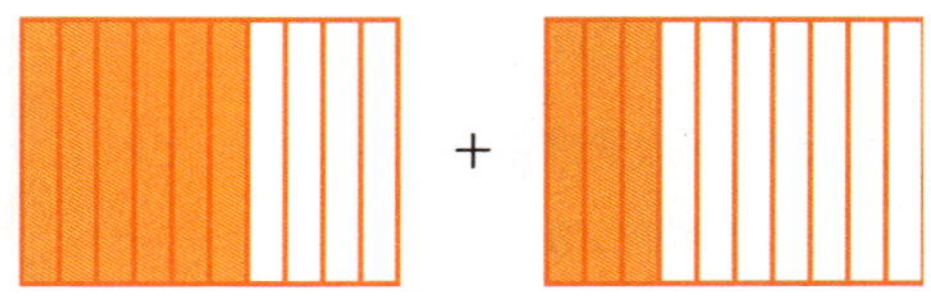

Aplicamos

3 Realiza las siguientes sumas de fracciones en tu cuaderno.

$\frac{1}{4}+\frac{2}{4}$ $\frac{3}{7}+\frac{3}{7}$ $\frac{5}{9}+\frac{4}{9}$ $\frac{6}{13}+\frac{5}{13}$

4 **PREPARA LA TAREA.** ¿Cuántos cuartos de hora hay en media hora?

5 Completa las fracciones para que la suma sea correcta.

$\frac{\blacklozenge}{6}+\frac{1}{6}=\frac{4}{6}$ $\frac{4}{11}+\frac{\blacklozenge}{11}=\frac{10}{11}$ $\frac{\blacklozenge}{9}+\frac{1}{\blacklozenge}=\frac{9}{9}$ $\frac{2}{\blacklozenge}+\frac{\blacklozenge}{15}=\frac{11}{15}$

Si el numerador y el denominador de una fracción coinciden, tenemos una unidad completa.

I G **6** Escribe dos fracciones cuya suma sea $\frac{7}{12}$.

a. Compara tu respuesta con la de tu compañero. ¿Habéis escrito los dos lo mismo?

b. Si no coinciden vuestras respuestas, ¿es posible que los dos lo hayáis hecho bien? Dibujadlo y comprobad por qué.

7 Patricia, Gloria y Carmen participan en una carrera de relevos. Patricia recorre $\frac{2}{7}$ del camino. Gloria recorre $\frac{3}{7}$ del camino. Carmen recorre $\frac{1}{7}$. ¿Han completado la carrera las tres amigas? ¿Por qué?

Nos activamos

1 Por parejas, buscad en los sectores de fracciones los que correspondan con el dibujo.

- ¿Cómo se llaman las piezas que habéis elegido?
- ¿Cuántas necesitáis para completar la unidad? Colocad las piezas sobre el dibujo.
- Por turnos, uno de vosotros cerrará los ojos. El otro retirará algunas de las piezas.
- Abre los ojos. ¿Cuántas piezas quedan? ¿Podéis escribir el resultado como una resta?

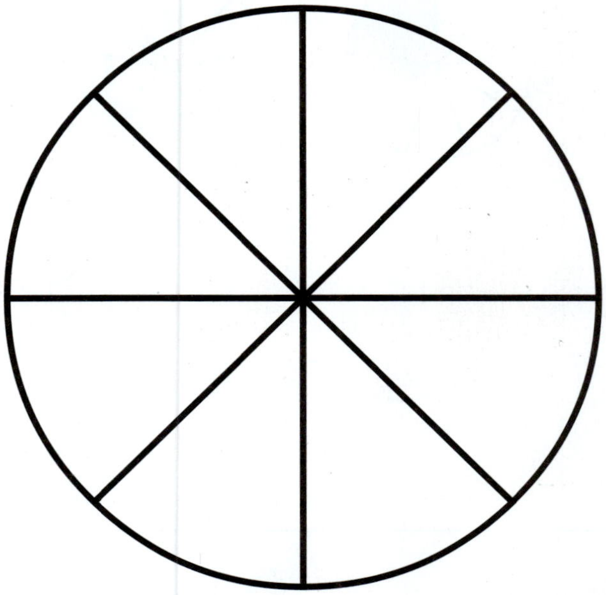

Comprendemos

Olga hizo ayer una tortilla de patatas para cenar. Hoy quedan todavía $\frac{7}{8}$ de la tortilla. El padre de Olga ha cogido dos trozos esta tarde. ¿Cuánta tortilla queda todavía en el plato?

Había 7 octavos y se lleva 2 octavos. Quedan 5 octavos.

$$\frac{7}{8}-\frac{2}{8}=\frac{7-2}{8}=\frac{5}{8}$$

En el plato quedan $\frac{5}{8}$ de tortilla.

Para **restar fracciones** con el mismo denominador, dejamos el mismo denominador y restamos los numeradores.

2 **Escribe en tu cuaderno las restas que corresponden a cada dibujo.**

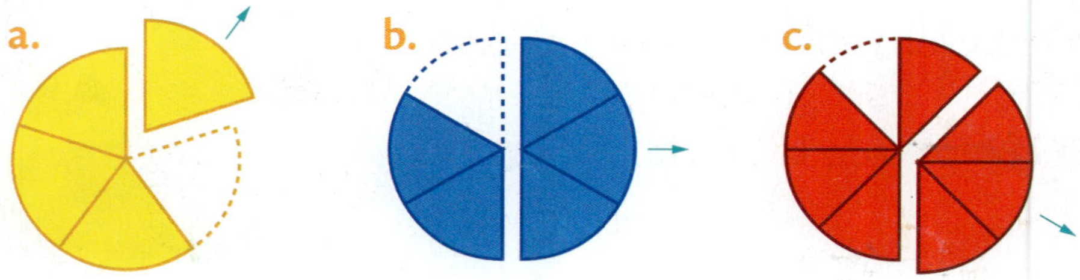

Aplicamos

3 Realiza las siguientes restas de fracciones en tu cuaderno.

$\frac{7}{8} - \frac{2}{8}$ $\frac{5}{7} - \frac{3}{7}$ $\frac{3}{9} - \frac{2}{9}$ $\frac{10}{13} - \frac{5}{13}$

4 Completa las fracciones para que las restas sean correctas.

a. $\frac{6}{15} - \frac{\blacklozenge}{15} = \frac{4}{15}$ **b.** $\frac{\blacklozenge}{4} - \frac{3}{4} = \frac{1}{4}$ **c.** $\frac{\blacklozenge}{9} - \frac{1}{\blacklozenge} = \frac{8}{9}$ **d.** $\frac{12}{\blacklozenge} - \frac{\blacklozenge}{13} = \frac{5}{13}$

5 **smMasSavia.com** | Practica la suma y la resta de fracciones.

6 Relaciona en tu cuaderno cada operación con su resultado.

$\frac{3}{15} + \frac{1}{15} - \frac{2}{15}$ $\frac{14}{15} - \frac{11}{15} + \frac{8}{15}$ $\frac{14}{15} + \frac{1}{15} - \frac{5}{15}$

$\frac{10}{15}$ $\frac{2}{15}$ $\frac{11}{15}$

7 Gabriel ha ocupado tres sextos de la estantería de su habitación con libros de lectura y un sexto con libros de texto.

a. ¿Qué fracción de la estantería ha ocupado Gabriel?

b. ¿Cuál es la fracción de estantería que queda libre?

G I **8** De una botella de leche, Max y su hermana han bebido la mitad en el desayuno y con la mitad de lo que queda, han hecho un batido. ¿Qué fracción de leche queda en la botella?

A. Un tercio **B.** Un cuarto

C. Un medio **D.** Un quinto

6 Fracción de una cantidad

Nos activamos

1 Necesitamos dos platos de distintos colores.

1.º Haced un corte con tijeras en cada plato, en línea recta, desde cualquier punto hasta el centro.

2.º Repartid en 4 partes 16 gomets en uno de los platos como en la imagen.

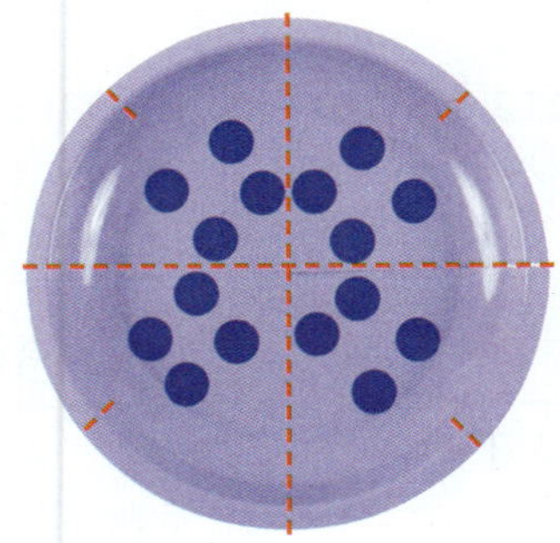

3.º Acoplad los platos.

4.º Girad los platos uno sobre otro para representar $\frac{1}{2}$. ¿Cuántos gomets hay?

5.º Haz lo mismo representando $\frac{1}{4}$ y $\frac{1}{8}$. ¿Cuántos gomets hay en cada caso?

Comprendemos

En clase de 4.ºA hay 24 alumnos. $\frac{3}{8}$ de los alumnos tienen perro. ¿Cuántos alumnos tienen perro?

Para averiguarlo tenemos que calcular cuántos alumnos son $\frac{3}{8}$ de 24.

La fracción $\frac{3}{8}$ nos dice que, si dividimos el total de alumnos en 8 partes iguales, 3 de esas partes son las que tienen perro.

1.º Repartimos a los 24 alumnos en 8 partes iguales. ¿Cuántos hay en cada octavo?

24 : 8 = 3

2.º Si sabemos cuánto es un octavo, podemos saber cuánto son 3 octavos.

3 × 3 = 9

$\frac{3}{8}$ de 24 = 9, es decir, de los 24 alumnos de la clase, 9 tienen perro.

2 **Hay 30 alumnos en la clase de 4.º B. Observa e indica el número de alumnos que tienen cada mascota.**

 $\frac{4}{10}$  $\frac{3}{10}$  $\frac{2}{10}$

3 **Calcula.**

$\frac{2}{4}$ de 20 $\frac{3}{5}$ de 35 $\frac{1}{3}$ de 27 $\frac{4}{5}$ de 100

Aplicamos

4 Indica qué igualdad es cierta y corrige las falsas en tu cuaderno.

a. $\frac{2}{9}$ de 36 = 7 **b.** $\frac{5}{6}$ de 54 = 40 **c.** $\frac{3}{11}$ de 121 = 33

5 **PREPARA LA TAREA.** Como ya sabes 1 hora equivale a 60 minutos. ¿Cuántos minutos son las siguientes fracciones de tiempo?

un cuarto de hora media hora tres cuartos de hora

6 Óscar tiene $\frac{3}{5}$ partes de una colección de 75 cromos.

a. ¿Cuántos cromos tiene Óscar?

b. ¿Cuántos cromos le faltan para completar la colección?

PROGRAMA COPER

LOS POSTES

La cancha deportiva del colegio mide 40 m de largo. Se quiere vallar el largo de la cancha para evitar que los balones vayan a la carretera. Para ello, van a poner unos postes cada 5 metros, desde uno de los extremos del largo de la cancha hasta el otro, en los que se sujetará la valla.

¿Cuántos postes se necesitan?

> Comprender

1. Lee el problema atentamente.
2. Responde a estas preguntas:

a. ¿Qué datos me dan? ¿Los postes? ¿Distancias?
b. ¿Qué me preguntan?
c. ¿Cómo se relacionan los datos entre sí y con lo que me preguntan?
d. Escribe el problema con tus propias palabras.

3. Con las respuestas anteriores, completa esta tabla en tu cuaderno.

Datos del problema ¿Qué sé de manera segura? ¿Qué no cambia a lo largo del problema?	◆◆◆
Objetivo ¿Qué tengo que averiguar?	◆◆◆
Relaciones ¿Qué información me ayuda a conseguir el objetivo?	¿Qué tienen que ver los postes con la longitud de la cancha?

4. Dibuja un diagrama o un gráfico que explique el problema.
Podemos representar el problema con un diagrama de los postes y la distancia entre ellos.

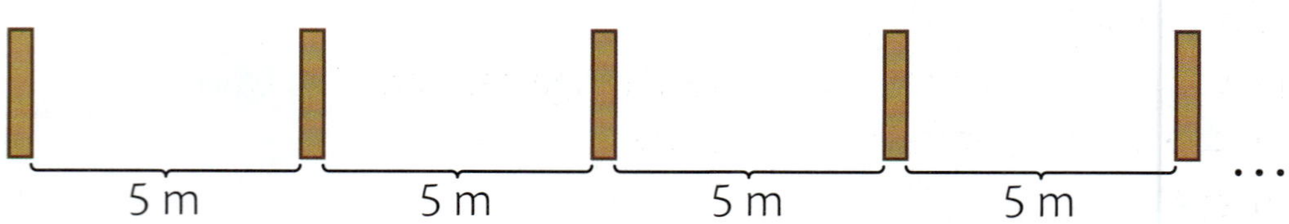

> Pensar

En equipos pequeños, decidid qué estrategia puede ayudaros más a resolver el problema.

Puede haber más de una estrategia útil.

En este caso es útil la estrategia **Organizar la información** en una tabla.

La estrategia **Organizar la información** consiste en hacer tablas simples o de doble entrada, listas o un diagrama partes/todo. Esto nos ayudará en el proceso de resolución del problema.

> Ejecutar

1. Represent a la situación del problema en una tabla.

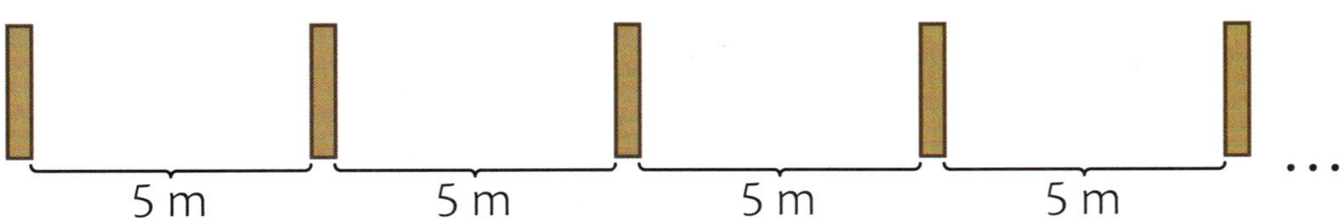

5 m	10 m	15 m	20 m	◆◆◆
2 postes	3 postes	4 postes	5 postes	◆◆◆

2. Rellena la tabla en tu cuaderno hasta cubrir la distancia que necesitas vallar.
3. Si no llegas a una solución, tienes que cambiar de estrategia.

> Responder

1. Vuelve al principio y comprueba si tu solución es válida.
2. ¿Hay una única solución o varias?
3. Lee de nuevo el objetivo y escribe una respuesta que tenga sentido. No olvides que la respuesta debe contestar al objetivo.

   Se necesitan ◆◆◆ postes.

PROBLEMAS

Utiliza tus estrategias

1 Al salir de una fiesta Martín dice que ha comido $\frac{3}{5}$ de un bizcocho casero. Rosalía dice que ha comido $\frac{4}{5}$ del mismo bizcocho. ¿Es posible?

2 En un comedor social tienen 100 yogures para repartir entre las personas necesitadas. $\frac{3}{5}$ de los yogures son de fresa y los demás son naturales. ¿Cuántos yogures son naturales?

3 En el mundial de baloncesto femenino participan 180 jugadoras. De ellas, $\frac{1}{4}$ vienen de Asia, $\frac{2}{4}$ vienen de América, y el resto, de África.

a. ¿Cuántas jugadoras vienen de África?

A. 180 **B.** 45 **C.** 90 **D.** 60

b. ¿Qué continente tiene más representantes en el mundial?

4 Un barco pesquero trae a puerto 120 kg de sardinas y 60 kg de merluza.

a. Si congelan la mitad del pescado, ¿cuántos kilos venden de pescado fresco?

b. Reparten el pescado entre dos pescaderías, "Hermanos Pez" y "Pescadería redes". "Hermanos Pez" se lleva un cuarto de las sardinas y tres cuartos de la merluza. ¿Cuál de las dos pescaderías se lleva más kilos de pescado?

Inventa un problema

Observa la imagen, lee el texto e inventa una pregunta que se pueda resolver.

Comerá $\frac{2}{6}$ cada invitado.

CÁLCULO MENTAL

Restar cantidades terminadas en 9

46 − 19

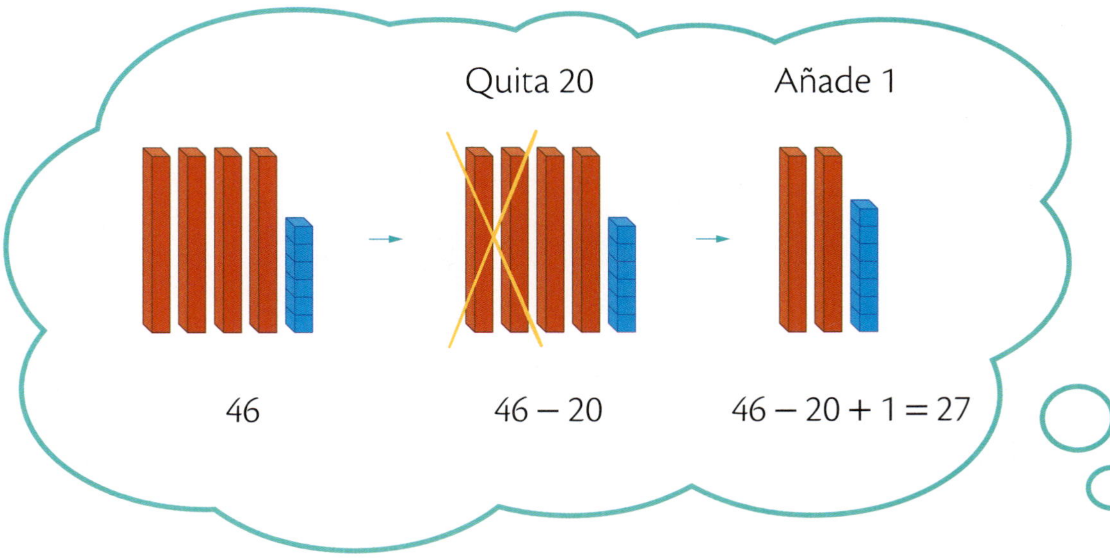

1 Calcula mentalmente por estimación.

56 − 19	67 − 39
123 − 9	85 − 49
64 − 29	162 − 39

2 Cristina tiene 19 años, y su madre 46. ¿Cuántos años tiene la madre más que Cristina?

3 En un refugio de animales abandonados hay 77 perros grandes y 29 pequeños. ¿Cuántos perros grandes más que pequeños hay?

4 Juan y Manuela están haciendo un puzle de 100 piezas. Ya han colocado 49. ¿Cuántas piezas faltan por colocar?

COMPROBAMOS LO APRENDIDO

1 Organiza tus ideas. Completa en tu cuaderno.

Fracciones

Fracciones

$\frac{3}{5}$ ← numerador (3), denominador (5)

Sumar y restar fracciones

$\frac{5}{10}+\frac{3}{10}=\frac{\blacklozenge+\blacklozenge}{10}=\frac{\blacklozenge}{\blacklozenge}$

$\frac{7}{10}-\frac{3}{10}=\frac{\blacklozenge-\blacklozenge}{10}=\frac{\blacklozenge}{\blacklozenge}$

Fracciones equivalentes

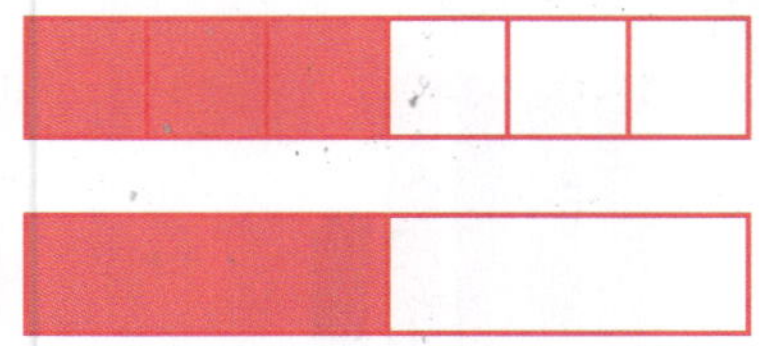

$\frac{3}{6}=\frac{\blacklozenge}{\blacklozenge}$

Fracción de cantidad

$\frac{3}{8}$ de $48=\blacklozenge$

2 Indica la fracción que representa cada dibujo.

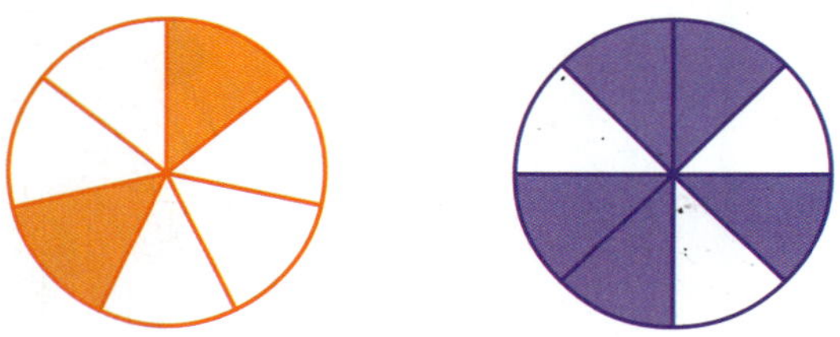

3 Escribe estas fracciones y represéntalas con un dibujo.

tres quintos — cuatro séptimos — dos novenos

4 De los siguientes pares de fracciones, ¿cuáles son equivalentes?

$\frac{2}{4}$ y $\frac{3}{6}$ — $\frac{1}{2}$ y $\frac{2}{3}$ — $\frac{3}{6}$ y $\frac{6}{8}$

5 Realiza las siguientes sumas y restas.

$\frac{4}{7}+\frac{2}{7}$ — $\frac{9}{13}-\frac{3}{13}$ — $\frac{5}{9}+\frac{3}{9}-\frac{7}{9}$

6 En una fiesta de disfraces, dos quintos de los invitados van disfrazados de superhéroes, un quinto, de animales, y el resto, de zombis. Si hay 180 invitados, ¿cuántos hay disfrazados de cada cosa?

7 La abuela Catalina está preparando una tarta siguiendo esta receta.

a. ¿Cuántos gramos de chocolate necesita para hacer la tarta?

b. ¿Tiene suficiente azúcar si hay 300 gramos en el azucarero?

c. Si tiene que hacer la tarta para 8 personas, ¿tiene suficiente con un litro de leche?

PARA 4 PERSONAS

- $\frac{1}{2}$ litro de leche
- $\frac{2}{5}$ de kilo de harina
- $\frac{1}{4}$ de un paquete de 1 000 gramos de azúcar
- $\frac{2}{3}$ de una tableta de chocolate de 150 gramos
- 3 huevos

8 Elena acaba de leer un resumen de cómo ha sido el tiempo durante el mes de febrero. Ha tomado algunos datos:

- $\frac{2}{7}$ de los días hizo sol.
- $\frac{3}{7}$ de los días llovió.
- $\frac{1}{7}$ de los días nevó.

a. ¿Cuántos días del mes hizo sol? ¿Cuántos llovió? ¿Cuántos nevó?

b. El resto de los días estuvo nublado, pero no llovió. ¿Cuántos días estuvo nublado?

c. La mitad de los días del mes, la temperatura máxima no subió de los 10 °C. ¿Cuántos días del mes de febrero hizo más de 10 °C?

Mi diario

1 Hoy me ha encantado aprender… y saberlo me sirve para …

2 ¿Qué tipo de actividades son las que más me han gustado? Intento explicar por qué.

smMasSavia.com | Autoevaluación.

MEJORA TU CONVIVENCIA EN CLASE

Todos podemos ayudar y también recibir ayuda. Por ejemplo, podemos enseñar a un compañero algo que no sabe. Otro compañero puede explicarnos algo que no sabemos hacer. Lo único necesario es dedicar una parte de nuestro tiempo a ayudarnos entre todos. Construiremos un banco de tiempo.

¿Qué ofreces? ¿Qué te gustaría aprender?

PASO 1 Responde a estas preguntas.

- ¿Qué puedes enseñar a algún compañero de clase que lo necesite?
- ¿Qué te gustaría aprender que pueda enseñarte algún compañero?

– Dividir entre dos cifras
– Operar con ábaco
– Resolver problemas
– Cálculo mental
– Jugar al ajedrez
– Manejar el ordenador
– Reciclar
– Ordenar
– Concentrarse
– Estar atento, mejor actitud

PASO 2 En una hoja, escribe qué ofreces.

- Pon un título que resuma la actividad.
- Añade cuánto tiempo le dedicarás. Recuerda la actividad 4 de la página 89 y la actividad 5 de la página 93. Exprésalo como una fracción.
- Añádele tu nombre y un dibujo.

Utilizar la calculadora

Tiempo: $\frac{1}{4}$ de hora

Sara

- Coloca tu hoja en la pared junto a las de tus compañeros.

El banco de tiempo

TAREA FINAL

PASO 3 Preparamos una cartilla donde anotamos los intercambios:

- Cada vez que ayudas a un compañero lo anotas en "tiempo ofrecido".
- Cada vez que te ayuda un compañero lo anotas en "tiempo recibido".
- Resta los dos tiempos. Si has ofrecido más tiempo del que has recibido anotas el resultado en "me sobra". Si has ofrecido menos del que has recibido lo anotas en "debo".

¡Vigila tus cuentas de tiempo! Al final de la actividad, la suma de los "me sobra" debe ser igual que la suma de los "debo".

Tiempo ofrecido	Tiempo recibido	Me sobra	Debo
$\frac{2}{4}$	$\frac{1}{4}$	$\frac{1}{4}$	◆◆◆
$\frac{1}{4}$	$\frac{2}{4}$	◆◆◆	$\frac{1}{4}$

PASO 4 Ponemos en marcha el banco de tiempo:

- Dividimos la clase en dos grupos. En uno de los grupos, cada uno elige qué actividad quiere aprender.
- La otra mitad enseña lo que ha puesto en su oferta al compañero que lo ha elegido.
- Podéis repetir las veces que queráis cambiando los grupos o hacerlo de dos en dos.

Mi diario

1. Haciendo esta tarea me he dado cuenta de varias cosas:
   - Puedo ayudar a los demás en…
   - Necesito que me ayuden en….
2. En el momento de explicar algo he descubierto que me cuesta…

Decimales

Unidad 6
Decimales y dinero

Unidad 7
Operar con decimales

TAREA FINAL **Mejora tu mundo**

1 Números que comen

- Observa la imagen. ¿Qué quiere decir 27 "coma" 9?
- ¿Conoces los números decimales? ¿Cómo se escriben? ¿Para qué crees que se utilizan?

2 ¡Sabes más de lo que crees!

- ¿Qué tipos de números ves en los carteles? ¿Hay alguno decimal?
- ¿Crees que el número de rotuladores de una caja se puede expresar con un número decimal? ¿Y el precio de la caja de rotuladores?

3 Sigue haciéndote preguntas

- Observa la imagen. ¿Se pueden comprar con el billete de 20 € los 4 cuadernos de la oferta?
- ¿Qué tipos de monedas y billetes conoces?

TAREA FINAL

Mejora tu mundo

Aprende a colaborar para que todos disfruten de ir al colegio.

6

Decimales y dinero

En esta unidad vamos a:

Leer y escribir números decimales.

¿Qué es una milésima?

Comparar números decimales.

¿Es mayor 0,36 o 0,6?

Redondear números decimales.

¿0,36 está más cerca de 0,3 o de 0,4?

Trabajar con dinero.

¿Cuántos céntimos son un euro?

smMasSavia.com

Lo que ya sé.

Nos activamos

1. Entre toda la clase, preparad 100 bolitas de papel.
   - Coged 10 bolsas de plástico. Colocad 10 bolitas en cada bolsa. Cerrad las bolsas cuando tengan 10 bolitas dentro.
   - Colocad las 10 bolsas dentro de una caja. La caja se puede cerrar cuando tiene 10 bolsas dentro.

a. Si la caja completa y cerrada representa 1 unidad, ¿qué fracción representa una de las bolsas?

b. ¿Qué fracción del total representa cada bolita?

   - Imaginad que hay que meter 10 garbanzos dentro de cada bolita. Las bolitas solo se pueden cerrar si tienen los 10 garbanzos dentro.

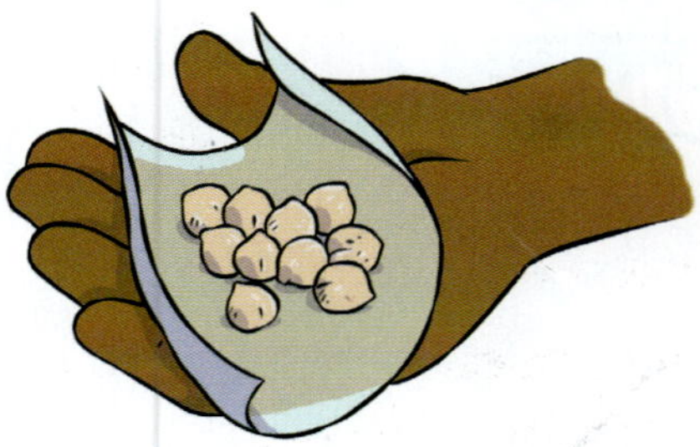

c. ¿Qué fracción del total representa cada garbanzo?

Comprendemos

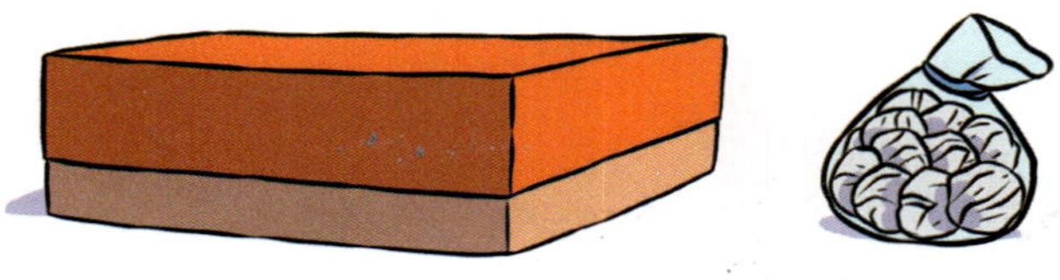

1 unidad	1 décima	1 centésima	1 milésima
1	$\frac{1}{10}$	$\frac{1}{100}$	$\frac{1}{1000}$

- En una unidad hay 10 décimas.
- En una unidad hay 100 centésimas.
- En una unidad hay 1000 milésimas.

2 **Observa el dibujo y contesta.**

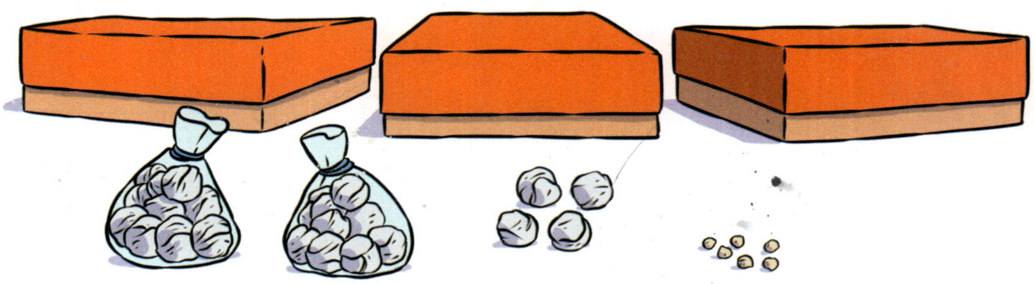

a. ¿Cuántas unidades hay en total?

b. ¿Cuántas décimas hay en total?

c. ¿Cuántas centésimas hay en total?

d. ¿Cuántas milésimas hay en total?

Dentro de una caja cerrada hay 10 bolsas. En una bolsa cerrada hay 10 bolas. En una bola cerrada hay 10 garbanzos.

1 unidad = 10 décimas

1 décima = 10 centésimas

1 centésima = 10 milésimas

Aplicamos

3 Observa cómo representamos 2 unidades y 153 milésimas.

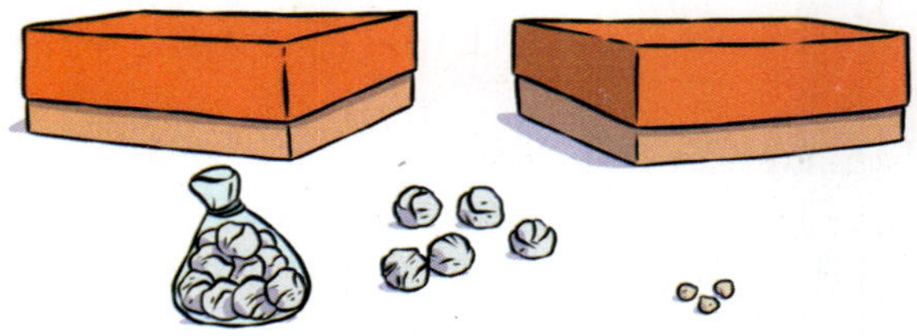

a. ¿Cómo puedes representar solo con garbanzos 2 unidades, 1 décima, 5 centésimas y 3 milésimas? Explícalo.

b. Representa 237 milésimas. Debes utilizar el menor número de cajas, bolsas, bolas y garbanzos posible.

Nos activamos

1 En grupos, representad 1 unidad, 3 décimas, 4 centésimas y 1 milésima. Utilizad cajas, bolsas, bolitas de papel y garbanzos.

Recordad que cada caja cerrada contiene 10 bolsas, cada bolsa cerrada contiene 10 bolitas y cada bolita contiene 10 garbanzos.

a. ¿Cuántas bolitas hay en total?

b. ¿Cuántos garbanzos hay en total?

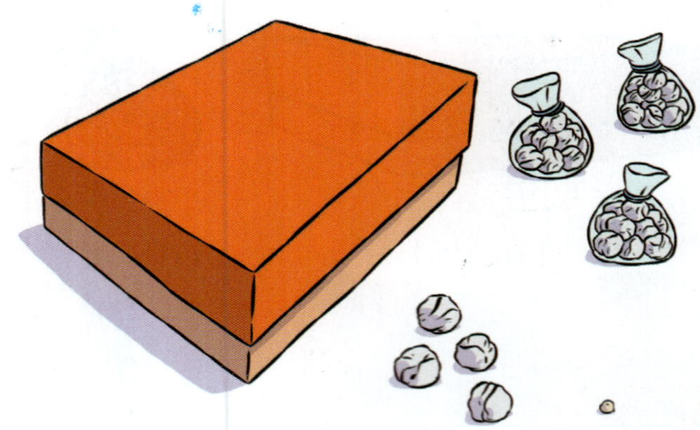

Comprendemos

▶ Los **números decimales** se leen de esta forma:

Utilizamos la coma para separar la parte entera de la parte decimal.

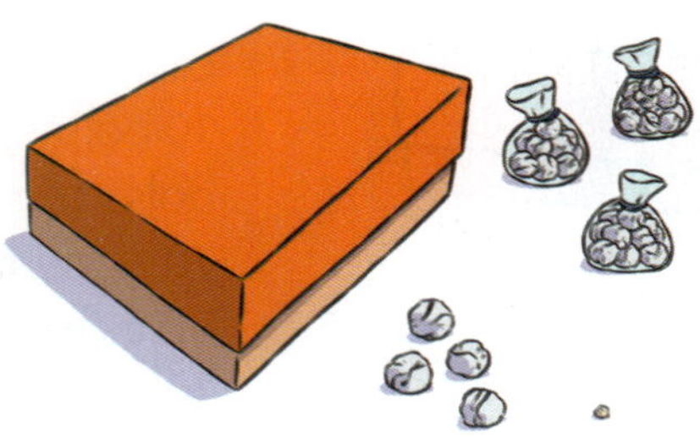

1 unidad y 341 milésimas

1 coma 341

1 , 3 4 1

parte entera
1 unidad

parte decimal
341 milésimas

▶ Pensad lo que tiene cada unidad por dentro. Podemos descomponer los números decimales de otras formas:

1	3	4	1	→ 1 U + 3 d + 4 c + 1 m	1 unidad, 3 décimas, 4 centésimas y 1 milésima
1	3	4	1	→ 1 U + 3 d + 41 m	1 unidad, 3 décimas y 41 milésimas
1	3	4	1	→ 1 U + 341 m	1 unidad y 341 milésimas
1	3	4	1	→ 1341 m	1341 milésimas
1	3	4	1	→ 13 d + 4 c + 1 m	13 décimas, 4 centésimas y 1 milésima
1	3	4	1	→ 13 d + 41 m	13 décimas y 41 milésimas
1	3	4	1	→ 1 U + 34 c + 1 m	1 unidad, 34 centésimas y 1 milésima
1	3	4	1	→ 134 c + 1 m	134 centésimas y 1 milésima

2 Escribe de diferentes formas los números decimales representados.

Aplicamos

3 Completa esta tabla en tu cuaderno.

Parte entera	Parte decimal	Se escribe
12	563 milésimas	12,563
92	3 décimas	◆◆◆
◆◆◆	◆◆◆	0,678
205	◆◆◆	205,24

4 Completa en tu cuaderno el muro de descomposición de 8,193.

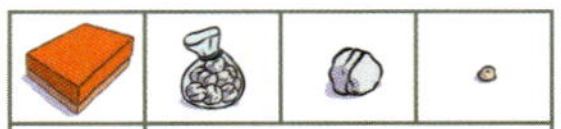

8	1	9	3	→ 8 U + 193 m
8	◆	◆	3	→ 8 U + 1 d + 9 c + 3 m
◆	◆	9	3	→ ◆◆◆ U + ◆◆◆ d + 93 m
8	◆	◆	◆	→ ◆◆◆ d + 9 c + 3 m
◆	◆	◆	◆	→ ◆◆◆ m

a. Escribe otra forma más de descomponer 8,193.

b. ¿Qué valor tiene la cifra 3 en 8,193?

5 smMasSavia.com | Practica con números decimales.

6 Escribe el número decimal que corresponde a cada fracción decimal.

$\frac{59}{10}$ $\frac{893}{1000}$ $\frac{67}{100}$ $\frac{4}{10}$ $\frac{472}{100}$

7 Escribe cómo se leen estos números. Exprésalos como fracción decimal en tu cuaderno.

0,45 0,609 0,043 0,05

Una **fracción decimal** tiene denominador 10, 100, 1 000...

$\frac{1}{10} = 0,1$

$\frac{1}{100} = 0,01$

$\frac{1}{1000} = 0,001$

3 Comparar números decimales

Nos activamos

1 Fijaos en la imagen. Dos voluntarios serán los extremos con los números 1 y 2.

- Nueve de vosotros escribid los números de una cifra decimal entre 1 y 2.

- El que tenga el 1,5 debe colocarse entre el 1 y el 2. Después, los demás con folio colocaos donde os corresponde.

a. ¿Entre quiénes puede colocarse un compañero con este número?

b. ¿Podría colocarse algún compañero más entre medias?

Comprendemos

César y Manuel son gemelos. Hoy les toca la revisión médica. Vamos a usar la recta numérica para saber cuál de los dos pesa más y también cuál de los dos mide más.

César | Manuel

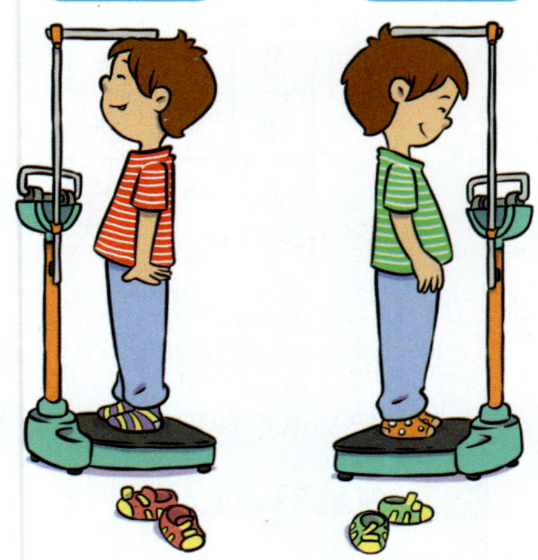

César	Manuel
1,34 m	1,37 m
31,5 kg	31,3 kg

▶ Las marcas de las básculas están entre 31 y 32.

Dividimos la unidad en 10 partes iguales o **décimas**.

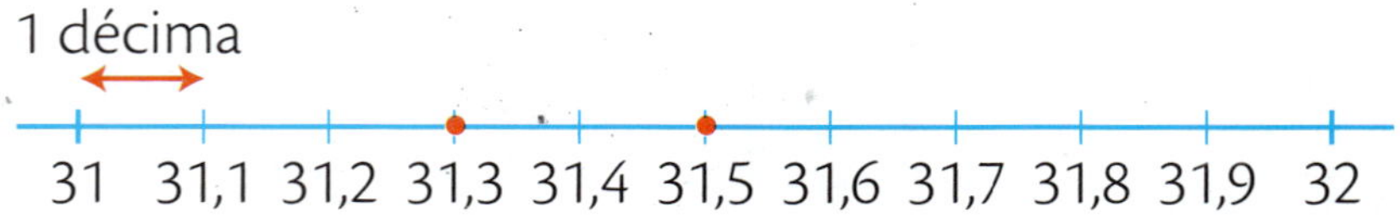

31,5 está situado más a la derecha que 31,3.

31,5 es mayor que 31,3. ⟶ 31,5 > 31,3

▶ Las dos alturas están entre 1,30 y 1,40.

Dividimos la décima en 10 **centésimas**.

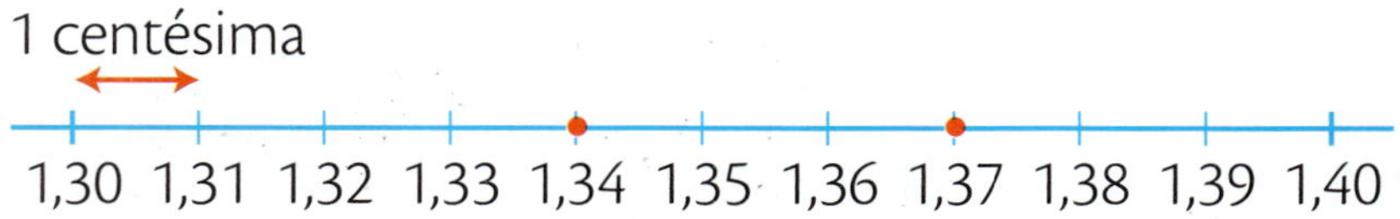

1,37 está situado más a la derecha que 1,34.

1,37 es mayor que 1,34. ⟶ 1,37 > 1,34

2 ¿Qué número representa cada letra?

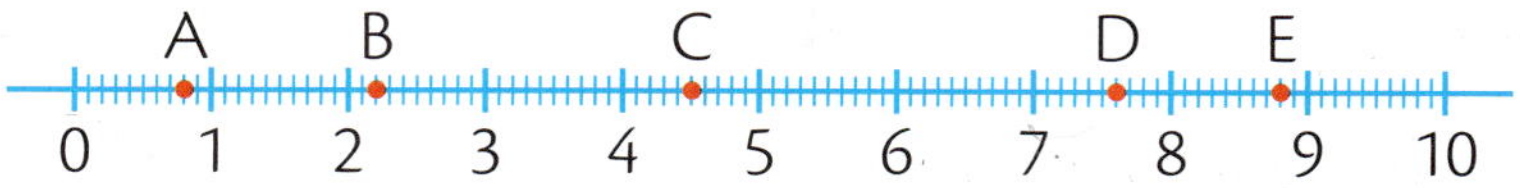

3 Representa estos números en una recta numérica.

7,5 | 7,43 | 7,05 | 7,69 | 7,95

Aplicamos

4 Ordena estos números decimales de menor a mayor.

3,36 | 3,22 | 3,74 | 3,91 | 3,5

5 Los compañeros de César y Manuel también han pasado la revisión médica. Observa la tabla y responde.

Alfredo	Javier	Bruno	Óscar	Nico	Oriol
32,5 kg	33,4 kg	29,7 kg	31,3 kg	34,1 kg	28,7 kg
1,32 m	1,34 m	1,39 m	1,41 m	1,35 m	1,38 m

a. Manuel pesa 31,3 kg. ¿Quiénes pesan menos que Manuel?

b. ¿Cuántos miden más de 1,40 m?

c. Escribe una pregunta que puedas responder con ayuda de la tabla.

6 smMasSavia.com | Ordena números decimales.

7 Emma necesita 7 m de cinta para envolver varios regalos para una fiesta. Solo quiere utilizar cinta de un color. Si debe sobrar la menor cantidad de cinta, ¿cuál de estos rollos elegirá?

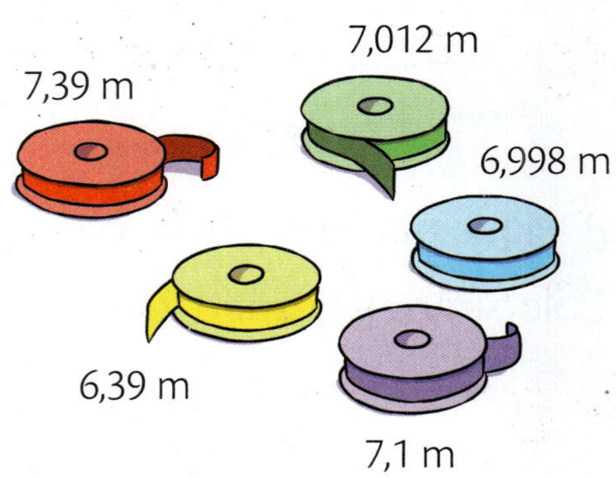

8 Sitúa los números en una recta. Después, añade tres términos más a cada serie en tu cuaderno.

2,5 → 5 → 7,5

2,9 → 3,3 → 3,7

1,7 → 2,5 → 3,3

9,75 → 9,25 → 8,75

Nos activamos

1 Usa el tramo 0–1 de la recta numérica del material de la caja de aula.

- Dobla el tramo por la mitad. ¿Qué fracción corresponde a la mitad? Márcalo.
- ¿A qué número decimal corresponde la fracción que has escrito?

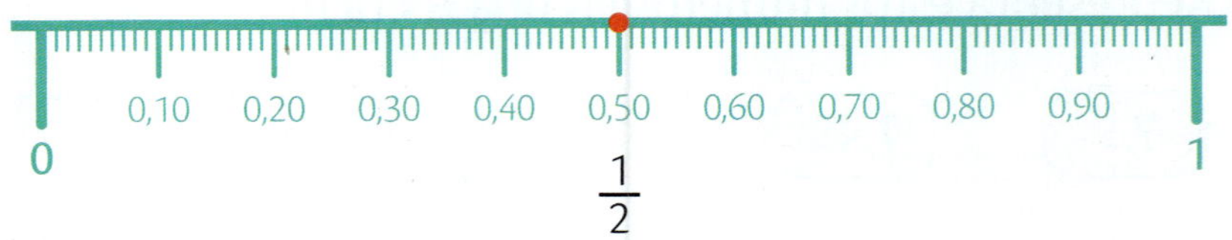

- Dobla cada mitad por la mitad. Marca las fracciones que obtienes al doblar.
- ¿A qué números decimales corresponden?

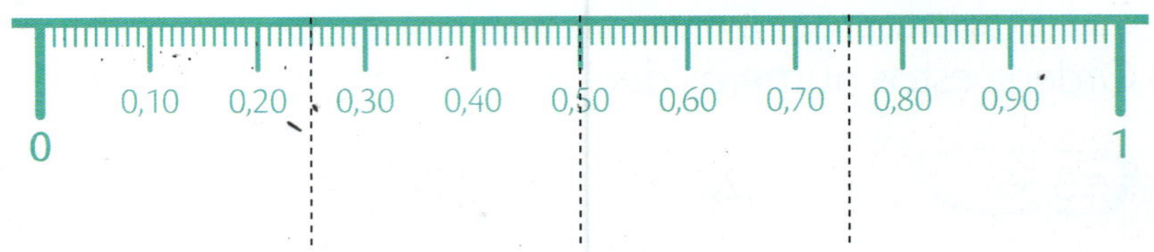

Comprendemos

Esto es lo que Rubén ha comprado en la frutería.

¿De qué tipo de fruta ha comprado más cantidad?

Colocamos las cantidades en la recta numérica.

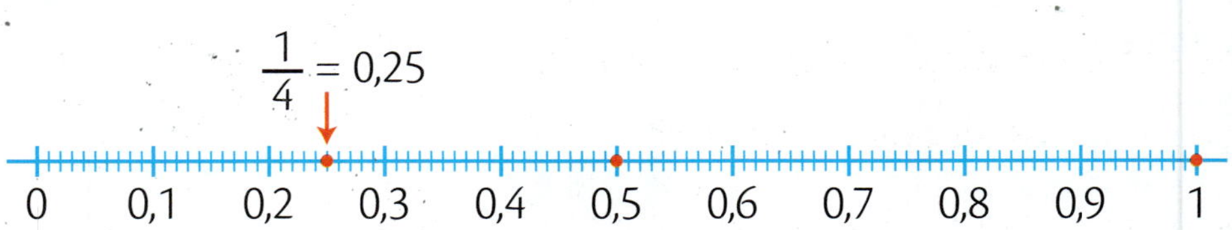

$$\frac{1}{4} < 0,5 < 1$$

Ha comprado más cantidad de manzanas.

Para poder comparar, las cantidades tienen que estar expresadas de la misma forma.

$$\frac{1}{4} = 0,25$$

2 Dibuja esta recta numérica en tu cuaderno. Después, coloca los números.

2,72 $\frac{263}{100}$ $\frac{28}{10}$ 2,94 3

Aplicamos

3 Copia y completa con >, < o =.

- 9,01 ◆◆◆ 10
- $\frac{18}{2}$ ◆◆◆ 8,9
- $\frac{32}{10}$ ◆◆◆ 3,2
- $\frac{45}{100}$ ◆◆◆ 4,5

4 Ordena de menor a mayor.

$\frac{63}{100}$ $\frac{36}{10}$ $\frac{363}{100}$ 6,43 9

I G **5** En una fábrica de conservas preparan botes de diferente peso.

a. ¿Cuál de estos botes pesa menos?

A. amarillo B. azul C. rojo D. verde

b. Expresa el peso de cada bote rojo con un número decimal.

c. ¿En qué grupo de botes se han envasado 4 kg de conserva?

d. ¿Cuál es el peso total de los botes amarillos y azules?

6 Copia y completa. Debes utilizar un número decimal con un 7 en la cifra de las centésimas.

- $\frac{20}{10}$ < ◆◆◆ < 2,09
- $\frac{45}{100}$ < ◆◆◆ < 0,48
- 9 < ◆◆◆ < 9,1

5 Redondear números decimales

Nos activamos

1 En la clase de 4.º A han fabricado un tramo de recta numérica con papel de cocina. Están jugando a lanzar una ficha y ver dónde cae.

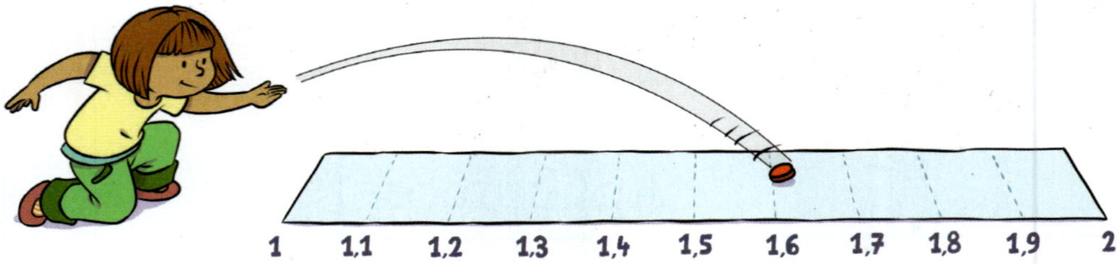

- ¿Entre qué unidades está la ficha?
- ¿De cuál de ellas está más cerca?

Comprendemos

Fíjate bien. En realidad, la ficha ha caído un poco más allá de 1,6.

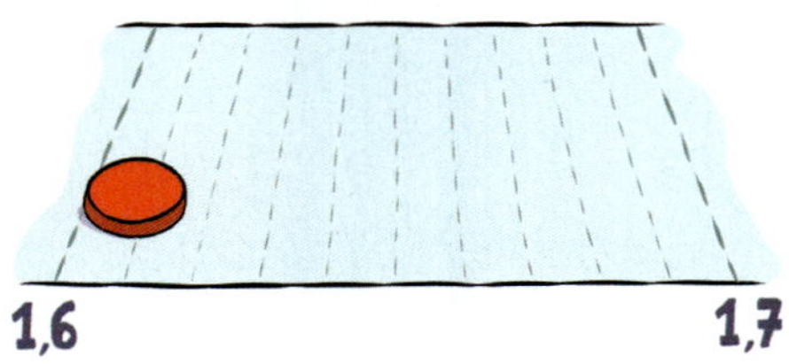

La ficha ha caído en 1,61.

Está entre 1,6 y 1,7 y está más cerca de 1,6.

Decimos que 1,61 **redondeado a la décima** es 1,6.

Para redondear un número decimal también podemos fijarnos en el valor posicional de sus cifras.

▶ **Para redondear a la unidad:**

Si la cifra de las décimas es mayor o igual que 5, sumamos 1 a las unidades.

Si es menor dejamos las unidades que hay.

U	d	c
1,	6	1

6 d > 5 d

1,61 redondeado a la unidad es **2**.

▶ **Para redondear a la décima:**

Si la cifra de las centésimas es mayor o igual que 5, sumamos 1 a las décimas.

Si es menor dejamos las décimas que hay.

U	d	c
1,	6	1

1 c < 5 c

1,61 redondeado a la décima es **1,6**.

2 Redondea estos números decimales. Completa en tu cuaderno.

	A las unidades	A las décimas	A las centésimas
9,456	9	9,5	9,46
3,763	◆◆◆	◆◆◆	◆◆◆
8,687	◆◆◆	◆◆◆	◆◆◆
0,554	◆◆◆	◆◆◆	◆◆◆
4,822	◆◆◆	◆◆◆	◆◆◆

Para **redondear a las centésimas** nos fijamos en la cifra que esté en las milésimas.

Aplicamos

3 Escribe la cifra que falta. Debe cumplirse el redondeo. Después, compara tu respuesta con tu compañero.

15,◆8 → 16   23,◆8 → 23,7   13,◆ → 13   43,6◆8 → 44

- ¿Puede haber más de una solución correcta?

4 ¿Qué números de una cifra decimal dan como resultado 17 al aproximarlos a las unidades? Ordénalos de mayor a menor.

5 Esta fue la clasificación en la prueba de salto de longitud femenina en la final de los europeos de atletismo.

a. ¿De qué país es la saltadora que se acercó más a los 7 m?

b. ¿Qué atletas saltaron aproximadamente 6 metros y medio?

c. ¿Qué atletas estuvieron más cerca de saltar 7 m que 6 m?

País	Atleta	Marca
Gran Bretaña	K. Thomson	6,68 m
Bélgica	N. Thiam	6,60 m
Bélgica	H. Maudens	6,42 m
Rep. Checa	K. Cachová	6,36 m
Austria	I. Dadic	6,35 m
Holanda	A. Vetter	6,30 m
Alemania	C. Schäfer	6,24 m

6 Marta es la encargada de comprar los juguetes para una ONG. La ONG luego reparte los juguetes en orfanatos.

a. ¿Cuáles puede comprar con 20 €?

b. ¿Puede llevarse el triciclo y la muñeca con 60 €?

c. ¿Cuántos juegos de construcción cuestan 66 € aproximadamente?

d. Redondea cada precio a la unidad y a la décima. Después, compáralos.

Nos activamos

1 Colocaos por parejas y coged las monedas y billetes del material de la caja de aula. Uno de vosotros será el vendedor y el otro el comprador.

- El profe os irá mostrando artículos con los precios marcados.
- El comprador debe pagar más de lo que cuesta para que el vendedor tenga que dar el cambio.
- ¿Qué precio tiene el artículo?
- ¿Cuántos euros y céntimos cuesta el artículo?
- ¿Con qué monedas y billetes has pagado?
- ¿Cuánto te han devuelto?

Comprendemos

Podemos pagar el precio de este rotulador de diferentes maneras, por ejemplo:

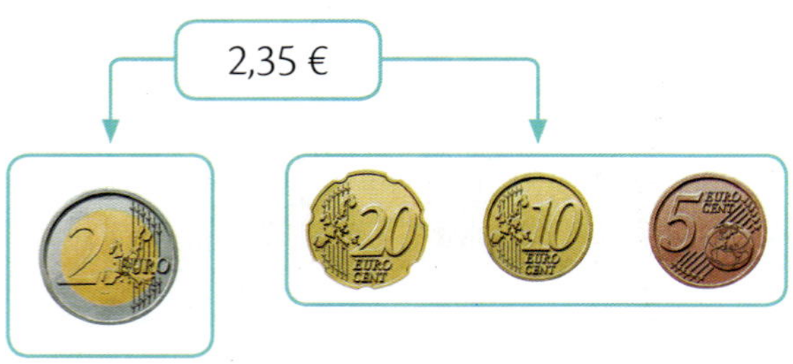

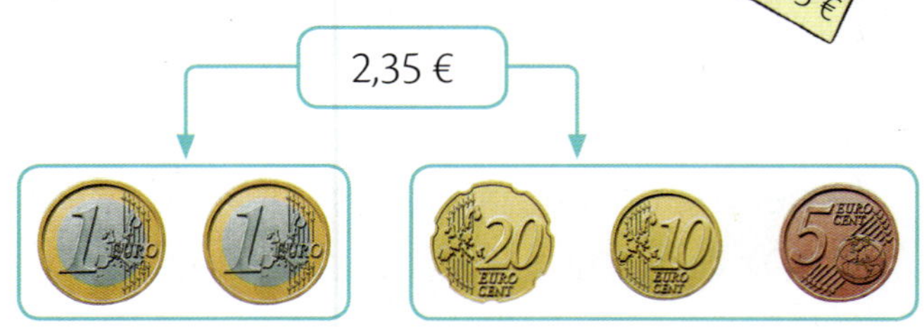

Si solo tenemos monedas de 1 cent, ¿cuántas necesitamos para pagar 2,35 €?

1 € = 100 cent

2 € = 200 cent

Entonces, 2,35 € son 235 cent.

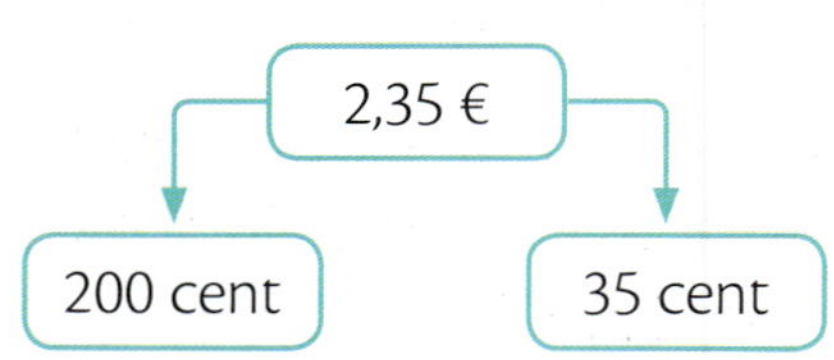

2 Escribe cuánto dinero hay en forma de número decimal.

Aplicamos

3 ¿De quién es cada montón?

4 ¿Cuántas entradas puede comprar Alejandro con este dinero?

5 Mara ha comprado todas estas prendas. ¿Qué entregará para pagar? Redondea los precios a la unidad y estima.

A. 2 billetes de 20 €

B. 1 billete de 50 €

C. 1 billete de 10 € y otro de 20 €

D. 2 billetes de 20 € y otro de 5 €

6 **Prepara la tarea.** Estima cuánto cuestan tres objetos que tengas sobre la mesa. ¿Puedes pagarlos con un billete de 10 €?

G I 7 Alfonso ha ido a recoger unas fotografías impresas. Si ha pagado con un billete de 5 € y una moneda de 2 €, y le han devuelto 35 cent, ¿cuánto le han costado las fotos?

CÁLCULO MENTAL

Restar números de 3 cifras

524 − 380

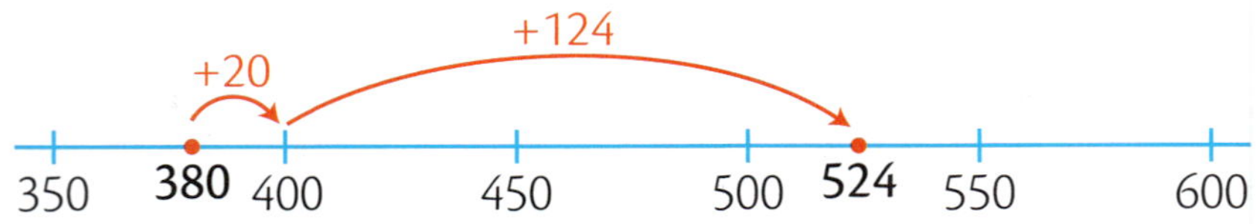

524 − 380 = 20 + 124 = 144

1 Resuelve mentalmente en tu cuaderno.

368 − 290 | 457 − 381 | 352 − 273

546 − 270 | 675 − 382 | 792 − 560

2 Pedro y Alicia recogen castañas en temporada. Pedro ha recogido 541. Alicia ha recogido 256. ¿Cuántas castañas más ha recogido Pedro?

3 En la ciudad de Rafael hay dos colegios. Se llaman Marie Curie y Gloria Fuertes. En el colegio Marie Curie hay 551 alumnos. En el colegio Gloria Fuertes hay 350 alumnos. ¿Cuántos alumnos hay de diferencia?

El APARCAMIENTO

En el aparcamiento del súper hay aparcados 6 vehículos.

El monovolumen no está al lado del híbrido ni al lado del familiar.

Hay dos vehículos entre la furgoneta y el todoterreno.

El familiar está al lado del híbrido, a su derecha.

El coche eléctrico está al lado del monovolumen.

¿Cómo están colocados los coches?

> Comprender

1. Lee el enunciado con atención.
2. Responde a estas preguntas:

3. Organiza los datos, relaciones y objetivo del problema.
4. Dibuja un diagrama o un gráfico que explique el problema.

> Pensar

1. En grupos, pensad qué estrategia podéis utilizar para resolver el problema. ¿Por qué la utilizáis?
2. ¿Habías pensado en otra estrategia? ¿Por qué no la habéis elegido?

> Ejecutar

1. Ten en cuenta la información que has recogido y la estrategia que has elegido.
2. Representa la situación del problema en un diagrama.
3. Resuelve el problema. ¿Cuál es la solución?

> Responder

1. Vuelve al problema y comprueba si la solución es válida.
2. Asegúrate de si hay una solución única o hay varias.
3. Lee de nuevo el objetivo y escribe una respuesta

Los vehículos están colocados así: ◆◆◆

PROBLEMAS

Observa y contesta

FÍJATE EN LA MESA DE ARRIBA A LA IZQUIERDA

1. Una caja cerrada representa una unidad. ¿Cuántas unidades completas tienen?
2. Para poder cerrar una caja debe tener dentro 10 bolsas. ¿Cuántas bolsas tienen?
3. ¿Cuántas décimas han completado?
4. Para poder cerrar una bolsa debe tener dentro 10 bolas de papel. ¿Cuántas bolas hay en una caja cerrada?
5. ¿Cuántas centésimas hay en una caja o unidad?
6. Para poder cerrar una bola de papel debe tener dentro 10 garbanzos. ¿Cuántos garbanzos hay dentro de una caja cerrada?
7. ¿Cuántas milésimas hay en una caja o unidad?

FÍJATE EN LA MESA DE ARRIBA A LA DERECHA

8. ¿Qué número decimal hay representado?
9. Si ese equipo saca las bolsas de la caja entonces tendrían 11 bolsas. ¿Son 11 décimas más o menos que una unidad y una décima?

FÍJATE EN LA MESA DE ABAJO

10. Han conseguido cerrar una caja y están cerca de cerrar otra. ¿Qué número decimal representa lo que hay dentro de la segunda caja?
11. Tras cerrar la caja tendrán 2 cajas cerradas, 5 bolas de papel y 7 garbanzos. ¿Qué número decimal representa?

Utiliza tus estrategias

1 Para participar en Fórmula 1 existe un peso mínimo. El coche y el piloto deben pesar al menos 620 kg. ¿Cuáles de estos coches pueden participar?

Coche 1	Coche 2	Coche 3	Coche 4	Coche 5
620,5 kg	602,5 kg	619,8 kg	625,7 kg	622,7 kg

2 Unos amigos salen a pasear en bicicleta. Estos son los kilómetros que han recorrido en una hora. ¿Quién ha sido el más rápido?

3 Arturo quiere encontrar el chándal más barato y comprar uno para cada uno de sus trillizos. Averigua con qué billetes pagará si le devuelven menos de 5 €.

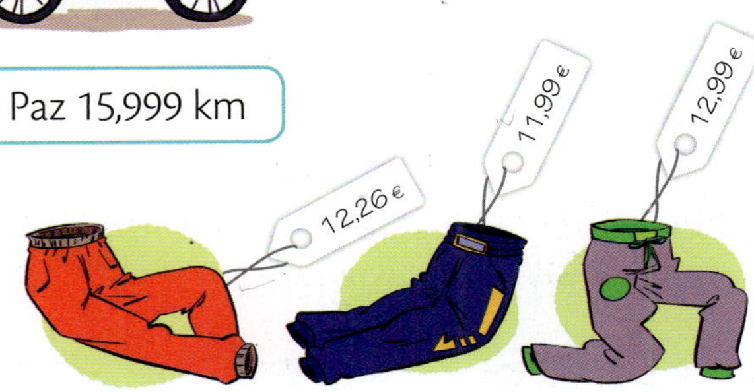

A. Un billete de 50 € **B.** Dos de 20 €

C. Uno de 20 € y otro de 10 € **D.** Tres de 5 €

I G **4** Gloria coloca primero la caja más pesada. La última que pone es la que menos pesa.

a. ¿En qué orden coloca las tres cajas?

b. ¿Las colocaría en el mismo orden si tuviera otra caja más con 3 kg y $\frac{3}{4}$ kg? Explica cómo puede hacerlo.

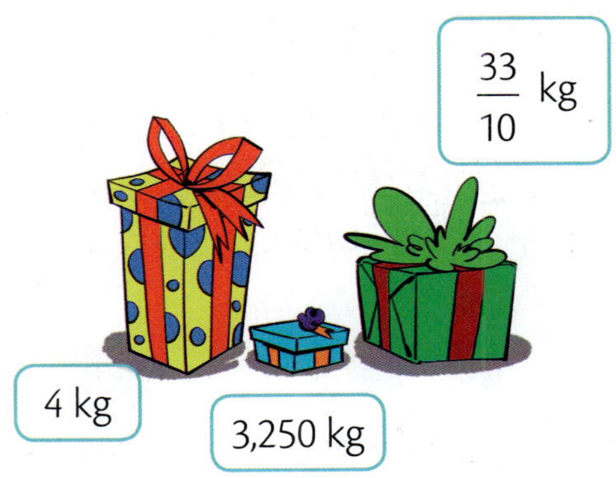

Inventa un problema

Observa los datos. Inventa un problema que se resuelva comparando números.

COMPROBAMOS LO APRENDIDO

1 Organiza tus ideas. Copia y completa en tu cuaderno.

Decimales

Décima, centésima y milésima

1 décima = $\frac{1}{10}$

1 centésima = ◆

1 milésima = ◆

Lectura y escritura

1,208

uno ◆◆◆ doscientos ocho

1 unidad y 208 ◆◆◆

Redondeo

7,354

A la unidad → 7

A la décima → 7,◆

A la centésima → 7,◆◆

Comparación

$\frac{1}{2}$ = 0,5   0,67

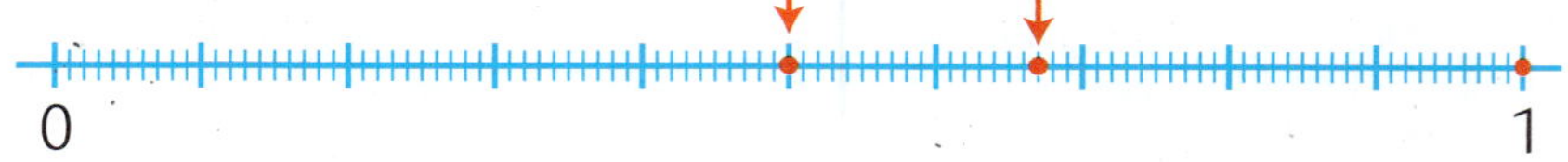

0,5 < 0,67

2 En el número 2,38 la cifra 3 representa 3 décimas. ¿Qué valor tiene la cifra 3 en estos números?

3 Escribe en tu cuaderno el número decimal más grande que puedes formar con estas cifras. Escribe también el más pequeño.

4 ¿Puedo pagar esta barra de pan con 0,32 €? ¿Cuántos euros sobran o faltan?

5 El salto de longitud es una prueba de atletismo. Después de un duro entrenamiento, estos niños han registrado su mejor salto.

a. Ordénalos de menor a mayor según sus marcas.

b. ¿Quién es la niña con mejor marca? ¿Y el niño?

c. ¿Quiénes saltan más que Lorenzo? ¿En qué puesto está él?

d. Un nuevo participante ha saltado 2,84 metros. ¿Qué posición ocupa?

6 Este es el tique de la compra que ha hecho Mateo en el mercado.

a. Redondea las cantidades a la unidad. Estima cuánto le devuelven si paga con un billete de 10 €.

b. ¿Podría haber comprado el doble de tomates con los 10 € que tenía?

1 kg de tomates
3,85 €
2 kg de manzanas
3,20 €
1 kg de patatas
1,79 €

Mi diario

1 De lo que estamos aprendiendo yo ya sabía… Y además he aprendido….

2 Lo más difícil de redondear es… Lo he conseguido haciendo…

3 Me gusta mucho cuando en clase…

smMasSavia.com | Autoevaluación.

7 Operar con decimales

En esta unidad vamos a:

Sumar y restar números decimales.

¿Cuánto dinero tenemos entre los dos? ¿Cuánto me falta para tener los dos lo mismo?

Multiplicar números decimales.

¿Cuánto gastas si compras 3 lápices a 0,60 € cada uno?

Dividir números decimales.

4 yogures cuestan 3,60 €. ¿Cuánto cuesta cada yogur?

smMasSavia.com
Lo que ya sé.

Nos activamos

1 Fíjate en el tablero. Puedes usar tarjetas blancas para hacer los dibujos.

- Si colocamos 1 ficha aquí:

¿Qué cantidad tenemos?

- ¿Y si la colocamos aquí?

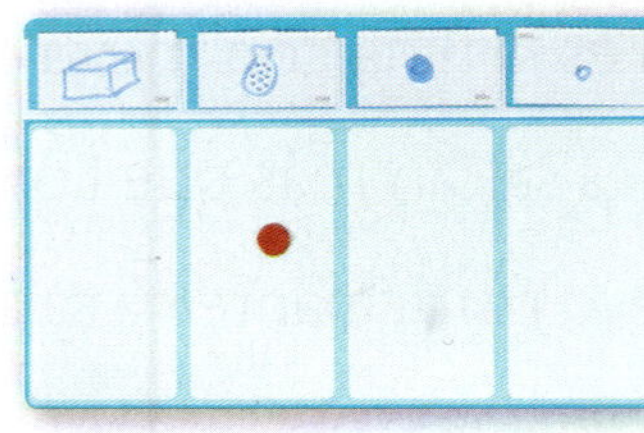

Fíjate en cómo representamos 2,143.

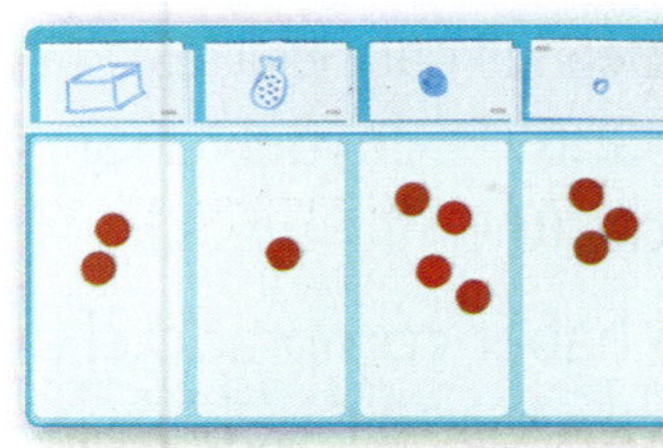

- Añade en tu tablero 1,326. ¿Qué cantidad queda representada al final?
- Añade 1 ficha más en los garbanzos. ¿Qué queda?

Comprendemos

Vamos a sumar 3,28 + 1,274 con el tablero.

Recuerda que:

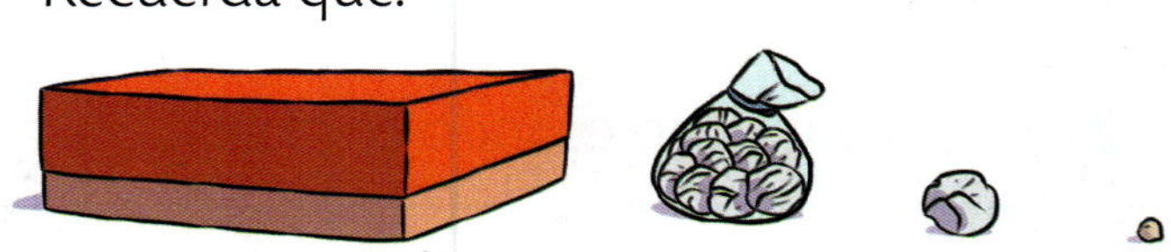

1 U 1 d 1 c 1 m

1.º Representamos los números en el tablero.

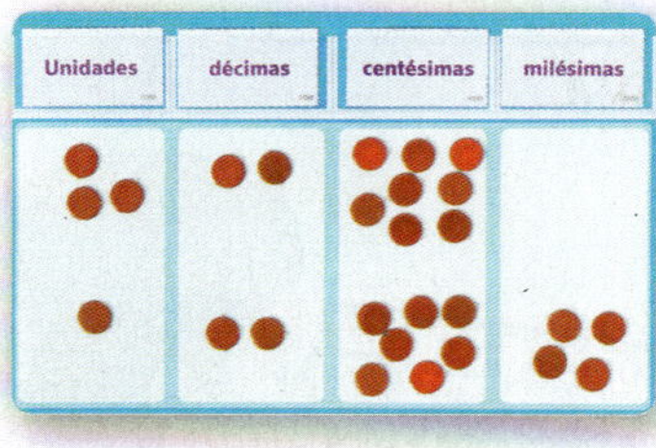

	U	d	c	m
	3 ,	2	8	
+	1 ,	2	7	4

2.º Juntamos las fichas para sumar.

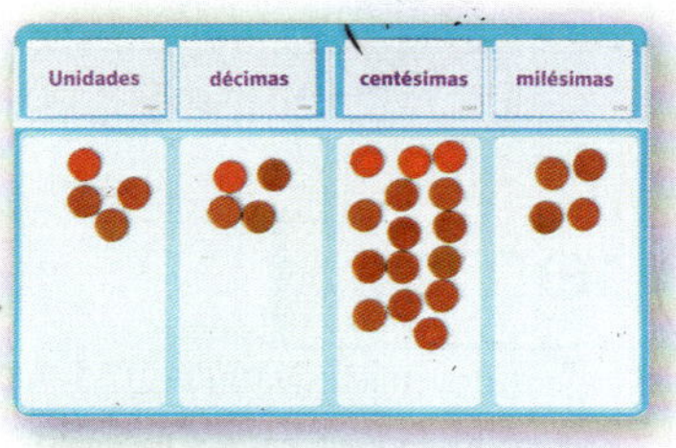

	U	d	c	m
	3 ,	2	8	
+	1 ,	2	7	4
	4 ,	4	15	4

3.º Como hay más de 10 fichas en las centésimas, las cambiamos por una décima.

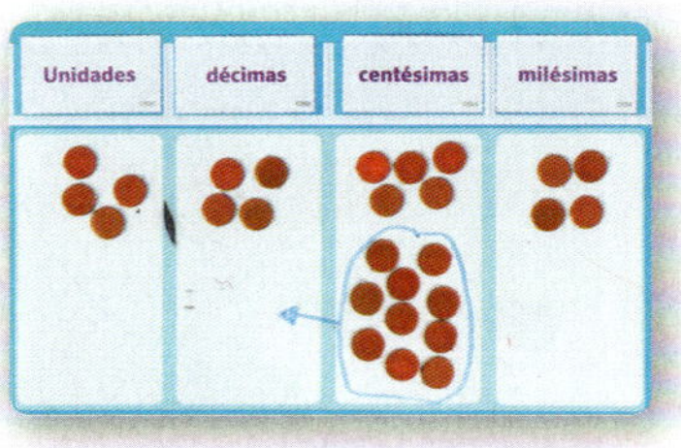

	U	d	c	m
		1		
	3 ,	2	8	
+	1 ,	2	7	4
	4 ,	5	15	4

Podemos cambiar 10 fichas en una columna por 1 ficha en la columna anterior.

3,28 + 1,274 = 4,554

2 **Resuelve estas operaciones en tu cuaderno. Utiliza el tablero si lo necesitas.**

47,123 + 30,099 | 168,42 + 52,15 | 5,74 + 3,278

Aplicamos

3 Un camión tiene que transportar dos piezas de hormigón para hacer un puente. ¿Cuál es la masa total de las dos piezas?

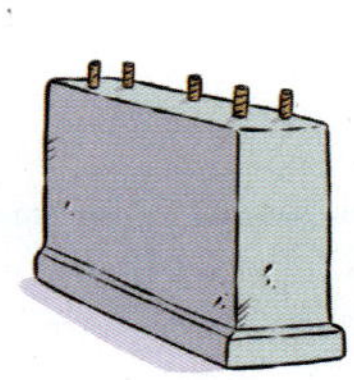

222,39 kg

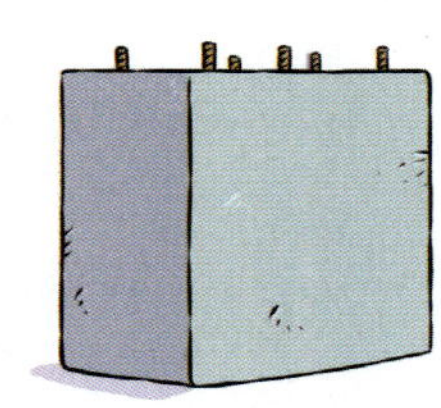

333,666 kg

4 Copia y completa en tu cuaderno.

	D	U	d	c	m
	◆	3 ,	8	7	◆
+	7	◆ ,	0	◆	3
	9	9 ,	9	4	7

Nos activamos

1 Representa en tu tablero 3,281.
a. ¿Puedes quitar 1,04?
b. ¿Qué número decimal obtienes?
c. ¿Cómo podrías quitarle 0,3 a lo que te queda? Piénsalo con tu compañero.

Comprendemos

Vamos a restar 3,281 – 1,34 con el tablero.

1.° Representamos 3,281 en el tablero:

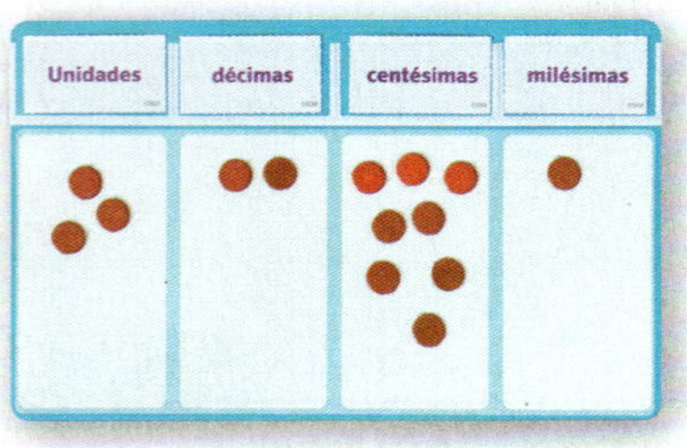

2.° Para restar 1,34 podemos quitar 1 ficha en la columna de las unidades. Sin embargo, no podemos quitar 3 fichas en la de las décimas porque solo hay 2. Cambiamos 1 ficha de las unidades por 10 fichas en las décimas.

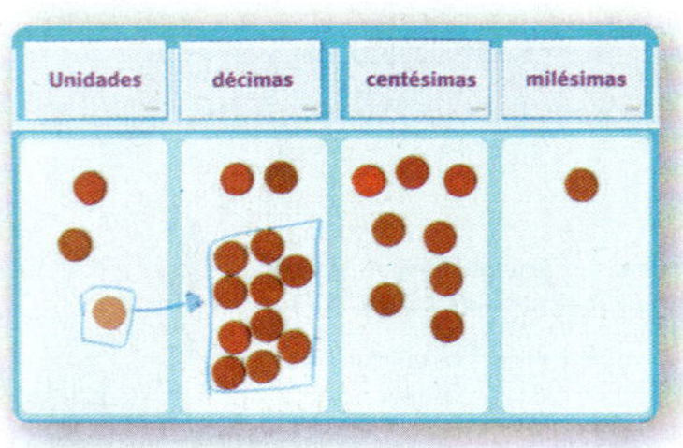

	U	d	c	m
	2	12		
→	~~3~~ ,	~~2~~	8	1
→ –	1 ,	3	4	

Podemos cambiar 1 ficha en una columna por 10 fichas en la columna siguiente.

3.° Restamos.

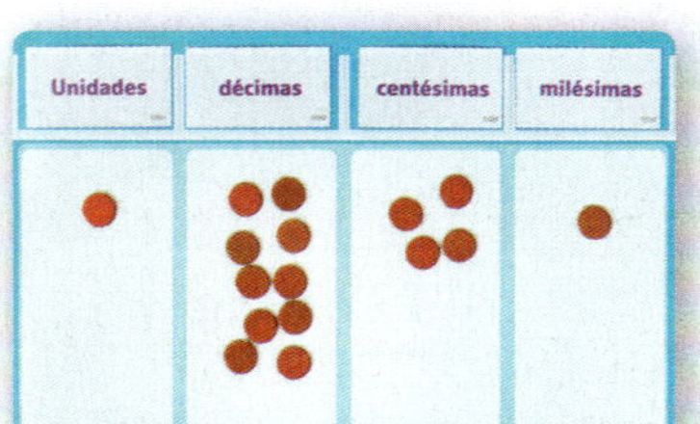

	U	d	c	m
	2	12		
→	~~3~~ ,	~~2~~	8	1
→ –	1 ,	3	4	0
	1 ,	9	4	1

3,281 – 1,34 = 1,941

Podemos completar las cifras que faltan con ceros.

2 Resuelve estas operaciones en tu cuaderno. Utiliza el tablero si lo necesitas.

5,751 – 4,6 | 420,7 – 83,54 | 19,783 – 5,921

Aplicamos

3 Completa en tu cuaderno.

	D	U		d	c	m
	6	5	,	0	8	2
–	◆	5	,	9	9	◆
	1	◆	,	0	9	2

4 Observa la receta de este batido de fresas. Mira también los ingredientes que tenemos. ¿Qué cantidad falta de cada ingrediente?

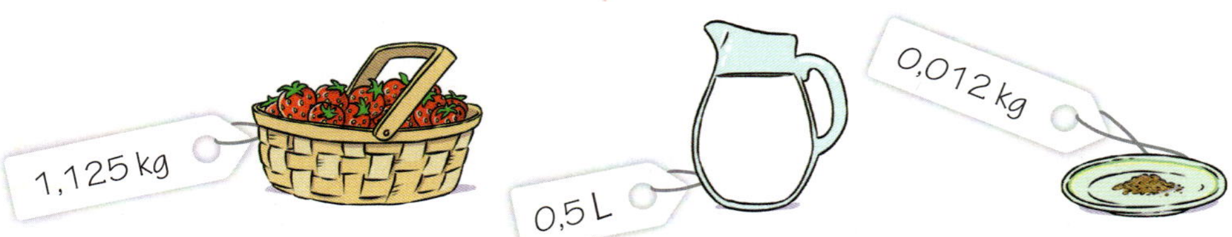

RECETA
3,5 L de leche
1,950 kg de fresas
0,020 kg de canela

5 smMasSavia.com | Suma y resta números decimales.

6 En clase de robótica, Inés ha cortado estos dos trozos de cable.

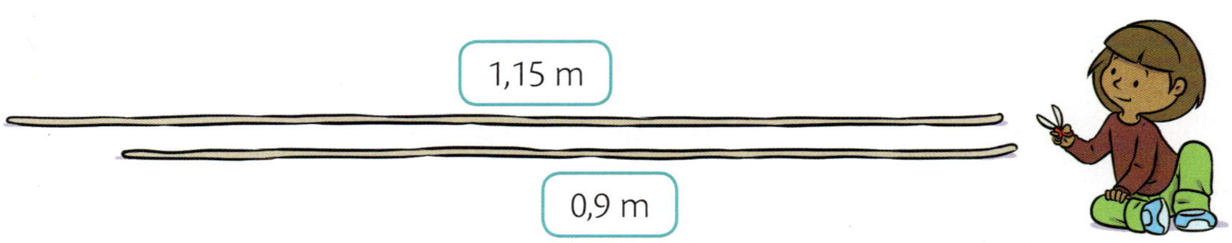

a. ¿Qué longitud de cable ha cortado en total?

b. ¿Cuánto queda del rollo si antes de cortarlo medía 10 m?

7 Oliver empieza sus clases de yoga y tiene 50 € para preparar el equipo.

a. ¿Cuánto cuestan el pantalón y la camiseta?

b. Si la esterilla cuesta 2 € menos que el cojín, ¿cuánto le cuestan los dos accesorios?

c. ¿Puede llevarse estas cuatro cosas? ¿Cuánto le sobra o le falta?

Nos activamos

1 Vamos a multiplicar 0,4 × 3.

1.º Representamos 0,4 en el tablero 3 veces.

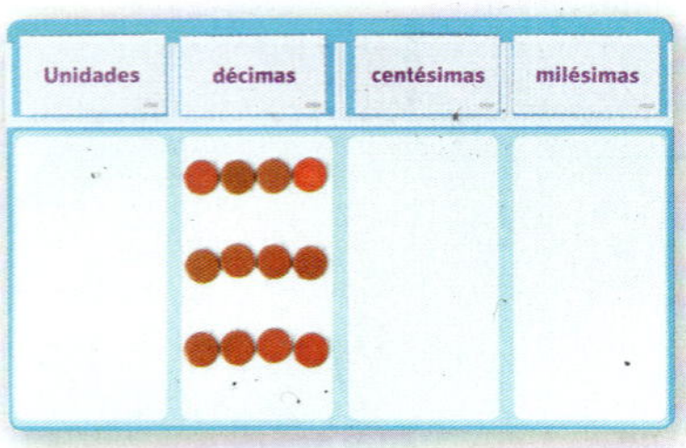

2.º ¿Puedes hacer cambios?

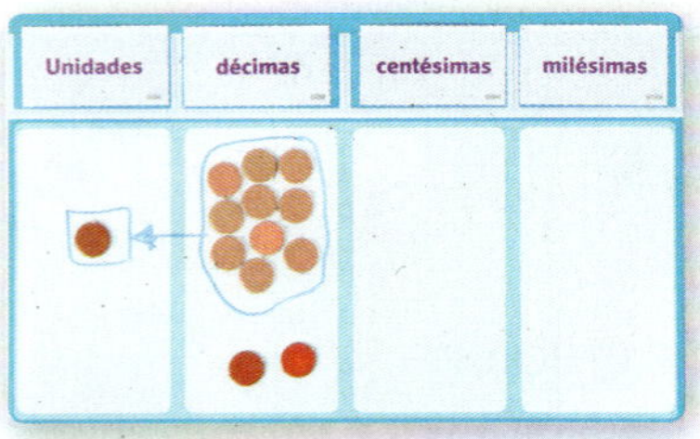

- ¿Cuánto es 6 veces 12 décimas?

Comprendemos

Vamos a multiplicar 12,261 × 3.

1.º Representamos 3 veces la cantidad 12,261.

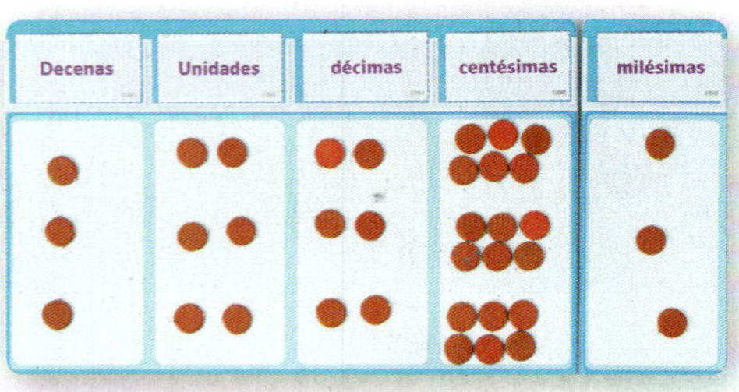

	D	U	d	c	m
	1	2 ,	2	6	1
×					3

Para multiplicar no hace falta colocar el 3 en la posición de las unidades.

2.º Juntamos las fichas y hacemos los cambios que necesitemos.

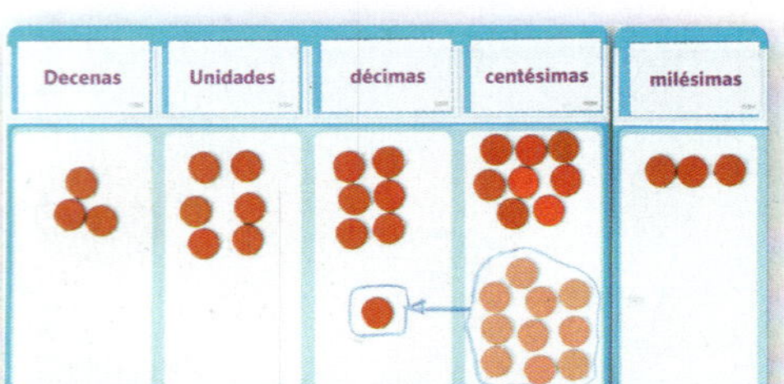

	D	U	d	c	m
			1		
	1	2 ,	2	6	1
×		,			3
	3	6 ,	7	8	3

12,261 × 3 = 36,783

2 Resuelve en tu cuaderno. Utiliza el tablero si lo necesitas

12,50 × 6 | 32,12 × 9 | 143,2 × 3

Aplicamos

3 La familia de Germán ahorra 30,6 L de agua cada vez que usa el lavavajillas en lugar de lavar a mano. ¿Cuánta agua ahorra en 4 días?

4 ¿Qué distancia recorre la rana que más avanza con sus saltos?

A: 13 saltos iguales de 1,85 m
B: 15 saltos iguales de 1,69 m
C: 11 saltos iguales de 2,03 m
D: 17 saltos iguales de 1,27 m

G I **5** ¿Cuáles de estas multiplicaciones dan como resultado un número mayor que 6? Fíjate en el ejemplo y responde.

Ejemplo ▸

$0,99 < 1 \rightarrow 0,99 \times 6 < 6$ $\quad$ $1,1 > 1 \rightarrow 1,1 \times 6 > 6$

$1,24 \times 6$ | $0,35 \times 6$ | $2,07 \times 6$ | $0,81 \times 6$

6 Marina compra 5 kg de manzanas, 3 kg de peras y 6 kg de naranjas. Observa lo que cuesta un kilo y responde.

a. ¿Tiene suficiente con 25 €? ¿Cuánto le falta o le sobra?

b. ¿Podría llevarse el doble de naranjas? Estima antes de calcular.

7 La clase de Fran está a 50 m del patio. Si ya ha dado 9 pasos, ¿qué distancia ha recorrido?

¿Qué distancia le queda para llegar?

8 La profesora Ana va con un grupo de 25 alumnos al teatro. Si paga las entradas con 5 billetes de 50 €. ¿Cuánto le devuelven?

Nos activamos

1 Observa la imagen. Queremos repartir las cajas entre los 4 amigos.

a. ¿Cuántas cajas completas le tocan a cada uno?

b. ¿Cómo podemos seguir repartiendo?

c. ¿Cuántas bolsas le tocan a cada uno?

d. ¿Sobran bolsas?

e. ¿Podemos seguir repartiendo? Háblalo con tu compañero.

Comprendemos

Vamos a ver cómo repartimos las 5 cajas entre los 4 amigos.

1.º Repartimos las cajas. Cada amigo recibe 1 caja completa y sobra 1 caja.

5	4
1	1

2.º Para seguir repartiendo abrimos la caja que sobra. Lo indicamos con una **coma** en el cociente. En lugar de que nos sobre 1 caja, ahora nos sobran 10 bolsas.

5		4
1	0	1 ,

3.º Repartimos las 10 bolsas entre los 4 amigos. Tocan a 2 bolsas cada uno y sobran 2 bolsas.

5		4
1	0	1 , 2
	2	

4.º En las 2 bolsas que sobran hay 20 bolas. Repartimos las 20 bolas entre los 4 amigos. Tocan a 5 bolas cada uno y no sobra ninguna bola.

5			4
1	0		1 , 2 5
	2	0	
		0	

Cada niño ha recibido 1 caja, 2 bolsas y 5 bolas.

5 : 4 = 1,25

2 Realiza estas divisiones hasta que el resto sea cero.

210 : 8 | 181 : 4 | 302 : 5 | 423 : 6 | 123 : 4

Aplicamos

3 Resuelve estas divisiones. Ordena los cocientes de menor a mayor.

18 : 4 | 72 : 5 | 30 : 4 | 25 : 2 | 49 : 8

4 Comprueba cuáles de estas divisiones no son correctas. Para ello, utiliza la prueba de la división. Después hazlas correctamente.

a. 36,5 : 5 = 7,3 **b.** 75 : 6 = 12,5

c. 63 : 6 = 10,5 **d.** 54 : 8 = 6,25

Prueba de la división:
D = d × c + r

5 Si al dividir 72,85 : 5 el cociente es 14,57, ¿cuál es el resto?

A. 0 **B.** 0,6 **C.** 0,06 **D.** 0,006

6 Para hacer un mural, los alumnos forman 6 grupos. Tienen que dividir un rollo de papel continuo en partes iguales. ¿Qué longitud tendrá la parte que le toca a cada equipo?

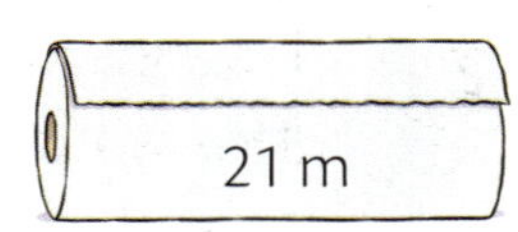

G I **7** Calcula la capacidad que tienen las botellas en cada caso.

a. ¿Qué observas?

b. Plantea otro caso en tu cuaderno con el mismo cociente.

i **8** Gloria y su hermano han recogido las patatas en su huerto ecológico. Después, las reparten en cajas de 4 kg para enviarlas a un comedor social. ¿Cuántas cajas necesitan? ¿Las llenan todas?

Dividir con cociente decimal

Nos activamos

1 ¿Cómo puedes colocar estas cajas y bolsas en la estantería? Tienes que colocar lo mismo en cada hueco. Si lo necesitas puedes abrir las cajas. Dibújalo en tu cuaderno.

Comprendemos

Vamos a ver cómo hacemos la división 9,6 : 4.

1.º Repartimos las cajas. En cada hueco de la estantería podemos colocar 2 cajas completas y sobra 1 caja.

```
9 , 6 | 4
      ----
1       2
```

2.º Para seguir repartiendo abrimos la caja que sobra. Lo indicamos con una **coma** en el cociente. En lugar de que nos sobre 1 caja, ahora nos sobran 10 bolsas. Las juntamos con las 6 bolsas que ya teníamos. Nos sobran 16 bolsas.

```
9 , 6 | 4
      ----
1   6   2 ,
```

3.º Repartimos las 16 bolsas entre los 4 huecos. Caben 4 bolsas en cada hueco y no sobran bolsas.

```
9 , 6 | 4
      ----
1   6   2 , 4
    0
```

Caben 2 cajas completas y 4 bolsas en cada hueco.

9,6 : 4 = 2,4

2 **Resuelve estas divisiones en tu cuaderno.**

44,7 : 3 | 70,8 : 3 | 8,82 : 7 | 12,76 : 4 | 37,26 : 6

Aplicamos

3 Fíjate en el ejemplo. Resuelve estas divisiones en tu cuaderno.

Ejemplo ▸

U	d	
2		4
		0

→

U	d	
2		4
2	0	0 , 5
	0	

6 : 8

4 : 5

1 : 2

4 Utiliza la prueba de la división y completa la tabla en tu cuaderno.

Dividendo	Divisor	Cociente	Resto
◆◆◆	9	4,6	0
1	4	◆◆◆	◆◆◆
◆◆◆	5	0,6	0

5 Cuatro amigos han desayunado juntos esta mañana. ¿Cuánto paga cada uno si reparten el total a partes iguales?

6 €

3,60 €

6 smMasSavia.com | Practica divisiones con números decimales.

7 Leo reparte su compra de 8,4 kg en partes iguales en 4 bolsas de tela.

a. ¿Cuantos kilos tendrá cada bolsa?

b. Una bolsa se rompe y reparte su contenido a partes iguales entre 2 bolsas de papel que tenía. ¿Qué cantidad habrá en una de las bolsas de papel?

I G **8** ¿Qué número decimal corresponde a cada fracción?

a. $\frac{22}{20}$ b. $\frac{3}{6}$ c. $\frac{4}{16}$ d. $\frac{9}{12}$

Para expresar una fracción como un número decimal, divide el numerador entre el denominador.

$\frac{2}{5} = 2 : 5 = 0,4$

Nos activamos

1 En la pizarra hay escrito un número de 5 cifras.

- Necesitamos fabricar una coma de papel y colocarla entre dos de las cifras.
- El profe irá pidiendo que hagáis multiplicaciones o divisiones por 10, 100 o 1 000.
- Uno de vosotros resuelve la operación con la calculadora y le dice al que está en la pizarra cómo debe mover la coma.
- Cuando el profe pide una multiplicación, ¿hacia dónde movéis la coma? ¿Y si pide una división?
- ¿Veis alguna relación entre la operación que pide el profe y el número de posiciones que movéis la coma?

Comprendemos

▶ Para **multiplicar** un número decimal por **10**, **100** o **1 000**, desplazamos la coma hacia la **derecha** tantos lugares como ceros acompañan a la unidad.

Para multiplicar 0,18 por 10, 100 y 1 000:

0,18 × 10 = 1,8	0,18 × 100 = 18	0,18 × 1 000 = 180
una posición	dos posiciones	tres posiciones

> Si al mover la coma quedan huecos vacíos los completamos con ceros.

2 **Calcula.**

79,5 × 10 — **628,3 × 100** — **0,010 × 1 000**

▶ Para **dividir** un número decimal por **10**, **100** o **1 000**, desplazamos la coma hacia la **izquierda** tantos lugares como ceros acompañan a la unidad.

Para dividir 96,25 entre 10, 100 y 1 000:

96,25 : 10 = 9,625	96,25 : 100 = 0,9625	96,25 : 1 000 = 0,09625
una posición	dos posiciones	tres posiciones

> Si antes de la coma no hay ninguna cifra, ponemos un cero.

3 Resuelve estas divisiones.

82,3 : 10 — 454,6 : 100 — 3240,5 : 1 000

Aplicamos

4 ¿Qué números faltan? Completa estas divisiones en tu cuaderno.

6,36 : 10 = ◆◆◆	419,4 : ◆◆◆ = 4,194	◆◆◆ : 100 = 8,9
12,5 : ◆◆◆ = 1,25	◆◆◆ : 1 000 = 2 654	0,25 : ◆◆◆ = 0,025

I G **5** Expresa las siguientes fracciones como números decimales.

$\frac{32}{10}$ $\frac{456}{100}$ $\frac{975}{1\,000}$ $\frac{45}{100}$ $\frac{9}{10}$

6 ¿Cuántos céntimos son 2,30 €? ¿Cuántos euros son 15 céntimos?

7 ¿En cuál de estas ofertas se ahorra más dinero?

A.
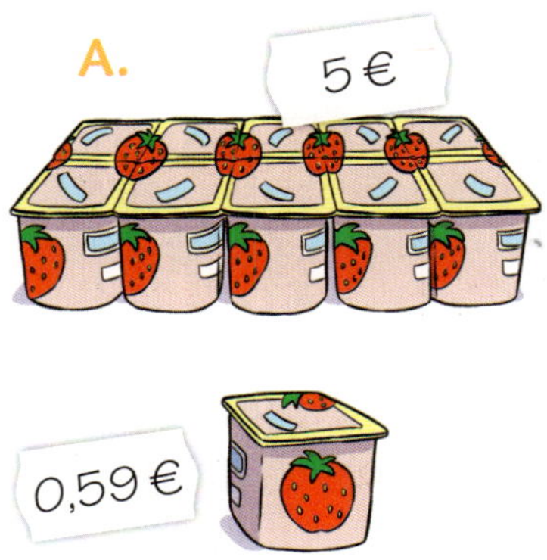

B.
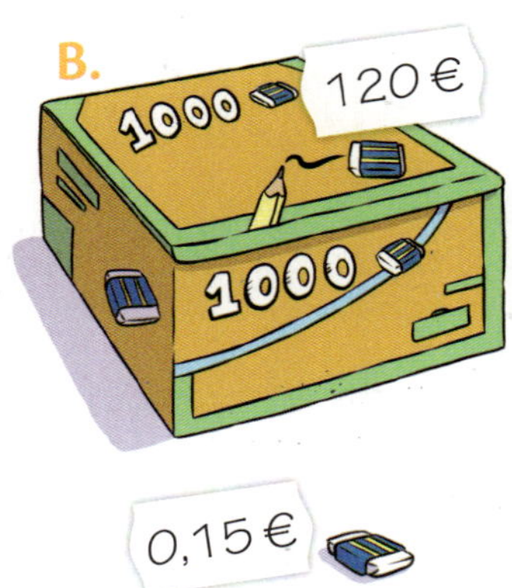

C.
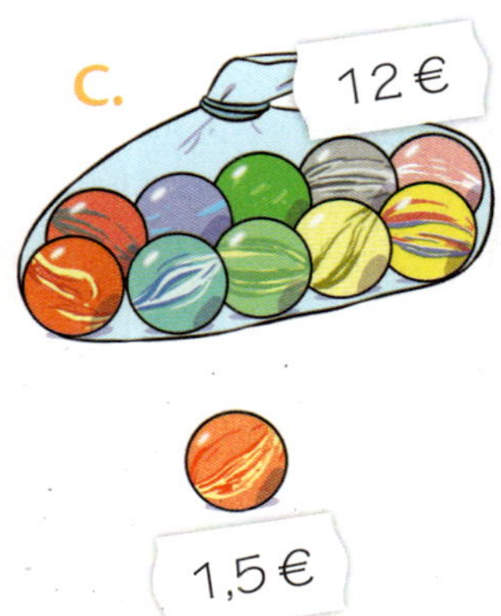

D.
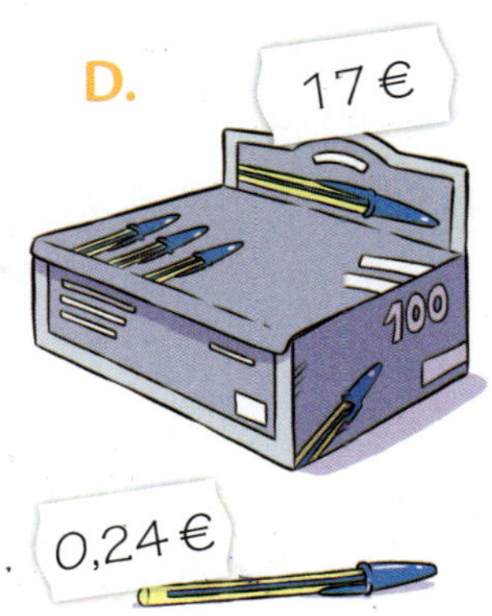

8 Luz entrena en una pista de ciclismo que tiene 248,75 m de longitud.

a. ¿Cuántos metros lleva recorridos hoy?

b. ¿Cuántos le quedan para completar la primera vuelta?

c. ¿Cuántos metros recorre en 10 vueltas? ¿Y en 100?

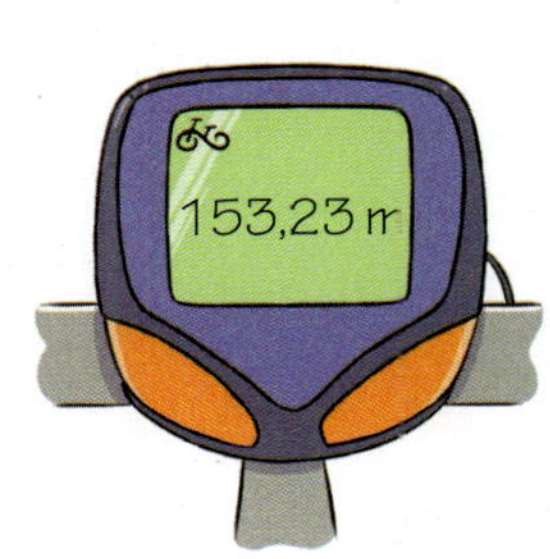

9 Marcos y sus 4 hermanos van a coger el autobús. Un billete sencillo cuesta 1,90 €, y un bono de 10 viajes les cuesta 15,60 €.

¿Les interesa coger billetes sencillos si tienen que ir y volver? ¿Cuánto se ahorran?

GRANDES ESTRATEGAS

PROGRAMA COPER

FORMAMOS TRIÁNGULOS

Desde hace unos días, estamos recogiendo rotuladores cuando se nos acaba la tinta. Con ellos hemos hecho una cenefa como la del dibujo.

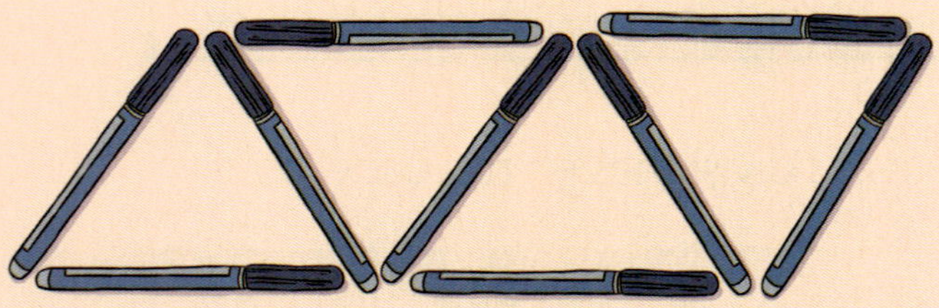

Hasta el momento hemos hecho 4 triángulos unidos y hemos necesitado 9 rotuladores.

¿Cuántos rotuladores se necesitan para construir 10 triángulos encadenados como los de la figura?

Explica tu razonamiento.

> COMPRENDER

1. Lee el problema atentamente.

2. Responde a estas preguntas:

a. ¿Qué datos me dan? ¿Los rotuladores? ¿Los triángulos?
b. ¿Qué me preguntan?
c. ¿Cómo se relacionan los datos entre sí y con lo que me preguntan?

3. Con las respuestas anteriores completa esta tabla en tu cuaderno.

Datos del problema ¿Qué sé de manera segura? ¿Qué no cambia a lo largo del problema?	◆◆◆
Objetivo ¿Qué tengo que averiguar?	◆◆◆
Relaciones ¿Qué información me ayuda a conseguir el objetivo?	• El número de rotuladores depende de la cantidad de triángulos. • Cada triángulo está formado por 3 rotuladores, pero hay rotuladores que pertenecen a dos triángulos.

4. Dibuja un diagrama o un gráfico que explique el problema. ¿Puede servir el del enunciado del problema?

> PENSAR

En equipos pequeños, decidid qué estrategia puede ayudaros más a resolver el problema.

Puede haber más de una estrategia útil.

En este caso es útil la estrategia:
Buscar patrones

En este caso la estrategia **Buscar patrones** consiste en hacer una tabla con dos filas para relacionar los datos y una tercera fila para encontrar el patrón.

> EJECUTAR

1. Representa la situación del problema en una tabla.
   Piensa en el número de rotuladores necesarios para formar los triángulos.

Triángulos	1	2	3	◆◆◆
Rotuladores	3	5	7	◆◆◆

2. Rellena la tabla en tu cuaderno hasta encontrar cuántos rotuladores añades siempre para formar el siguiente triángulo.

Triángulos	1	2	3	◆◆◆
Rotuladores	3	5	7	◆◆◆
Patrón		3 + ◆	5 + ◆	◆◆◆

3. Si no llegas a una solución, tienes que cambiar de estrategia.

> RESPONDER

1. Vuelve al principio y comprueba si tu solución es válida.
2. ¿Hay una única solución o varias?
3. Lee de nuevo el objetivo y escribe una respuesta que tenga sentido.
   No olvides que la respuesta debe contestar al objetivo.

Para construir 10 triángulos, necesitamos ◆◆◆ rotuladores.

PROBLEMAS

Utiliza tus estrategias

1 Ruth Beitia es una campeona en salto de altura. Su primer récord de España lo consiguió en 1998 saltando 1,89 m y en 2014 llegó a saltar 2,01 m. ¿Cuánto mejoró su marca?

2 En la frutería, Mauro ha comprado naranjas a 1,75 € el kilo. ¿Cuánto ha pagado si compró 4 kilos?

3 Como premio de un sorteo, el ganador dona a una ONG el dinero correspondiente a multiplicar su peso por 100. ¿Cuánto dinero donará Raúl si su papeleta tiene premio?

32,86 kg

4 Luisa está repasando las puntuaciones de las preguntas de su examen.

1,5 | 0,75 | 2 | 1,75 | 1,25

¿Qué nota ha sacado?

A. 8,5 **B.** 7 **C.** 7,25 **D.** 6,75

5 Al dar un paseo hemos medido el número de pasos que hemos dado con un podómetro. Si un paso mide 0,7 m, ¿cuántos metros hemos recorrido?

Inventa un problema

Observa la ilustración e inventa un problema cuya solución sea:

Juan ha crecido 25 cm.

CÁLCULO MENTAL

Multiplicar por descomposición

3 × 34

$3 \times 34 = 3 \times 30 + 3 \times 4 = 90 + 12 = 102$

1 Resuelve mentalmente en tu cuaderno.

3 × 25	4 × 32	2 × 46
8 × 31	6 × 45	5 × 63
7 × 23	4 × 29	9 × 52

2 Cada alumno de los 26 de una clase tiene que pagar 7 € para una excursión. ¿Cuánto tienen que pagar entre todos?

3 Para hacer un mosaico hay que colocar 8 filas de 37 **teselas**. ¿Cuántas teselas tiene el mosaico en total?

Una **tesela** es cada una de las piezas que forman un mosaico.

4 En un campo de refugiados en situación de emergencia cada persona necesita 5 litros de agua al día. Un camión cisterna va a llevar el agua necesaria para 75 personas. ¿Cuántos litros lleva en total?

COMPROBAMOS LO APRENDIDO

1 Organiza tus ideas. Copia y completa en tu cuaderno.

Operar con decimales

Sumar

U	d	c	m
2,	3	9	
+ 1,	5	5	2
◆	◆	◆	◆

Restar

U	d	c	m
2,	3	9	7
− 1,	5	5	2
◆	◆	◆	◆

Multiplicar

	U	d	c	m
2	3,	9	7	
×			2	
◆	◆	◆	◆	

Dividir

6 | 4

2 0 | 1, ◆

◆

Multiplicar por 10, 100 y 1 000

3,75 × ◆◆◆ = 37,5

3,75 × 100 = ◆◆◆

3,75 × ◆◆◆ = 3 750

Dividir entre 10, 100 y 1 000

48,6 : 10 = ◆◆◆

48,6 : ◆◆◆ = 0,486

48,6 : 1 000 = ◆◆◆

2 ¿En qué operación el resultado es mayor?

A. 12,34 + 3,98 + 4,5 **B.** 203,4 + 45 + 32,75

C. 209,4 − 128,95 **D.** 198,05 − 25,99

3 Ordena estos productos de menor a mayor.

4,225 × 1000 45,05 × 10 456,5 × 1000 432,6 × 100

4 Relaciona en tu cuaderno cada división con su cociente.

83 : 2 86 : 5 43 : 4 99 : 6 54 : 5

17,2 16,5 41,5 10,8 10,75

5 La donación mensual de Eduardo se reparte por igual entre dos proyectos humanitarios.

a. ¿Cuánto recibe cada uno en 1 mes?

b. ¿Y en 10 meses?

6 La familia de Mónica necesita comprar electrodomésticos A⁺⁺ para su casa nueva. Tienen un presupuesto de 1 700 €.

a. ¿Cuánto se gastan si compran la lavadora y la secadora?

b. Si pagan la nevera en 12 plazos, ¿cuánto pagan cada mes?

c. ¿Cuánto dinero ahorran si les regalan la plancha y la batidora?

d. ¿Cuánto dinero les queda después de comprar la nevera, la lavadora y el lavavajillas?

I G 7 Amalia tiene contratada la tarifa "Siempre 20" desde que cambió de móvil. Al revisar las facturas, se da cuenta de que no consume más de 120 min cada mes.

a. ¿Cuánto ha pagado los 6 últimos meses?

b. ¿Cuánto pagaría por 120 min al mes si se cambiara a la tarifa "A tu medida"?

c. ¿Le interesa cambiar de tarifa si la compañía le hace un descuento de 5 € en la que tiene ahora?

Mi diario

1 El hecho de practicar..., me ha ayudado a...

2 ¿En qué actividades prefiero trabajar solo? ¿En cuáles prefiero trabajar en equipo?

smMasSavia.com | Autoevaluación.

MEJORA TU MUNDO

La mayoría de nosotros, tenemos muchas más cosas de las que necesitamos. Si utilizamos solo lo que realmente nos hace falta, podemos ayudar a otras personas. Por ejemplo, a que todos los niños puedan ir al colegio.

¿Quieres saber cómo puedes colaborar?

¿Qué necesito en el colegio?

PASO 1 Juntaos en equipos de 4.

- Haced una lista con todo lo que utilizáis para ir al colegio.
  - Materiales: libros, cuadernos, bolígrafos…
  - Equipación: uniforme, chándal, zapatillas…
  - Transporte, comedor, salidas…

- ¿Hay algo que no sea realmente necesario y podáis prescindir de ello? Rodeadlo con un color distinto.
- ¿Os ha costado mucho poneros de acuerdo en cuáles son los objetos menos necesarios? ¿Por qué?

PASO 2 Anotad el precio los objetos que habéis rodeado.

¿Es alguno de los de la actividad 6 de la página 115?

- Si no lo sabéis podéis buscarlo en catálogos, en internet o pedir ayuda a vuestro profe.

Ordenad los objetos de menor a mayor precio.

TAREA FINAL

¿Qué no necesito?

PASO 3 Calculad cuánto dinero suman en total los objetos que no son necesarios en tu grupo.

Preguntad a los otros grupos. ¿Cuánto resulta entre todos?

Reflexiono y actúo

PASO 4 Investigad cómo son las escuelas de otros lugares del mundo.
Por ejemplo, podéis verlo en smMasSavia.com.

Después, debatid entre todos:

- ¿Es igual de fácil para todos ir a la escuela? ¿Por qué?
- ¿A qué se debe que en tu país todos los niños y niñas puedan ir a la escuela?
- ¿Cómo puedes colaborar?

El artículo 28 de la Convención sobre los Derechos del Niño dice:
Todos los niños y niñas tienen derecho a asistir al colegio y a aprender.

PASO 5 Existen organizaciones que trabajan para que todos los niños puedan ir a la escuela: Unicef, Save the children, Aldeas infantiles…

- Elegid algunas de ellas. Si repartís todo el dinero del paso 3, ¿a cuánto tocaría cada una?

Mi diario

1. ¿Pienso de otra manera acerca del consumo después de hacer esta tarea? Intento explicarlo.
2. Lo que me ha parecido más interesante de esta tarea ha sido… Darme cuenta de esto me sirve para…
3. Pienso en un compañero o una compañera a quien me gustaría agradecer su forma de actuar durante la tarea. Explico por qué.

Tiempo

Unidad 8
Tiempo

TAREA FINAL
Mejora tu salud

1 Tiempo de moverse

- ¿A qué te gusta jugar en el parque? ¿Cuántas veces a la semana sueles ir? ¿Cuánto tiempo sueles estar?

2 ¡Sabes más de lo que crees!

- Observa la imagen. ¿Qué posición tienen las agujas del reloj del padre?
- ¿A qué hora deben estar en casa?

3 Sigue haciéndote preguntas

- ¿En qué año estamos? ¿Sabes qué siglo es?
- En el parque han preguntado cuál es vuestro juego favorito. 5 niños han dicho el pilla-pilla, 4 el escondite, 6 la pelota, 2 los columpios y 3 la cuerda. ¿Cómo podrías colocar estos datos en una tabla?

TAREA FINAL

Mejora tu salud

Aprende hábitos para la actividad física diaria.

8

Tiempo

En esta unidad vamos a:

Utilizar unidades de tiempo mayores que el día.

¿Cuándo será el próximo año bisiesto?

Transformar unidades de tiempo.

¿Cuántos minutos hay en un día?

Sumar y restar unidades de tiempo.

¿Cuánto dura una película que empieza a las 18:20 y termina a las 20:35?

Hacer tablas de datos.

¿Cuál es el destino de vacaciones favorito de los alumnos de la clase?

smMasSavia.com

Lo que ya sé.

Nos activamos

1 Busca un calendario de este año y señala qué día es hoy.

Abril

L	M	X	J	V	S	D
1	2	3	4	5	6	7
8	9	10	11	12	13	14
15	16	17	18	19	20	21
22	23	24	25	26	27	28
29	30					

- ¿Cuántos días han pasado desde que empezó el año?
- ¿Cuántos meses? Exprésalo de la forma: Han pasado ◆◆◆ meses y ◆◆◆ días.

Comprendemos

▶ Para medir períodos de tiempo mayores que el día utilizamos distintas unidades.
Una **semana** tiene 7 días.
Un **mes** tiene entre 28 y 31 días, es decir, cerca de 4 semanas.
Un **año** tiene 365 días, o 366 si es bisiesto. El año se divide en 12 meses.
Un **lustro** son 5 años, una **década** son 10 años y un **siglo** son 100 años.

2 **Completa en tu cuaderno.**

- 5 lustros = ◆◆◆ años
- 24 meses = ◆◆◆ años
- 6 semanas = ◆◆◆ días
- 30 años = ◆◆◆ décadas

3 Si un trimestre son 3 meses, ¿cuántos meses hay en un cuatrimestre? ¿Y en un semestre?

▶ Un año **bisiesto** tiene 366 días, porque febrero tiene 29 días.

Un año es bisiesto cuando:

- No termina en "00" y es divisible entre 4.
- Termina en "00" y las dos primeras cifras son múltiplo de 4.

4 **Andrés nació un 29 de febrero. ¿Crees que aparecerá su cumpleaños en el calendario de estos años?**

1980 · 1988 · 1990 · 1996 · 2000 · 2012

Aplicamos

5 Ordena de mayor a menor edad. ¿Quién es el más joven?

Mateo	Ángela	Rodrigo	Blanca
3 lustros	4 años	36 meses	2 décadas

6 Corrige las afirmaciones falsas en tu cuaderno.

A. En un siglo hay 10 décadas.

B. Dos años y medio son 30 meses.

C. Un **milenio** son100 siglos.

D. En un milenio hay 20 lustros.

Un **milenio** son 1000 años seguidos.

7 smMasSavia.com | Trabaja con diferentes unidades de tiempo.

8 ¿A qué siglo corresponden estos años?

1607 · 911 · 374 · 1300 · 2004 · 283

Para saber a qué siglo pertenece un año:

Si acaba en 00:

2000 → 2000 (tachado 00) → 20 → S. XX

Si no acaba en 00:

2019 → 2019 (tachado 19) → 20 + 1 → S. XXI

9 Al coger los yogures, Omar ve que caducan ese mismo día. ¿Cuáles debería comprar si toma uno al día? Calcula los días que tiene para consumirlos sin problema.

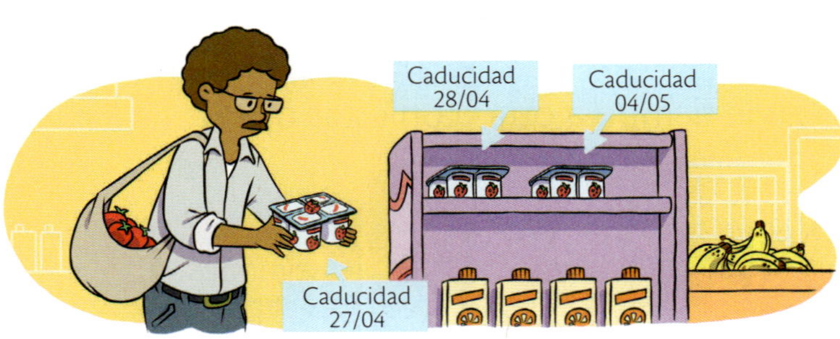

Nos activamos

1 Vamos a fabricar un reloj multiusos. Nos servirá para transformar las horas del reloj **analógico** al digital.

smMasSavia.com

Puedes descargarte la plantilla.

1.º Dibuja un reloj como este en una cartulina.

2.º Recorta y escribe las horas desde las 13 hasta las 00.

Un reloj **analógico** es un reloj de agujas.

3.º Recorta una aguja larga y otra corta para representar las horas.

Comprendemos

Un **día** tiene 24 horas.

Una **hora** son 60 minutos.

Un **minuto** son 60 segundos.

▶ Para medir tiempos menores que el día utilizamos el reloj.

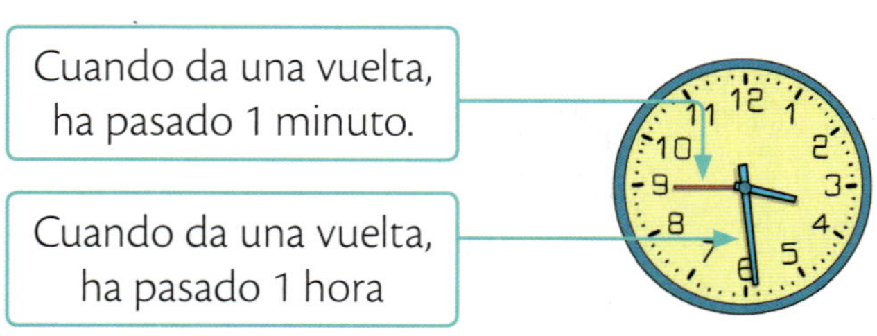

Reloj analógico

Reloj digital

▶ Podemos pasar de unas unidades de tiempo a otras con estas operaciones.

días ⇄ horas ⇄ minutos ⇄ segundos

	×	:
días → horas	× 24	: 24
horas → minutos	× 60	: 60
minutos → segundos	× 60	: 60

2 Completa en tu cuaderno.

15 h = ◆◆◆ min	6 h = ◆◆◆ s	180 s = ◆◆◆ min
30 min = ◆◆◆ s	240 min = ◆◆◆ h	3 días = ◆◆◆ h

Aplicamos

3 Fíjate en la agenda de Alba y responde.

a. ¿Qué hace a las cinco en punto? ¿Y a las seis menos cuarto?

b. ¿Cuánto tiempo tiene para merendar?

c. ¿Cuánto tiempo le dedica a la música?

17:00	merienda
17:45	natación
18:30	música
19:10	tiempo libre

4 ¿Qué película verá cada uno?

5 ¿Cuál de estos relojes marca las 12 de la noche? Escribe la hora que marcaba 1 minuto antes.

6 Nacho mete un bizcocho en el horno a las 16:15. Ha tardado media hora en hacer la masa. La deja cocer 45 min en el horno. ¿A qué hora lo saca? ¿Cuánto ha tardado en cocinarlo?

7 Sofía tiene que devolver un libro y la biblioteca cierra a las 20:30.

a. ¿A qué hora llega cada autobús a la parada?

b. El 59 tarda 24 min en llegar a la biblioteca. El 85 tarda 38 min en llegar. ¿Qué autobús debe coger para llegar a tiempo?

3 Sumar y restar datos de tiempo

Nos activamos

1 Juega con tu compañero a expresar los tiempos de otra forma.

smMasSavia.com
Puedes jugar también con el dominó de tiempos.

Comprendemos

▶ Para **sumar** o **restar** datos de tiempo, colocamos las unidades de forma ordenada. Después, sumamos o restamos las horas con las horas y los minutos con los minutos.

	1 h	35 min
+		24 min
	1 h	59 min

	1 h	35 min
−		24 min
	1 h	11 min

▶ Si al sumar datos de tiempo, los minutos son más de 59, los transformamos en la unidad inmediatamente superior.

	1 h	59 min
+		15 min
	1 h	74 min

	1 h	59 min
+		15 min
	2 h	14 min

74 min = 60 min + 14 min ⟶ 74 min = 1 h + 14 min

1 h = 60 min

2 **Resuelve en tu cuaderno.**

	11 h	31 min
+	4 h	25 min
	◆◆◆	◆◆◆

	8 h	35 min
+	2 h	36 min
	◆◆◆	◆◆◆

	6 h	57 min
−	4 h	34 min
	◆◆◆	◆◆◆

	20 h	42 min
−	15 h	19 min
	◆◆◆	◆◆◆

3 Realiza estas operaciones en tu cuaderno.

9 h 20 min + 3 h 36 min

7 h 48 min + 1 h 19 min

23 h 27 min – 12 h 15 min

5 h 30 min – 1 h 14 min

Aplicamos

4 smMasSavia.com | Opera con datos de tiempo.

5 **Prepara la tarea.** Dibuja un reloj digital y otro analógico con la hora a la que sales al patio. Haz lo mismo con la hora a la que vuelves a clase. ¿Cuánto tiempo ha pasado?

6 Jaime y Noelia participan en una carrera juvenil. Observa lo que ha tardado cada uno. ¿Quién ha llegado antes a la meta? ¿Cuánto tiempo le ha sacado al segundo?

Para sumar o restar datos con segundos, colocamos las cantidades y realizamos la operación.

	2 h	16 min	24 s
+	3 h	30 min	15 s
	5 h	46 min	39 s

7 Valeria entra al colegio a las 9 h 30 min. Tarda 15 min en llegar desde su casa. ¿A qué hora debe salir para llegar 5 minutos antes?

G I 8 Emma va a casa de sus abuelos a llevarles una medicina. Antes pasa por la farmacia para comprarla.

a. Si la compra en la farmacia de la calle Estrecha, tarda 23 min 50 s. Si va a la de la calle Colinas, tarda 1 380 s. ¿Por dónde tarda menos?

b. Si sale de casa a las 17:05 y va por el que tarda menos, ¿a qué hora llega?

c. Si está en casa de sus abuelos tres cuartos de hora, ¿a qué hora se marcha?

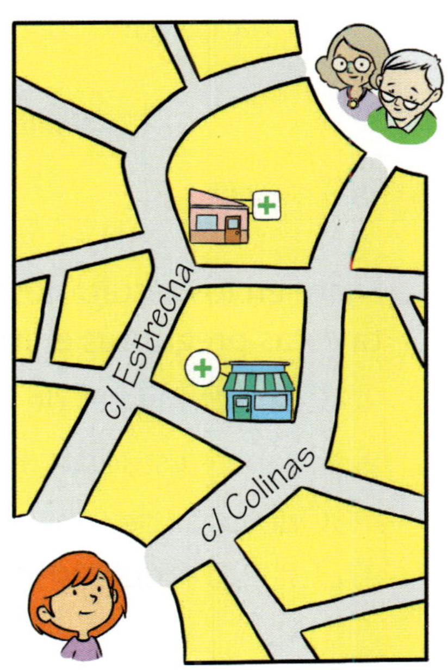

i 9 Piensa y responde.

a. ¿Cómo le restas 15 minutos a 2 horas?

b. ¿Y 20 segundos a 1 hora y 1 minuto?

Nos activamos

1 Escribe en un trozo de papel dónde pasaste las vacaciones de verano.

Montaña	Pueblo	Playa	Ciudad

Después, juntad todos los papeles de la clase.

- ¿Cuál es el lugar de vacaciones más visitado? ¿Y el menos visitado?
- ¿Cómo podéis organizar los datos para ver los resultados fácilmente?

Comprendemos

En la clase de Sara han hecho la misma encuesta. Para contar los resultados han utilizado una **tabla de recuento**.

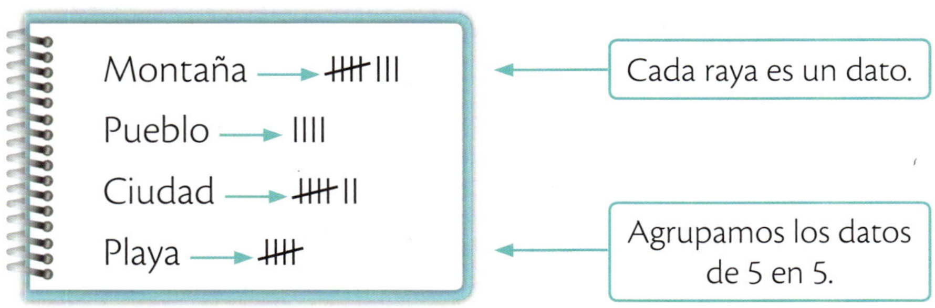

Después, han organizado la información en una **tabla de datos**.

	Montaña	Pueblo	Ciudad	Playa
N.º alumnos	8	4	7	5

2 **Fíjate en los resultados de la clase de Sara. Contesta estas preguntas en tu cuaderno.**

a. ¿Cuántos lugares de vacaciones han elegido?

b. ¿Cuántos estudiantes hay en clase?

c. ¿Qué lugar de vacaciones ha sido el más visitado? ¿Y el menos visitado?

Aplicamos

3 En la clase de Pedro han completado la tabla con los siguientes datos.

	Montaña	Pueblo	Ciudad	Playa
N.º alumnos	5	6	9	◆◆◆

a. Hay el mismo número de alumnos que en la clase de Sara. ¿Cuántos alumnos visitaron la playa?

b. Si juntamos las clases de Sara y de Pedro, ¿cuántos estudiantes hay en total? Construye con ellos una nueva tabla de datos.

4 Los encargados del comedor han preguntado por la fruta favorita de los alumnos. Observa los resultados y responde.

	Pera	Manzana	Naranja	Plátano	Kiwi
N.º niños	3	5	9	6	3
N.º niñas	4	2	7	5	6

a. ¿Cuántos alumnos han dicho cuál es su fruta preferida?

b. ¿Qué fruta es la preferida por los niños? ¿Y por las niñas?

c. ¿Cuál es la fruta preferida por los alumnos?

5 En la clase de Álex han hecho una encuesta. Han preguntado qué tipo de lectura es la favorita de los alumnos. Estos son los resultados que han obtenido.

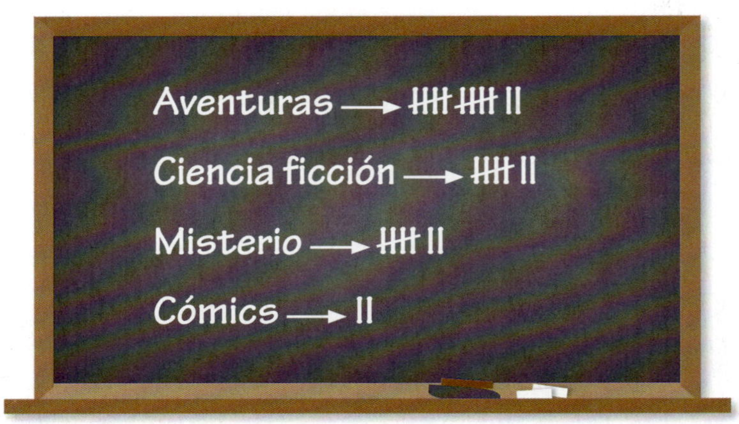

a. Organiza la información en una tabla de datos.

b. ¿Cuántos alumnos hay en la clase de Álex?

c. ¿Cuál es su lectura favorita?

CÁLCULO MENTAL

Multiplicar por 25

46 × 25

46 —(× 100)→ 4 600 —(mitad)→ 2 300 —(mitad)→ 1 150

1. Aplica la estrategia anterior y escribe el resultado en tu cuaderno.

45 × 25 → ◆◆◆ → ◆◆◆ → ◆◆◆

65 × 25 → ◆◆◆ → ◆◆◆ → ◆◆◆

2. Calcula mentalmente.

84 × 25 | 125 × 25 | 26 × 25 | 284 × 25

3. En un vivero hay 72 especies de árboles distintas. Si hay 25 ejemplares de cada especie, ¿cuántos árboles hay en total?

4. En una biblioteca hay 25 estanterías que contienen 316 libros. ¿Cuántos libros hay en la biblioteca?

5. El material escolar de cada alumno cuesta 142 €. ¿Cuánto costará el material escolar de los 25 estudiantes de la clase?

GRANDES ESTRATEGAS

PROGRAMA COPER

EL GUSANITO

A Leire le han regalado un gusanito de juguete formado por piezas.

El gusanito con cabeza y una pieza mide 3 centímetros. La cabeza sola mide 2 centímetros.

Si el tamaño de cada pieza es el doble que la anterior, ¿cuánto mide el gusanito de cuatro piezas?

> COMPRENDER

1. Lee el problema con atención.
2. Responde a estas preguntas:

a. ¿Todas las piezas son del mismo tamaño?
b. ¿Cuánto mide la primera pieza? ¿Y la cabeza?

3. Organiza los datos, relaciones y objetivo del problema.
4. Dibuja un diagrama o un gráfico que explique el problema.

> PENSAR

1. En grupos, pensad qué estrategia podéis utilizar para resolver el problema. ¿Por qué la habéis elegido?
2. ¿Habías pensado en otra estrategia? ¿Por qué no la utilizáis?

> EJECUTAR

1. Ten en cuenta la información que has recogido y la estrategia que has elegido.
2. Representa la situación del problema en un diagrama.
3. Resuelve el problema. ¿Cuál es la solución?

> RESPONDER

1. Vuelve al problema y comprueba si la solución es válida.
2. Asegúrate de si hay una solución única o hay varias.
3. Lee de nuevo el objetivo y escribe una respuesta.

El gusanito de cuatro piezas mide ◆◆◆.

PROBLEMAS

Observa y contesta

OBSERVA CON ATENCIÓN LA IMAGEN

1. ¿Por qué crees que en un sitio es de noche y en el otro es de día?
2. El niño de la izquierda está en Japón. El niño de la derecha está en España. ¿A cuál de los dos le queda menos tiempo para acostarse?
3. Hablan sobre su película favorita. El niño español la vio ayer en la sesión de las 18:00. Desde su casa al cine tardó un cuarto de hora y llegó con 10 minutos de tiempo. ¿A qué hora salió de casa?
4. La película duró 90 minutos. ¿A qué hora salió del cine?
5. Si tardó lo mismo en volver, ¿a qué hora llegó a casa?

FÍJATE EN EL NIÑO DE LA DERECHA

6. ¿Qué hora es?
7. Fíjate en el reloj de agujas. ¿Por qué la aguja de las horas no apunta exactamente al 1 si es la una y media?
8. ¿Es la misma hora en todas las partes de España?
9. Si está en Canarias, ¿qué hora es en la península?
10. El niño tiene que volver al cole para empezar las clases de la tarde a las 15:15. ¿Cuánto tiempo falta?

FÍJATE EN EL NIÑO DE LA IZQUIERDA

11. La diferencia horaria entre Canarias y Tokio es de 8 horas. ¿Crees que en Tokio es 8 horas más o menos?
12. ¿Qué hora es en ese momento en Tokio?
13. Dibuja en tu cuaderno las agujas del reloj analógico.

Utiliza tus estrategias

1 Jorge nació el 23 de julio de 2006 y su prima el 23 de febrero de 2008.

a. ¿Cuántos años tienen hoy? ¿Quién es mayor?

b. ¿Cuántos meses se llevan?

2 Carlota tiene la mitad de años que su hermano Raúl, que tiene 24. El padre de Carlota tiene 28 años más que ella. La abuela tiene 21 más que su padre. ¿Cuántos años tiene la abuela?

3 Un tren sale de la estación a las 9:30 y llega a su destino a las 13:50.

a. ¿Cuánto tiempo dura el viaje?

b. El tren tarda el mismo tiempo en el viaje de vuelta. ¿A qué hora debe salir para llegar a las 8 y media de la tarde?

I G **4** Esta tarde Daniela irá a una clase de patinaje, que dura 30 minutos. Después, va a un concierto que empieza a las 19:30. Si tarda 3 cuartos de hora en ir del polideportivo al auditorio y llega justo para el concierto, ¿a qué hora empieza la clase de patinaje?

A. 

B. 

C. 

D. 

Inventa un problema

Observa la imagen e inventa un problema.

COMPROBAMOS LO APRENDIDO

1 Organiza tus ideas. Copia y completa en tu cuaderno.

Tiempo

Unidades mayores que el día

1 semana = ◆◆◆ días
1 año = ◆◆◆ meses
1 mes = entre ◆◆◆ y ◆◆◆ días
1 lustro = ◆◆◆ años
1 siglo = ◆◆◆ años
1 década = ◆◆◆ años
1 milenio = ◆◆◆ años

Horas, minutos y segundos

1 día = ◆◆◆ horas
1 hora = ◆◆◆ minutos
1 minuto = ◆◆◆ segundos

	2 h	34 min
+	1 h	27 min
	◆◆◆	◆◆◆

	2 h	34 min
−	1 h	20 min
	◆◆◆	◆◆◆

Tablas

	Niños	Niñas	Total
Patinaje	2	◆◆◆	3
Natación	◆◆◆	4	7
Atletismo	5	3	◆◆◆
Baloncesto	1	◆◆◆	5
Tenis	◆◆◆	2	4
Fútbol	1	3	◆◆◆

El deporte preferido es ◆◆◆.
Hay ◆◆◆ niñas y ◆◆◆ niños.
En total hay ◆◆◆ alumnos.

2 Completa en tu cuaderno.

a. 5 semanas = ◆◆◆ días
b. 4 lustros = ◆◆◆ décadas
c. 24 meses = ◆◆◆ años
d. 10 décadas = ◆◆◆ siglos

3 Dibuja estas horas en relojes de agujas.

4 Expresa estos tiempos en las unidades que se indican.

5 h = ◆◆◆ min
2 días = ◆◆◆ h
240 s = ◆◆◆ min

5 Resuelve en tu cuaderno.

8 h 42 min + 6 h 15 min

7 h 35 min − 4 h 10 min

6 El padre de Fran suele dormir 420 min por las noches. ¿Cuántas horas duerme? ¿A qué hora se levanta si se acuesta a las 23:30?

7 En clase de Liam, han anotado sus cumpleaños.

a. Busca un calendario y marca el cumpleaños de Liam, Gaspar y María.

b. Los tres nacieron en el mismo año. ¿Quién es el mayor? ¿Y el más pequeño?

8 ¿Quiénes juegan de pareja y en qué deporte? Fíjate en el tiempo que ha jugado cada uno.

"XV Torneo alevines"

Tenis: 2 h

Bádminton: 1 h 30 min

Tenis de mesa: 1 h

9 Rodrigo ha anotado en qué estación cumplen años sus amigos.

primavera	invierno	verano	primavera
verano	primavera	invierno	otoño
primavera	verano	otoño	primavera

Organiza los datos en una tabla y contesta.

a. ¿En qué estación hay más cumpleaños?

b. ¿Cuántos amigos cumplen años en otoño?

Mi diario

1 Lo que me ha parecido más difícil de aprender es…

2 He entendido una cosa nueva sobre el tiempo que es… Saberlo me sirve para…

3 Digo cómo creo que se ha sentido hoy el maestro durante la clase. ¿Por qué digo eso?

smMasSavia.com | Autoevaluación.

MEJORA TU SALUD

Realizar deporte varias veces a la semana es fundamental para mantenernos sanos. También son muy importantes las actividades físicas que practicamos en el día a día.

¿Quieres saber si realizas el ejercicio diario recomendado para tu edad? Averígualo junto con tus compañeros.

¿Cuánto ejercicio hacemos?

PASO 1 Formad equipos de 5 compañeros. Observad estas actividades físicas de la vida cotidiana.

- Jugar en el patio
- Jugar en el parque
- Subir y bajar escaleras
- Ayudar a hacer la compra
- Ir andando al colegio
- Ayudar en las tareas de casa
- Cuidar el huerto o jardín
- Sacar al perro

- Añadid más actividades físicas que hacéis y no aparecen en la lista.

PASO 2 Cada miembro del equipo marca qué actividades realiza.

- Piensa cuántos minutos tardas aproximadamente en cada una y anótalo.
- Recupera el resultado de la actividad 5 de la página 149.
- Suma los datos para ver el tiempo total que dedicas al ejercicio cada día.
- ¿Es más o menos que el tiempo de actividad diaria recomendada?

¿Estamos en forma?

TAREA FINAL

PASO 3 Según el tiempo obtenido, cada miembro del grupo debe marcar en qué nivel se encuentra.

Muy bajo 0-30 min	Bajo 30-60 min	Normal 60-75 min	Alto 75-90 min	Muy alto más de 90 min
◆◆◆	◆◆◆	◆◆◆	◆◆◆	◆◆◆

PASO 4 Compartid los resultados en el grupo. Haced una tabla con los distintos niveles del paso 3 y el número de veces que aparece cada uno.

Niveles	Frecuencia
◆◆◆	◆◆◆

- Añadid los resultados de los otros grupos para tener los de toda la clase.

Buscamos hábitos saludables

PASO 5 En grupos, observad la tabla de la clase.

- ¿Creéis que en general tenéis suficiente actividad física? Explicad por qué.
- Elegid algunos hábitos que hacen la vida cotidiana más saludable. Inventad un rap con ellos y cantadlo al resto de la clase.

Mi diario

1 Después de hacer esta tarea, ¿hay algún aspecto relacionado con hábitos saludables que debería cambiar? Explico cuál.

2 Esta tarea me ha resultado valiosa porque…

El libro **Matemáticas para 4.º de Primaria** forma parte del Proyecto Editorial de Educación Primaria de SM.
En su realización ha participado el siguiente equipo:

Autoría
Javier Bernabeu, Mercedes Garín, José Gabriel Díaz, Martín Francisco Cabello, Manuel García, María Nila Pérez, Francisco Morales, José Manuel Vidal, Aurora Bellido, Equipo editorial SM

Edición
Oiana García, Eva Béjar, Aurora Bellido, Equipo I més. Servicios Editoriales, Belén Martínez, Carolina Arias, Silvia González

Asesoría pedagógica
José Gabriel Díaz

Corrección
Javier López

Ilustración
Ricard Zaplana, Diego Burdío, Juan Antonio Rocafort, Javier Andrada, Alejandro Mesa (cubierta)

Fotografía
Sergio Cuesta; María Pía Hidalgo; EFE; 123RF; SHUTTERSTOCK, iStock, Getty Images, ARCHIVO SM

Edición gráfica
Sergio Cuesta

Diseño de cubierta e interiores
Estudio SM

Coordinación editorial de Matemáticas
Fina Arévalo

Coordinación transversal del proyecto
Nuria Corredera, Mara Mañas, Antonio de Pedro y Nuria Vallina

Dirección de Arte del proyecto
Mario Dequel

Dirección editorial
Aída Moya y Fina Arévalo

Todas las actividades contenidas en este libro han de ser realizadas en un cuaderno aparte, nunca en el propio libro.
Los espacios incluidos son meramente indicativos y su finalidad es puramente didáctica.

Igualdad de género
En SM utilizamos el masculino genérico, según las directrices académicas establecidas, para evitar textos excesivamente artificiosos y difíciles de entender. Con el fin de agilizar la lectura, utilizamos nombres de género común, y recurrimos a la duplicidad masculino/femenino cuando pueda producirse ambigüedad en el mensaje. En este último caso, equilibramos el uso de ambos géneros y evitamos estereotipos.

Así mismo, siguiendo la orientación de Ana López-Navajas, experta en igualdad de género, en Más Savia damos visibilidad a las mujeres desde diferentes perspectivas: ofrecemos una imagen ajustada y equitativa de todas las áreas del saber para construir un recorrido histórico sin sesgo de género, ofreciendo modelos históricos y culturales femeninos para transmitir una cultura participada por ambos sexos; identificamos el papel, impulsor de progreso social, que han tenido las mujeres anónimas en la intrahistoria; y ofrecemos referentes profesionales y experiencias vitales que rompen con una visión limitada de las vocaciones, aficiones y sensibilidades al no asociarlas con un género concreto.

Gestión de las direcciones electrónicas
Debido a la naturaleza dinámica de internet, SM no puede responsabilizarse de los cambios o las modificaciones en las direcciones y los contenidos de los sitios web a los que remite en este libro.

Con el objeto de garantizar la adecuación de las direcciones electrónicas de esta publicación, SM emplea un sistema de gestión que redirecciona las URL que con fines educativos aparecen en la misma hacia diversas páginas web; entre otras de uso frecuente: http://es.wikipedia.org, www.youtube.es. SM declina cualquier responsabilidad por los contenidos o la información que pudieran albergar, sin perjuicio de adoptar de forma inmediata las medidas necesarias para evitar el acceso desde las URL de esta publicación a dichas páginas web en cuanto tenga constancia de que pudieran alojar contenidos ilícitos o inapropiados. Para garantizar este sistema de control es recomendable que el profesorado compruebe con antelación las direcciones relacionadas y que comunique a la editorial cualquier incidencia a través del correo electrónico ediciones@grupo-sm.com.

Matemáticas

TERCER trimestre

4
primaria

más Savia

sm

Índice

Medida

Unidad 9
Medir longitudes, capacidades y masas

TAREA FINAL
Mejora tu salud

1 Equipaje ligero

- ¿Qué forma de llevar el equipaje te parece más cómoda? ¿Cuál prefieres?
- Observa diferentes maneras de llevar la mochila en la imagen. ¿Cuál te parece la mejor?

2 ¡Sabes más de lo que crees!

- Observa la imagen. ¿En qué unidades se miden las dimensiones de las maletas?
- ¿Y la distancia entre las ciudades? ¿Por qué no utilizamos las mismas?
- ¿Cuál es el peso máximo permitido de una maleta de mano? ¿Cuántos gramos son?

3 Sigue haciéndote preguntas

- ¿Qué maleta crees que pesa más? ¿Está relacionado su peso con su tamaño? Explícalo.
- Para subir líquidos en la cabina del avión, deben ir en botes de 100 mL. Podemos llevar hasta 1 L. ¿Cuántos botes llenos podemos subir?

TAREA FINAL

Mejora tu salud

Aprende a llevar la mochila de forma adecuada.

9 Medir longitudes, capacidades y masas

En esta unidad vamos a:

Utilizar unidades de longitud convencionales y no convencionales.

¿Cómo puedes medir el ancho de tu mesa solo con tus manos?

¿En qué unidades mides con tu regla?

Utilizar medidas de capacidad y masa.

¿Cuánto líquido cabe en un cuentagotas?

¿Cuál es la masa de un sofá?

Expresar medidas de distintas formas.

¿Qué quiere decir que mides uno cuarenta?

smMasSavia.com

Lo que ya sé.

Nos activamos

1 Podemos medir longitudes con el cuerpo. Podemos utilizar palmos, codos, pasos, etc.

- Pide ayuda a un compañero. Con una cinta métrica rellena una tabla como esta con tus datos.

	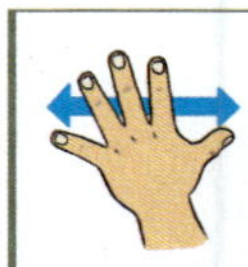	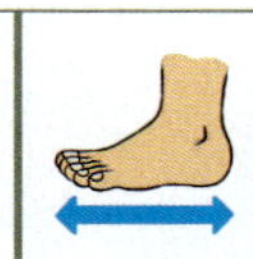	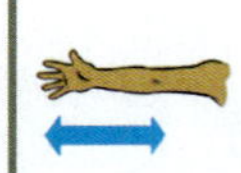	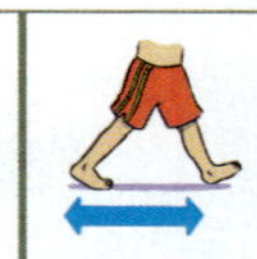
cm	◆◆◆	◆◆◆	◆◆◆	◆◆◆

- Compara tus datos con los de tus compañeros. ¿Qué observáis?

Comprendemos

Al medir con partes del cuerpo, el resultado varía con cada persona. Por eso buscamos una unidad de medida común.

▶ El **metro** es la unidad principal de medida de longitud. Su símbolo es **m**.

▶ Para medir longitudes **menores que el metro**, utilizamos estas unidades más pequeñas.

- En un 1 m caben 10 barras rojas. Cada barra mide 1 dm.

- En una barra roja caben 10 cuadrados azules. Cada cuadrado mide 1 cm.

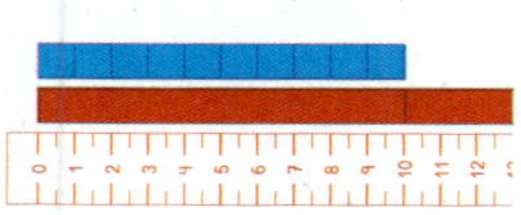

- En 1 cm caben 10 mm.

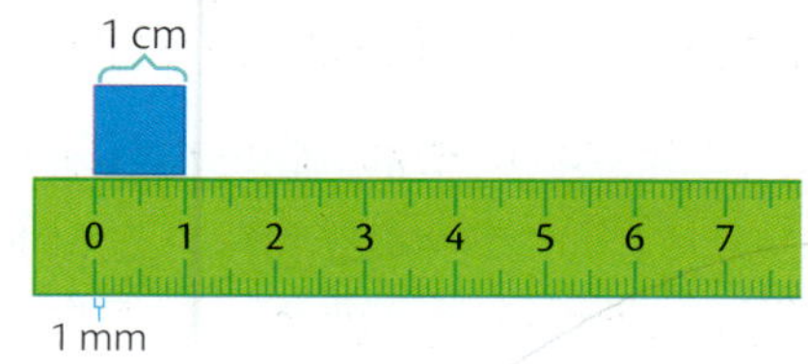

Decímetro (dm)	1 m = 10 dm
Centímetro (cm)	1 m = 100 cm
Milímetro (mm)	1 m = 1 000 mm

▶ Podemos convertir unas unidades de longitud en otras con estas operaciones.

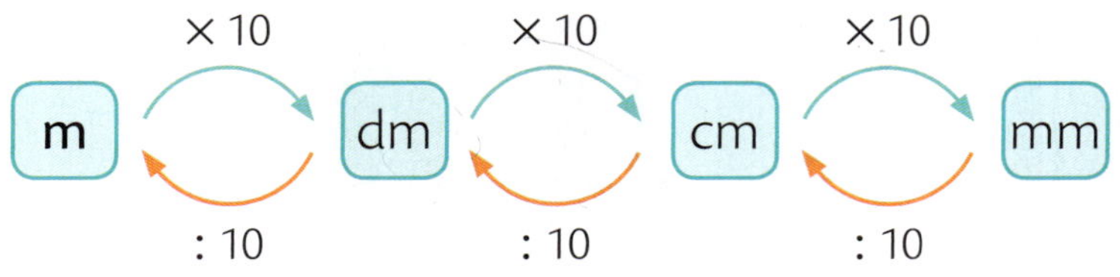

2 **Completa en tu cuaderno.**

19 dm = ◆◆◆ cm | 5 m = ◆◆◆ mm | 483 cm = ◆◆◆ m

70 mm = ◆◆◆ dm | 26 dm = ◆◆◆ m | 13 m = ◆◆◆ cm

Aplicamos

3 **PREPARA LA TAREA.** ¿Cómo puedes medir el largo de la clase sin utilizar un metro? Piensa alguna forma de hacerlo y mídelo.

4 ¿Quién está en lo cierto? Explica por qué.

5 César quiere colocar una colección de libros en esta estantería.

a. ¿Cuántos libros como este puede colocar en cada estante?

b. Si en la colección hay 50 libros, ¿puede colocarlos todos? ¿Cuántos estantes ocupan?

c. Ocupa todo el espacio que queda libre en la estantería con álbumes iguales. ¿Cuánto mide el ancho de su canto?

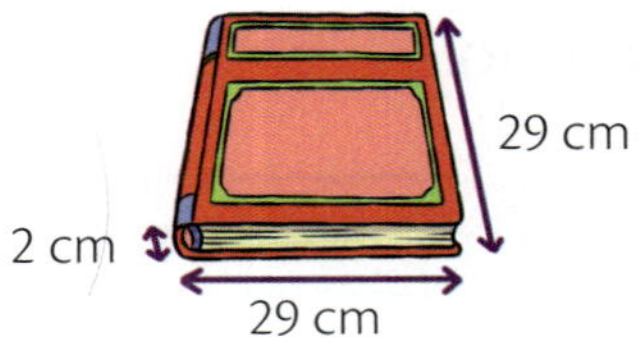

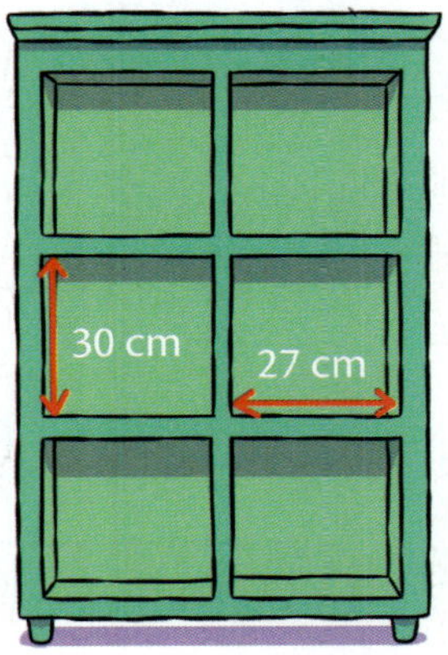

Nos activamos

1 Sujeta una cinta métrica de 1 m con tus brazos. Después, forma una fila con algunos compañeros.

- ¿Cuántos metros mide la fila que habéis formado?
- ¿Cuántas personas hacen falta para tener una fila de 1 000 m?

Comprendemos

▶ Para medir longitudes **mayores que el metro**, utilizamos estas unidades.

Decámetro (dam)	1 dam = 10 m
Hectómetro (hm)	1 hm = 100 m
Kilómetro (km)	1 km = 1 000 m

▶ Podemos convertir unas unidades de longitud en otras con estas operaciones.

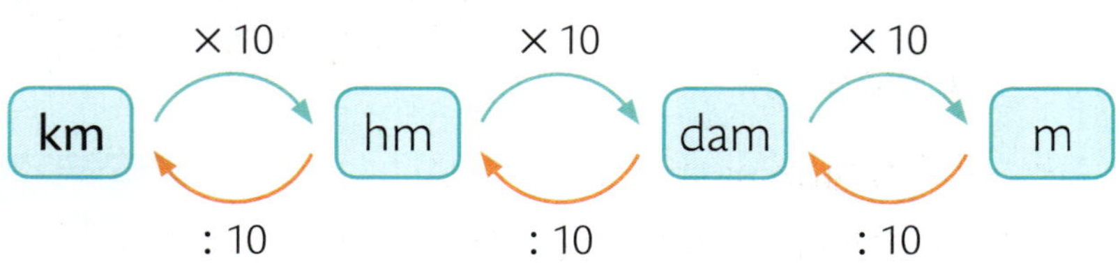

2 **Completa en tu cuaderno.**

5 dam = ◆◆◆ m

8 hm = ◆◆◆ m

32 km = ◆◆◆ dam

60 m = ◆◆◆ hm

19 hm = ◆◆◆ km

400 m = ◆◆◆ dam

Aplicamos

3 Expresa en las unidades que se indican.

km	54 hm	cm	93 dam
dam	600 dm	mm	27 km

4 Ordena estas longitudes en tu cuaderno de menor a mayor.

5 km — 1925 cm — 200 dam

74 000 mm — 63 hm — 841 m

Expresa todas las medidas en una misma unidad antes de ordenarlas.

5 ¿Qué unidad crees que es más adecuada? Escribe en tu cuaderno.

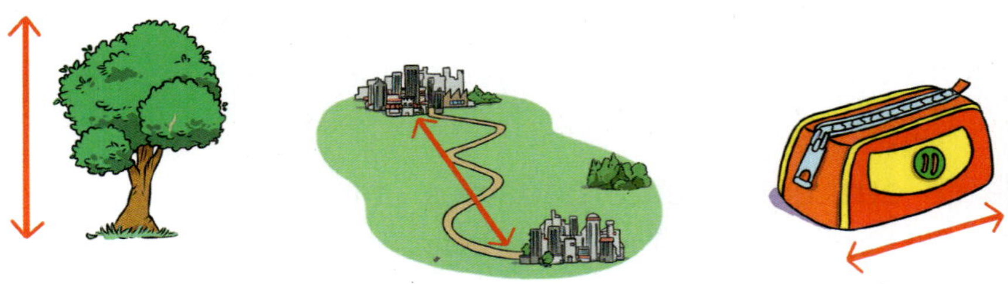

hm — m — km — dm — dam — cm

Medir con la unidad adecuada permite utilizar números más cortos y fáciles de manejar.
¡7 km son 7 000 000 mm!

6 Observa la imagen y responde.

a. ¿Qué unidad de medida se utiliza para expresar la longitud del río? ¿Por qué?

b. ¿Cuántos metros son?

c. ¿Te parece adecuado medirlo en milímetros? ¿Por qué?

7 De casa de Sofía al parque hay 3 km. La biblioteca está a 5 hm del parque. Para ir a la biblioteca Sofía debe pasar por el parque. ¿Cuántos metros camina?

8 ¿Cuál de estos coches ha recorrido mayor distancia? ¿Cuántos metros más ha recorrido el primero que el último?

Nos activamos

1 Mira cómo miden su mesa estos niños.

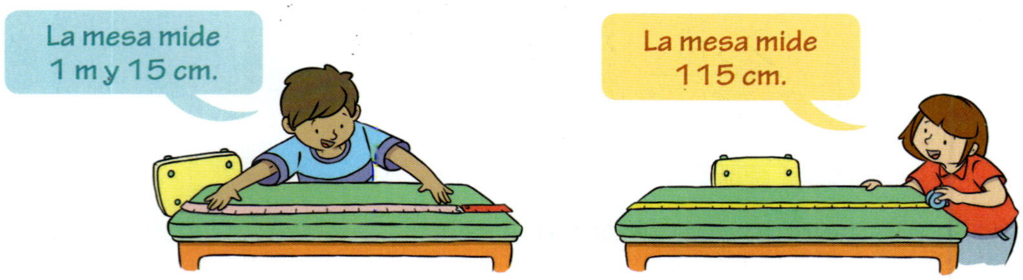

¿Han obtenido el mismo resultado? ¿Cómo puedes comprobarlo?

Comprendemos

- La medida 115 cm está expresada en **forma incompleja** porque se utiliza solo una unidad.
- La medida 1 m 15 cm está expresada en **forma compleja** porque se usan dos o más unidades.

Para transformar una medida en otra equivalente podemos utilizar una tabla de cambio de unidades. La casilla de color indica la unidad que queremos utilizar para expresar esa medida.

<table>
<tr><th>Forma compleja</th><th>m</th><th>dm</th><th>cm</th><th>mm</th><th>Forma incompleja</th></tr>
<tr><td>1 m 15 cm</td><td>1</td><td colspan="3">150</td><td>1,15 m</td></tr>
<tr><td>11 dm 5 cm</td><td colspan="2">11</td><td colspan="2">50</td><td>11,5 dm</td></tr>
<tr><td>115 cm 0 mm</td><td colspan="3">115</td><td>0</td><td>115,0 cm</td></tr>
<tr><td>1 150 mm</td><td colspan="4">1 150</td><td>1 150 mm</td></tr>
</table>

2 **Copia y completa la tabla en tu cuaderno.**

<table>
<tr><th></th><th>km</th><th>hm</th><th>dam</th><th>m</th><th></th></tr>
<tr><td>7 km 846 m</td><td>7</td><td colspan="3">846</td><td>◆◆◆ km</td></tr>
<tr><td>◆◆◆</td><td colspan="2">78</td><td colspan="2">46</td><td>78,46 hm</td></tr>
<tr><td>784 dam 6 m</td><td colspan="3">◆◆◆</td><td>6</td><td>◆◆◆ dam</td></tr>
<tr><td>◆◆◆ m</td><td colspan="4">◆◆◆</td><td>7 846 m</td></tr>
</table>

Aplicamos

3 ¿Qué pares de medidas son equivalentes? Relaciona en tu cuaderno.

23 dam 4 m	243 m	2 km 340 m
2 340 m	2 hm 4 dam 3 m	234 m

4 Manuel mide la altura de su hija Laura.

Fíjate en qué unidades de longitud necesitas poner en la tabla.
Recuerda poner la coma en la unidad con la que quieras expresar la medida.

a. Haz una tabla de cambio de unidades. Expresa la altura en forma compleja en metros y centímetros.

b. Expresa la altura en forma incompleja en centímetros.

5 smMasSavia.com | Utiliza diferentes maneras de expresar medidas.

6 Óscar necesita un lazo de 150 mm para adornar un disfraz. ¿Cuál de estos utilizará? Ordénalos de mayor a menor longitud.

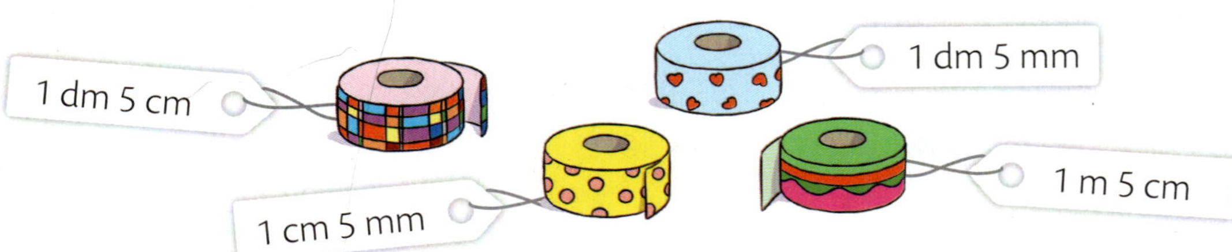

7 Félix va a reciclar unas medicinas en la farmacia.

a. ¿Cuál de las dos farmacias está más cerca de su casa?

b. ¿Cuántos metros de diferencia hay entre los dos caminos?

c. Si decide ir a la más cercana, ¿cuántos kilómetros recorre en ir y volver a su casa?

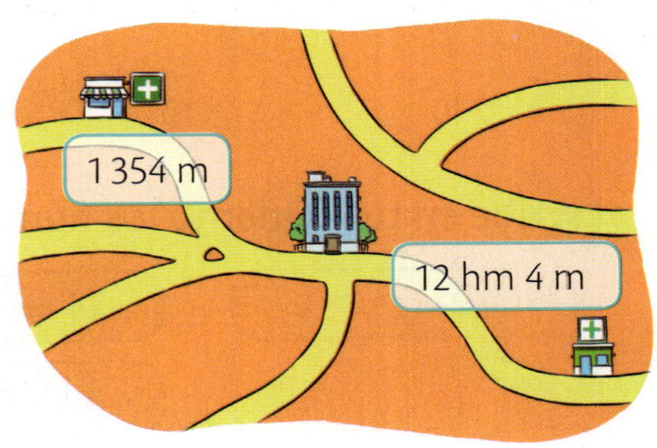

4 Medir capacidades

Nos activamos

1. Observa el bloque de 1 000 unidades. Dentro cabe 1 litro de agua.
   - ¿Qué bloque es la décima parte del bloque mil?
   - ¿Cuánta agua cabe en el bloque mil? ¿Y en la décima parte? ¿Es más o menos de un litro?
   - ¿Y cuánta cabe en la centésima parte de un litro?
   - ¿Y en la milésima parte de un litro?

Comprendemos

- El **litro** es la unidad principal de medida de capacidad. Su símbolo es **L**.

  Para medir capacidades **mayores o menores que el litro**, utilizamos estas unidades.

Unidades mayores que el litro	
Kilolitro (kL)	1 kL = 1 000 L
Hectolitro (hL)	1 hL = 100 L
Decalitro (daL)	1 daL = 10 L

Unidades menores que el litro	
Decilitro (dL)	1 L = 10 dL
Centilitro (cL)	1 L = 100 cL
Mililitro (mL)	1 L = 1 000 mL

- Podemos convertir unas unidades de capacidad en otras con estas operaciones.

kL → × 10 → hL → × 10 → daL → × 10 → L → × 10 → dL → × 10 → cL → × 10 → mL

mL → : 10 → cL → : 10 → dL → : 10 → L → : 10 → daL → : 10 → hL → : 10 → kL

2. **Escribe en tu cuaderno los números que faltan.**

7 daL = ◆◆◆ L	14 cL = ◆◆◆ L	62 kL = ◆◆◆ daL
49 dL = ◆◆◆ hL	8 hL = ◆◆◆ kL	35 L = ◆◆◆ mL

Aplicamos

3 ¿Qué capacidad tiene el cuentagotas?

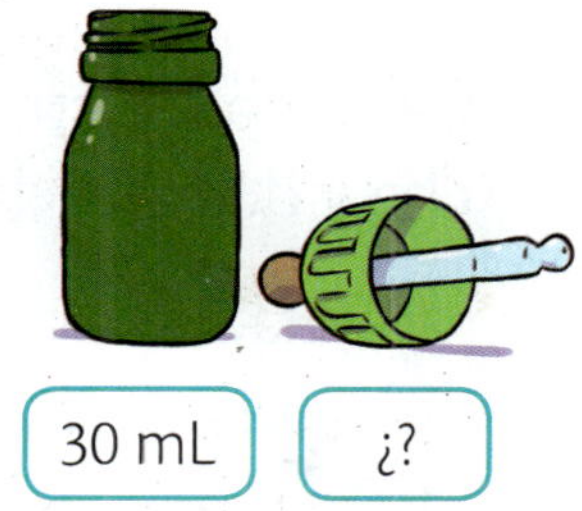

0,5 L | 0,05 hL | 5 daL | 0,5 cL

a. Expresa su capacidad en L y en mL. ¿Qué unidad te parece más adecuada para medirla?

b. ¿Cuántas veces puedes llenar el cuentagotas con el contenido del frasco?

Para operar con medidas es necesario expresarlas en la misma unidad.

4 smMasSavia.com | Utiliza distintas unidades de capacidad.

5 Expresa en forma incompleja estas medidas de capacidad.

4 kL 37 daL = ◆◆◆ L

25 L 9 mL = ◆◆◆ cL

5 daL 6 dL = ◆◆◆ L

801 cL 3 mL = ◆◆◆ dL

6 Observa estos envases.

a. ¿Cuáles tienen 1 litro de capacidad?

b. ¿En alguno cabe exactamente medio litro?

c. ¿Cuál es el envase de cuarto de litro?

Un litro equivale a 2 medios litros y a 4 cuartos de litro.

$\frac{1}{2}$ L = 0,5 L

$\frac{1}{4}$ L = 0,25 L

7 Álex bebe 3 vasos de 35 cL de una botella que contiene 1 L 5 dL de agua. ¿Cuánto queda en la botella?

A. Medio litro **B.** 50 cL **C.** Cuarto de litro **D.** 45 cL

8 Miguel sirve el contenido de este termo en las tazas, que tienen la misma capacidad.

a. ¿Cuántos decilitros caben en cada taza si no sobra nada en el termo?

b. ¿Cuántos vasos de 20 cL podría llenar con el contenido de 3 tazas?

Nos activamos

1 Vamos a construir una balanza. Necesitas dos vasos de papel, una percha y dos cuerdas de 30 cm cada una.

1.º Haz dos agujeros en los lados opuestos de cada vaso.

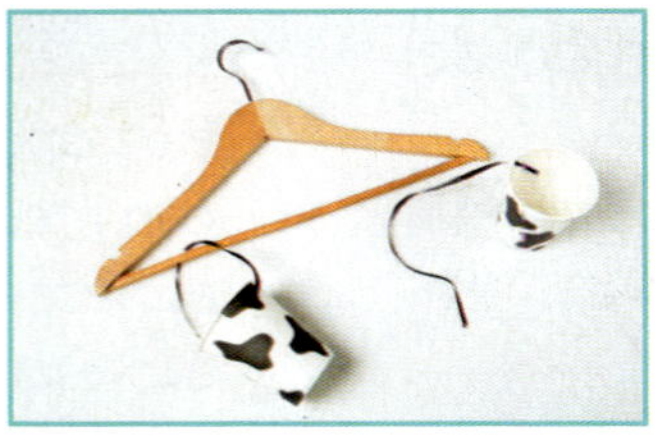

2.º Pasa la cuerda por la percha y a través de los agujeros y haz un nudo.

- Cuelga la percha en una barra y coloca un objeto distinto en cada vaso. ¿Qué objeto pesa más? ¿Por qué lo sabes?
- ¿Cómo puedes saber el peso de cada objeto?

Comprendemos

▶ El **kilogramo** es la unidad principal de medida de masa. Su símbolo es **kg**.

Una de las unidades de masa más utilizadas es el **gramo**. Su símbolo es **g**. Para medir masas **mayores o menores que el gramo**, utilizamos estas unidades.

Unidades mayores que el gramo	
Kilogramo (kg)	1 kg = 1 000 g
Hectogramo (hg)	1 hg = 100 g
Decagramo (dag)	1 dag = 10 g

Unidades menores que el gramo	
Decigramo (dg)	1 g = 10 dg
Centigramo (cg)	1 g = 100 cg
Miligramo (mg)	1 g = 1 000 mg

No pesamos igual en la Tierra o en el espacio, aunque nuestra masa es la misma. Peso y masa no son lo mismo. Hablamos del peso de las cosas cuando es realidad nos referimos a su masa.

▶ Podemos convertir unas unidades de longitud en otras con estas operaciones.

kg → × 10 → hg → × 10 → dag → × 10 → g → × 10 → dg → × 10 → cg → × 10 → mg

mg → : 10 → cg → : 10 → dg → : 10 → g → : 10 → dag → : 10 → hg → : 10 → kg

2 Expresa la masa de cada objeto en gramos.

39 cg | 300 dag | 1 mg | 40 000 dg | 2 hg | 102 kg

Aplicamos

> Podemos medir masas muy grandes en **toneladas**. Se escribe **t**.
>
> 1 t = 1 000 kg

3 Cada día recogen 3 000 kg de basura en el pueblo de Erika.

a. ¿Cuánta basura se recoge en una semana? ¿Te parece adecuado medirlo en gramos? ¿Por qué?

b. Si no utilizas el gramo, ¿qué unidad usarías?

c. ¿En cuántos días se recogerán 6 toneladas de basura?

4 Forma en tu cuaderno parejas con una masa total de 1 kg.

200 g | 5 hg | 75 dag

medio kilo | 0,8 kg | cuarto de kilo

> Un kilogramo equivale a 2 medios kilogramos y a 4 cuartos de kilogramo.
>
> $\frac{1}{2}$ kg = 0,5 kg = = 500 g
>
> $\frac{1}{4}$ kg = 0,25 kg = = 250 g

5 Expresa en forma incompleja estas medidas de capacidad.

17 hg 25 g = ◆◆◆ dag

62 dg 49 mg = ◆◆◆ g

32 g 83 cg = ◆◆◆ dg

50 g 304 mg = ◆◆◆ cg

6 Martina prepara una mudanza. Quiere apilar estas cajas para llevarlas en un carrito.

a. ¿Cuál es la masa de cada caja en kilos?

b. ¿Cuántos kilos llevará en el carrito?

c. ¿En qué orden tendrá que apilar las cajas para que no se rompan?

27 hg 50 g | 4 353 g | 9 hg 7 dag

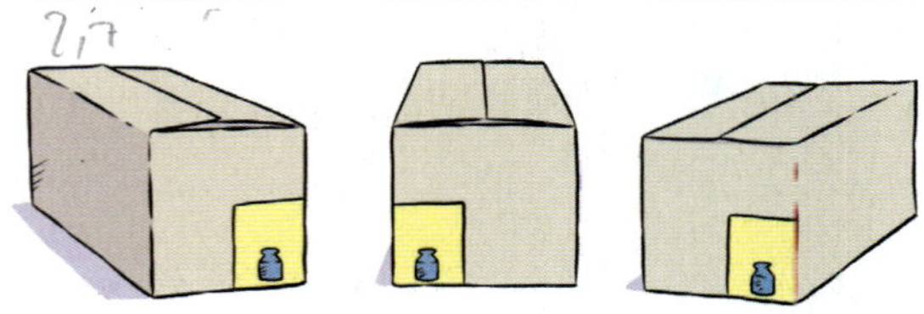

7 Observa estas pesas y di cuál es la masa de cada caja.

$\frac{1}{2}$ kg

$\frac{1}{4}$ kg

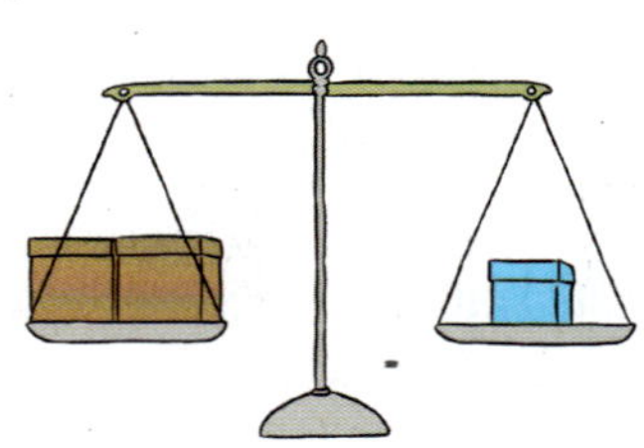

CÁLCULO MENTAL

Estimar multiplicaciones

168 × 3

168 se aproxima a 170.

168 × 3 por aproximación es:

$170 \times 3 = 100 \times 3 + 70 \times 3 = 300 + 210 = 510$

1 Aplica la estrategia anterior y escribe el resultado en tu cuaderno.

193 × 8

193 se aproxima a ◆◆◆.

◆◆◆ × 8 = ◆◆◆ × ◆◆◆ + ◆◆◆ × ◆◆◆ = ◆◆◆ + ◆◆◆ = ◆◆◆

2 Estima y resuelve mentalmente en tu cuaderno.

147×7 232×9

156×9 39×6

72×8 58×7

3 Hemos comprado 8 bolsas de fichas de colores para organizar unos juegos de mesa. En cada bolsa vienen 49 fichas. ¿Cuántas fichas hay aproximadamente en total?

4 En una panadería hacen 178 barras de pan cada día. ¿Cuántas barras de pan hacen aproximadamente en una semana?

GRANDES ESTRATEGAS

PROGRAMA COPER

EL MOSAICO

En la clase de Laura preparan un mosaico para decorar los pasillos. Cada alumno prepara una parte del mosaico como la de la imagen.

La pieza azul mide 10 cm de ancho.

Si en la clase son 24 estudiantes, ¿qué longitud de pasillo pueden decorar?

> Comprender

1. Lee el problema con atención.
2. Responde a las siguientes preguntas:

3. Organiza los datos, relaciones y objetivo del problema.
4. Dibuja un diagrama o un gráfico que explique el problema.

> Pensar

1. En grupos, pensad qué estrategia podéis utilizar para resolver el problema. ¿Por qué la utilizáis?
2. ¿Habías pensado en otra estrategia? ¿Por qué no la habéis elegido?

> Ejecutar

1. Ten en cuenta la información que has recogido y la estrategia que has elegido.
2. Representa la situación del problema en un diagrama.
3. Resuelve el problema. ¿Cuál es la solución?

> Responder

1. Vuelve al problema y comprueba si la solución es válida.
2. Asegúrate de si hay una solución única o hay varias.
3. Lee de nuevo el objetivo y escribe una respuesta.

La longitud del pasillo que pueden decorar es ◆◆◆.

PROBLEMAS

Observa y contesta

Fíjate en los objetos que hay sobre la mesa

1. ¿Qué unidad puedes utilizar para medir las gotas?
2. Quedan las tres cuartas partes del bote de gotas. Si su capacidad es de 100 cL, ¿cuántos mililitros quedan en el bote?
3. Queremos saber cuántos vasos de 150 mL se pueden llenar con una botella de 1,5 L. ¿Podemos dividir 1,5 L entre 150 mL? ¿Por qué?
4. Señala 3 objetos cuya masa es menor de cuarto de kilo.
5. ¿En qué unidad puedes medir la masa de la mesa?

Observa el jardín

6. ¿Qué unidad puedes utilizar para medir la altura del seto?
7. ¿Es apropiado usar milímetros para medir la altura de un árbol o arbusto? ¿Cuál es la unidad más adecuada?
8. ¿Para qué puedes usar los milímetros?

Fíjate en los personajes

9. El nadador mide 1,73 m y el árbol tiene una altura de 17 dm y 3 cm, ¿cuál es más alto?
10. El niño rubio mide 14 dm y 8 cm. ¿Supera el 1,5 m de altura? ¿Cuánto mide en metros?

Utiliza tus estrategias

1 Para llenar una piscina utilizan agua de tres camiones cisterna.

a. ¿Qué camión lleva más agua?

b. La piscina se llenó. ¿Cuántos hectolitros tenía de capacidad?

2 Un elefante pesó 120 kg al nacer. Ahora pesa 8,750 t. ¿Cuántos kilos ha aumentado su peso?

A. 8,630 kg B. 8 630 kg C. 128,750 kg D. 111,25 kg

3 Una jarra contiene 2 L y 50 cL de batido. ¿Cuántos envases de 125 mL han utilizado para llenarla?

4 Inés y José entrenan dando 10 vueltas alrededor de un parque. ¿Cuántos kilómetros recorren entre los dos? ¿Cuántas vueltas deberían dar cada uno para recorrer 2 720 m entre los dos?

5 Julia llena un cubo con 10 cuartos de litro de zumo. ¿Cuántas botellas de medio litro puede llenar con el contenido del cubo?

A. 

B. 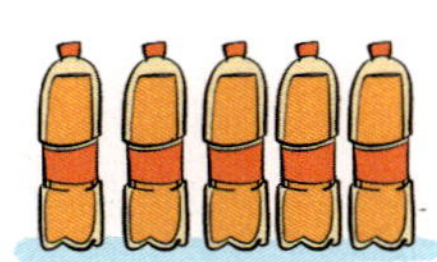

C. 

D. 

Inventa un problema

Observa la imagen e inventa un problema cuya solución sea:

El más viejo mide 3,7 m más que el más joven.

COMPROBAMOS LO APRENDIDO

1 Organiza tus ideas. Copia y completa en tu cuaderno.

Medidas

Longitud
km
◆◆◆
◆◆◆
m
dm
◆◆◆
mm

(: 10 hacia arriba; × 10 hacia abajo)

Compleja: 8 m 16 mm — **Incompleja**: ◆◆◆ mm

◆◆◆
◆◆◆
hL
daL
◆◆◆
◆◆◆
cL
◆◆◆

(: 10 hacia arriba; × 10 hacia abajo)

Compleja: ◆◆◆ hL ◆◆◆ L — **Incompleja**: 274 L

Masa
◆◆◆
◆◆◆
◆◆◆
◆◆◆
◆◆◆
◆◆◆
◆◆◆

(: 10 hacia arriba; × 10 hacia abajo)

Compleja: 1 ◆◆◆ 350 ◆◆◆ — **Incompleja**: 1 350 g

2 ¿Qué unidades puedes utilizar para medir en cada caso?

- La capacidad de una lata de refresco.
- La masa de un niño.
- El largo de una estantería.

3 Observa la masa que indica cada báscula. Exprésala en forma compleja.

4 ¿Cuánto falta para obtener 10 L en total?

5 Si dejamos el grifo abierto durante el cepillado, malgastamos 125 cL de agua. Si te lavas los dientes 3 veces al día, ¿cuántos litros se malgastan diariamente?

6 Álvaro y Amalia participan en una prueba de saltos. ¿Quién avanza más? ¿Cuántos centímetros más?

7 En una cooperativa reparten 7 t de fresas en cajas de cuarto de kilo para venderlas en el mercado. ¿Cuántas cajas de fresas llevan al mercado?

8 Nerea ayuda a su padre a preparar esta receta.

a. ¿De qué ingrediente utiliza más cantidad?

b. Si abrimos un paquete de medio kilo de harina, ¿cuánta nos sobra?

c. ¿Cuántas veces podemos utilizar un sobre de levadura de 16 g para preparar esta receta?

d. ¿Qué masa tiene el postre al mezclar todos los ingredientes?

POSTRE DE CHOCOLATE

12 dag de chocolate
230 g de mantequilla
480 g de harina
0,24 kg de azúcar
1 cg de sal
4 g de levadura

9 Lorena anota en su libreta todos los datos que encuentra sobre dinosaurios.

	Longitud	Altura	Masa
Triceratops	8 m	3 m	10 t
Diplodocus	3,7 dam	0,65 dam	15 000 kg
Tiranosaurio	12 m	4 m	7 t
Velocirraptor	18 dm	50 cm	150 hg
Estegosaurio	90 dm	400 cm	4 500 kg

a. Ordena los dinosaurios de menor a mayor masa.

b. ¿Cuál era el dinosaurio más alto? ¿Y el más largo?

c. El tren AVE mide 200 m. ¿Cuántos triceratops habría que poner en fila para completar esa longitud?

d. ¿Qué diferencia de masa hay entre un velocirraptor y un tiranosaurio?

Mi diario

1 Hoy he comprendido algo nuevo acerca de las unidades de medida, y es que…

2 Aprendo mejor cuando…

3 Elijo una actividad que me ha gustado mucho y explico por qué.

smMasSavia.com | Autoevaluación.

MEJORA TU SALUD

Llevar tu material escolar en una mochila puede ser positivo para tu actividad física diaria. Para que sea así, debes llevarla de manera que no te produzca molestias en la espalda. ¿Quieres saber cómo?

¿Cómo es mi mochila?

PASO 1 Formad equipos Observad qué debemos tener en cuenta en una mochila:

- Respaldo acolchado para adaptarse a la espalda.
- Asa para levantarla del suelo de forma cómoda.
- Correa en la cintura para repartir y sujetar el peso.
- Tirantes regulables, acolchados y con un ancho mínimo de 4 cm.

- ¿Cuánto mide el ancho de los tirantes de vuestras mochilas? ¿Llegan al ancho mínimo? Explicad cómo lo habéis averiguado.
- Comprobad si vuestras mochilas cumplen el resto de las pautas.

PASO 2 Fijaos en el tamaño de mochila recomendado.

- Altura de la mochila menor que la del tronco.
- Poca profundidad para situar la carga cerca del cuerpo. Que no sea mayor que el ancho de los hombros.

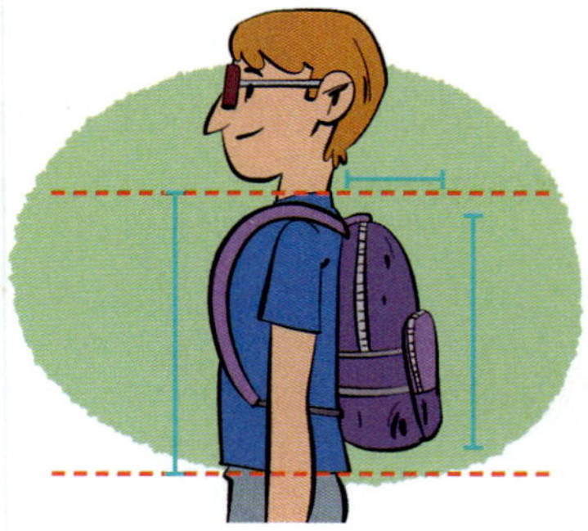

- Medid el tronco y anchura de hombros de cada uno.
- Debatid qué profundidad os parece correcta.
- ¿Qué dimensiones debe tener vuestra mochila? Decidid qué un dades os parecen más adecuadas para expresarlo.

TAREA FINAL

¿Cómo colocamos el peso?

PASO 3 Poned sobre la mesa todo lo que lleváis en la mochila.

- ¿Cómo podéis averiguar cuánto pesa cada objeto?
- Pesadlos y ordenadlos de mayor a menor peso.
- Haced las mochilas con esta pauta:

> Coloca los objetos más pesados cerca de la espalda. Utiliza los distintos compartimentos para los menos pesados.

PASO 4 Leed y calculad cuánto debe pesar vuestra mochila:

- Si sobra peso, ¿qué objetos podéis sacar? ¿Cuánto pesan? Elegid las unidades adecuadas.

> Se recomienda que el peso de tu mochila no supere la décima parte de tu peso.

Probamos la mochila

PASO 5 Por turnos, colocaos la mochila en la espalda.

- Caminad un par de veces la distancia de la actividad 3 de la página 163.
- Los compañeros observan si la mochila está bien colocada, si se mueve, la posición de tu espalda, etc.
- ¿Te ha resultado cómoda? ¿Hay algo que necesites cambiar?
- ¿Qué han visto tus compañeros?

Entre todos encontrad propuestas para llevar la mochila de forma saludable.

Mi diario

1. ¿Qué me ha sorprendido más de lo aprendido en esta tarea? Explico de qué manera lo puedo utilizar fuera del colegio.
2. ¿Qué parte de la tarea me ha parecido más entretenida? Explico por qué.

Geometría

Unidad 10
Rectas y ángulos. Movimientos en el plano

Unidad 11
Figuras planas

Unidad 12
Cuerpos geométricos

TAREA FINAL
Mejora tu convivencia en clase

1 Trabajo en equipo

- ¿Qué deportes de equipo conoces? ¿Prefieres deportes de equipo o individuales? ¿Por qué?
- ¿Qué es lo que más valoras de un equipo?

2 ¡Sabes más de lo que crees!

- Observa la imagen. ¿Qué tipo de ángulo forman los brazos con el cuerpo de la jugadora que lanza el balón?
- ¿Dónde puedes ver triángulos?
- ¿En qué zonas del campo de baloncesto hay circunferencias? ¿Y cuadriláteros?
- ¿Qué forma tiene la fuente? ¿Y el balón?

3 Sigue haciéndote preguntas

- ¿Puedes encontrar algún semicírculo?
- Explica para qué sirve la pizarra de la entrenadora.

TAREA FINAL

Mejora tu convivencia en clase

Aprende estrategias para trabajar en equipo.

10

Rectas y ángulos. Movimientos en el plano

En esta unidad vamos a:

Identificar líneas rectas, semirrectas y segmentos.

¿Se cortan las líneas azul y roja?

Reconocer los ángulos y clasificarlos.

Ordena estos ángulos de menor a mayor amplitud.

Reconocer las simetrías.

¿Qué tipo de simetría tienen estas figuras?

Trabajar las traslaciones y los giros.

¿Cuáles de estos dibujos representan un giro?

Trabajar los movimientos en el plano.

¿Qué pasos tiene que seguir Luca?

smMasSavia.com

Lo que ya sé.

Nos activamos

1 Copia en tu cuaderno estos puntos.

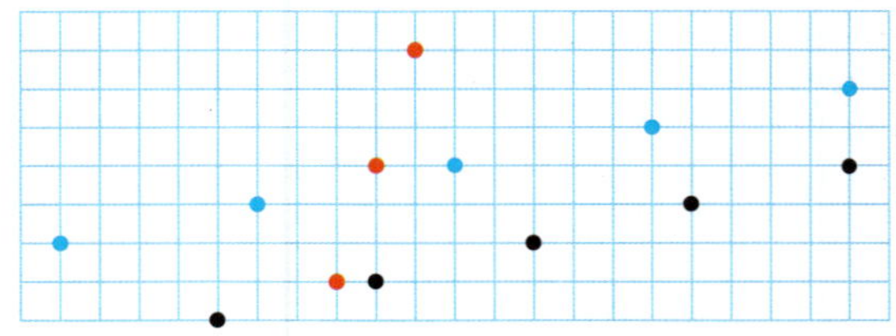

Traza una línea recta con una regla uniendo los puntos azules con un rotulador de color azul. Después, haz lo mismo con los puntos rojos y con los puntos negros.

a. ¿Cuántas líneas hay?

b. ¿Se cortan las líneas azul y roja? ¿Y las líneas azul y negra? ¿Y las líneas roja y negra?

c. Dibuja una línea recta de color verde que corte a la línea negra, pero que no corte a la línea azul. Compara tu dibujo con el de tu compañero.

Comprendemos

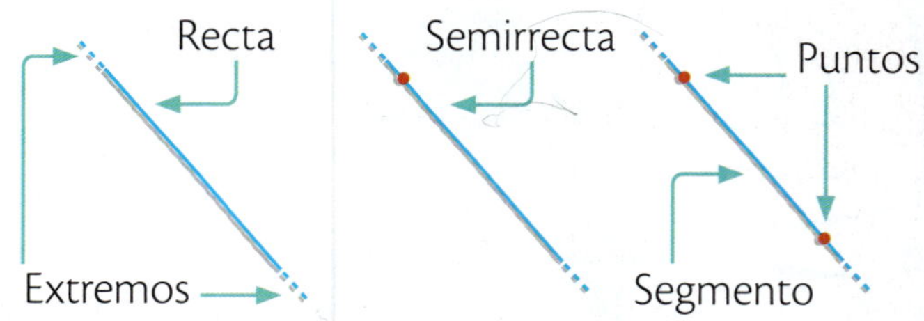

- Una **recta** no tiene principio ni fin.
- Un punto divide una recta en dos partes. Cada parte se llama **semirrecta**.
- Un **segmento** es la parte de una recta limitada por dos puntos.

2 **¿Qué tipos de líneas reconoces?**

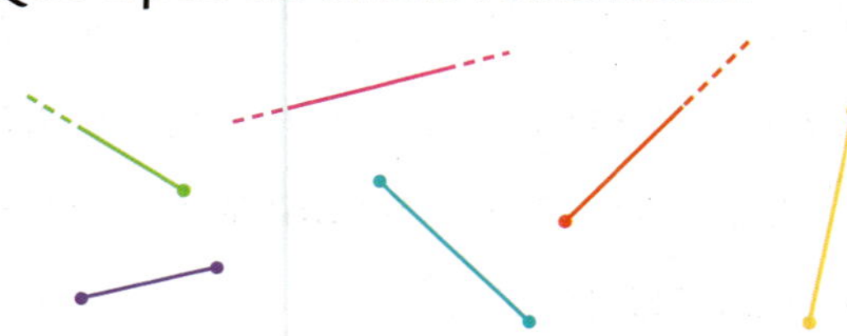

▶ Dos rectas entre sí pueden ser:

- **Paralelas**: nunca se cortan.

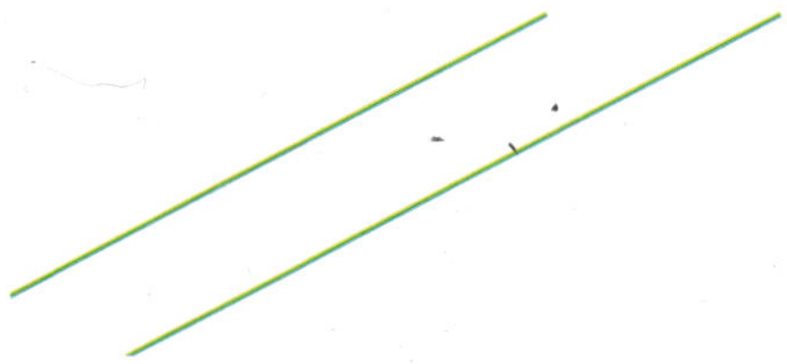

- **Secantes**: se cortan en un punto.

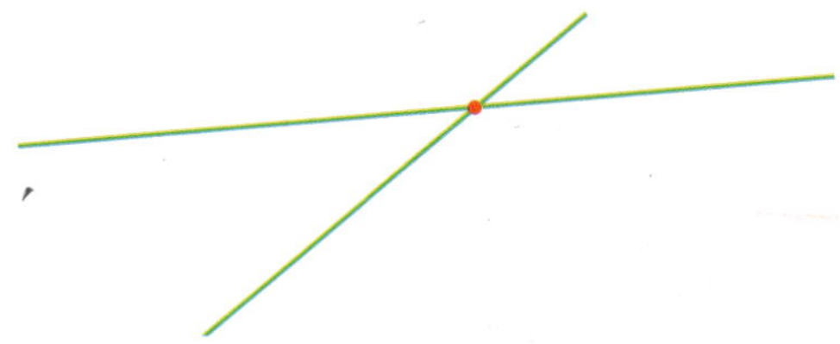

3 **Escribe en tu cuaderno cómo son entre sí las siguientes rectas.**

a. Naranja y verde
b. Naranja y marrón
c. Verde y marrón

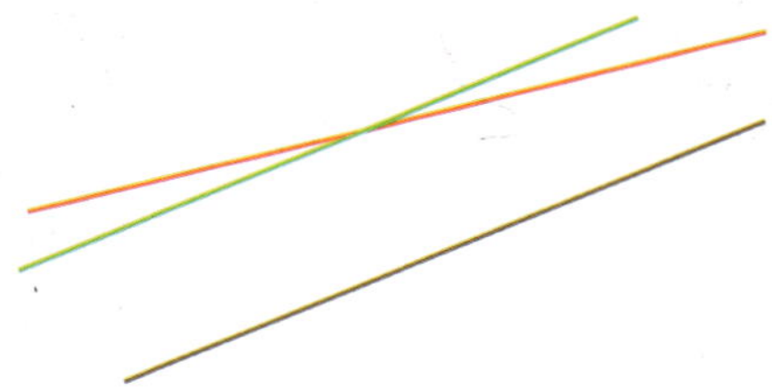

Estas dos rectas son secantes porque si se prolongan se cortarán.

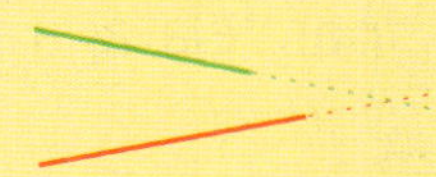

Aplicamos

4 Observa estas vocales y completa en tu cuaderno.

a. Las líneas azules son ◆◆◆.
b. La línea comprendida entre los dos puntos rojos se llama ◆◆◆.
c. Las líneas marrones son ◆◆◆ entre sí.
d. La línea amarilla es ◆◆◆ a las líneas marrones.

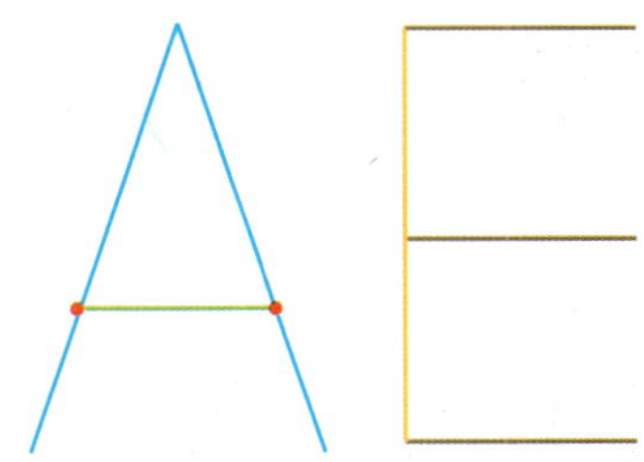

I G **5** Dibuja siguiendo los pasos.

- Traza una línea recta y llámala *r*.
- Traza una recta paralela a *r* y llámala *p*.
- Traza una recta secante a *r* y *p* y llámala *s*.
- Traza una paralela a *s* y llámala *u*.
- Marca los puntos donde se cortan las rectas.

Colorea la figura que se ha formado limitada por las rectas.

Utiliza una regla y un cartabón para dibujar dos rectas paralelas.

6 ¿Son ciertas estas afirmaciones? Corrige las que no lo son.

a. En un cruce, los caminos son paralelos.
b. Las calles de una piscina son secantes.
c. Tres rectas secantes solo se cortan en un punto.
d. Cinco rectas paralelas pueden formar un pentágono.

Nos activamos

1 Fíjate en la imagen de la derecha.

- ¿Cómo son las rectas entre sí?
- Con ayuda de una regla y un cartabón dibújalas en tu cuaderno.

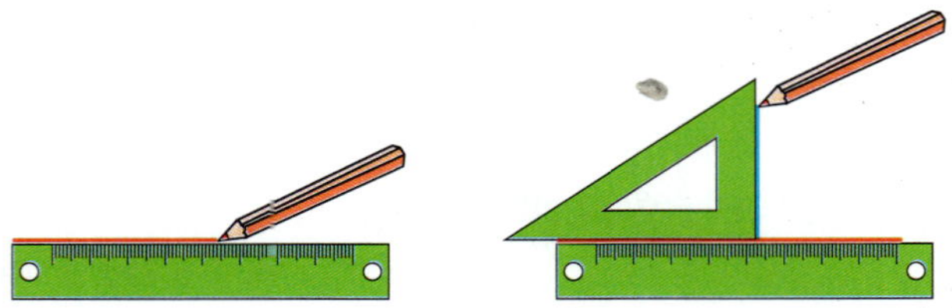

- Traza una recta paralela a la recta roja. Después, dibuja una recta paralela a la recta azul. Cuando se cortan las rectas, ¿qué figura se forma?

Comprendemos

Dos rectas secantes forman cuatro regiones llamadas **ángulos**.

Si las cuatro regiones son iguales, las rectas son **perpendiculares**.

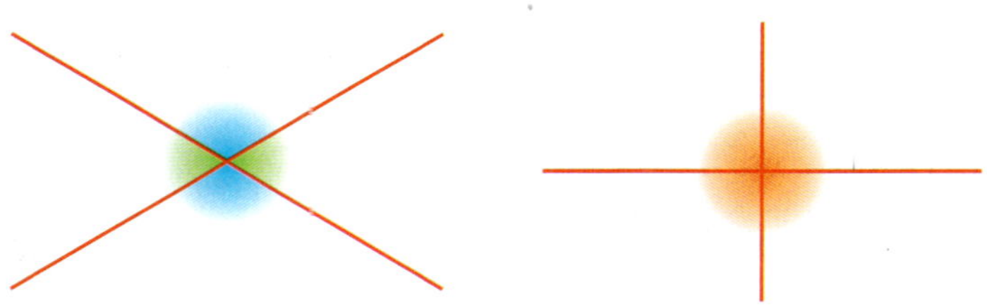

Rectas perpendiculares

Las partes de un ángulo son:

- Los **lados** son las partes de la recta que limitan el ángulo.
- El **vértice** es el punto donde se cortan las rectas.
- La **amplitud** es la abertura entre los lados del ángulo. Se mide en grados.

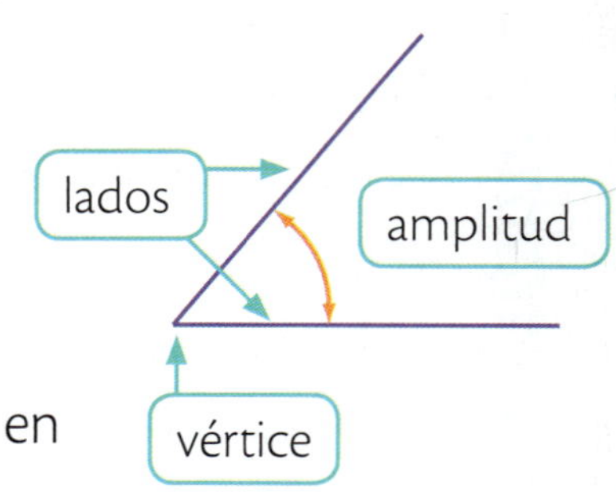

2 Copia el reloj en tu cuaderno. Después, señala las partes del ángulo.

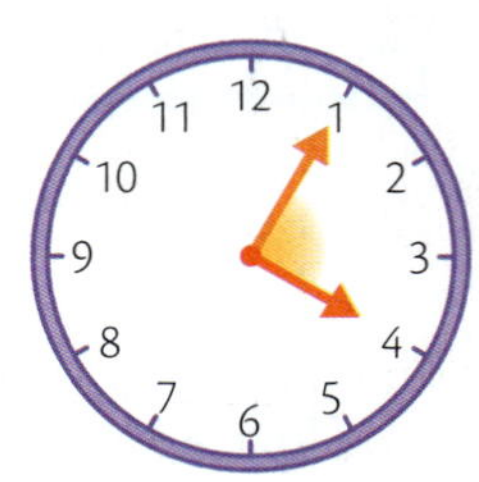

3 Escribe en tu cuaderno qué rectas son perpendiculares.

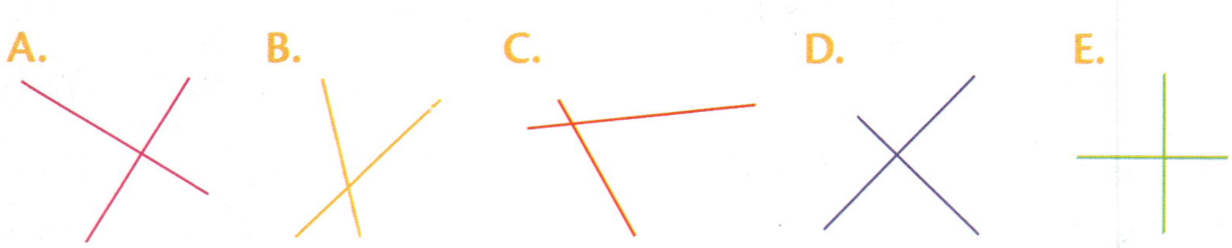

▸ Para medir ángulos podemos usar un transportador:

1.° Coloca el transportador con el centro en el vértice del ángulo y uno de los lados pasando por el 0°.

2.° El otro lado muestra los grados que mide el ángulo.

4 **Fíjate en los siguientes ángulos. A continuación, escribe en tu cuaderno cuánto mide cada uno.**

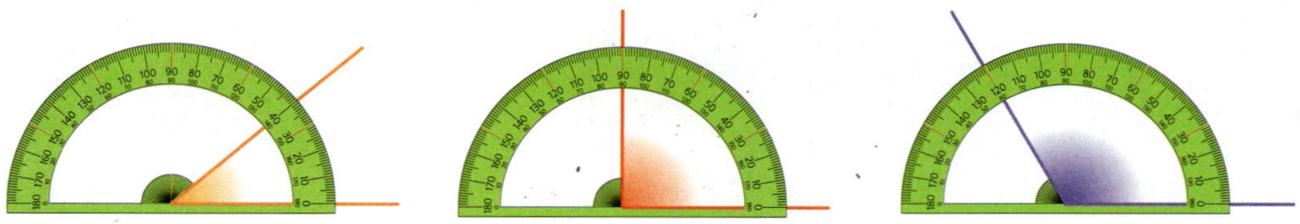

Aplicamos

5 Ordena estos ángulos de menor a mayor amplitud.

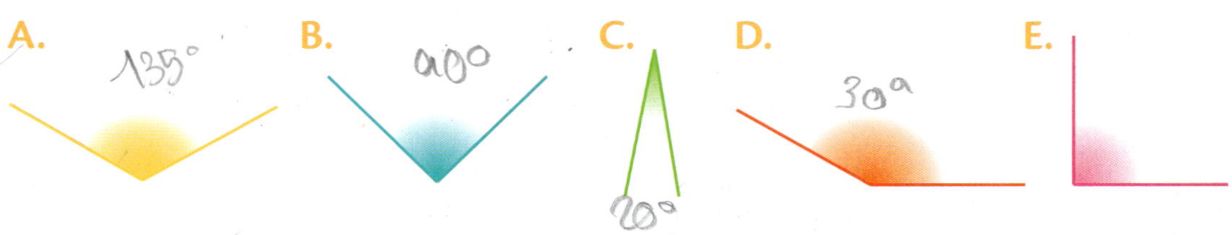

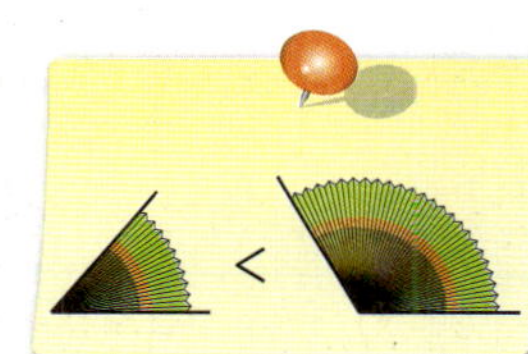

6 Dibuja en tu cuaderno dos rectas secantes. Después, colorea del mismo color los ángulos que tienen la misma amplitud.

7 Escribe tu nombre en mayúsculas de forma que todas las letras formen ángulos.

- ¿Qué letra o letras tienen rectas perpendiculares?

G I **8** Carla tiene que empujar un armario para subirlo por la rampa de acceso al portal.

- ¿En qué caso costará menos? ¿Por qué?

9 **REFLEXIONAMOS.** ¿Por qué crees que en los lugares donde llueve o nieva mucho se construyen así los tejados?

Nos activamos

1 Vamos a construir un círculo de ángulos con platos.

1.º Utiliza dos platos como estos.

2.º Corta cada plato como en la imagen y encájalos.

3.º Desliza uno de los platos y construye ángulos de distinta amplitud.

- Señalad en vuestro círculo de ángulos los elementos de un ángulo.
- ¿Cuántos ángulos se forman?
- Jugad a formar ángulos de distintas amplitudes. ¿Quién ha formado el ángulo mayor? ¿Y el menor?

Comprendemos

▶ Según su amplitud, un ángulo puede ser:

Recto: mide 90º.

Agudo: mide menos de 90º.

Obtuso: mide más de 90º.

Llano: mide 180º.

Completo: mide 360º.

2 **¿Qué tipo de ángulo son? Clasifícalos según su amplitud en rectos, agudos, obtusos, llanos y completos.**

a. 

b. 

c. 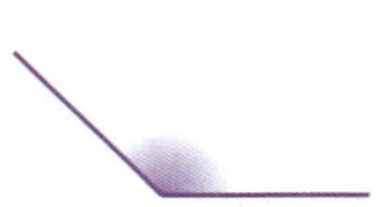

d. 

e. 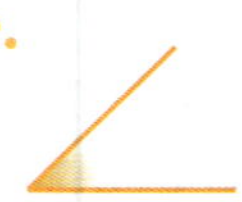

▸ Según su posición, dos ángulos pueden ser:

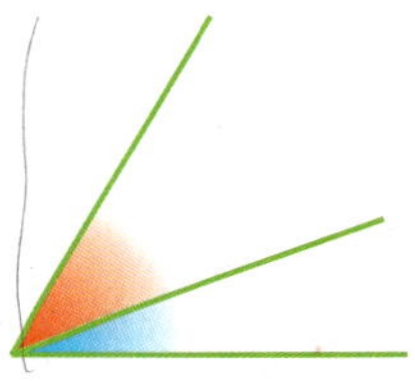

Consecutivos: tienen un vértice y un lado en común.

Adyacentes: son ángulos consecutivos que además forman un ángulo llano.

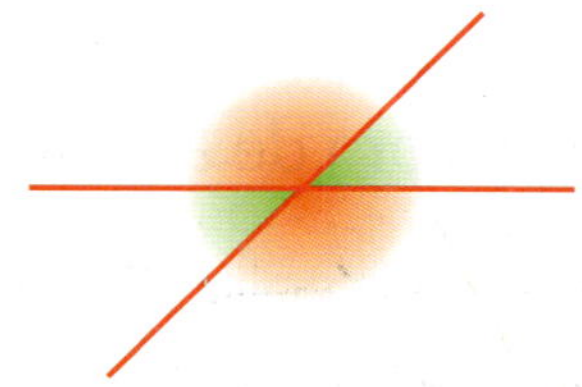

Opuestos por el vértice: tienen un vértice en común y los lados de uno son la prolongación de los lados del otro.

3 **Clasifica estos ángulos en consecutivos, adyacentes u opuestos por el vértice.**

a.

b.

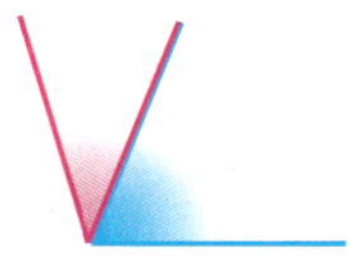

c.

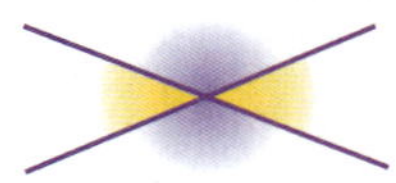

Aplicamos

4 smMasSavia.com | Trabaja con los ángulos.

5 ¿Cuánto miden los ángulos a, b y c? Dibújalos en tu cuaderno.

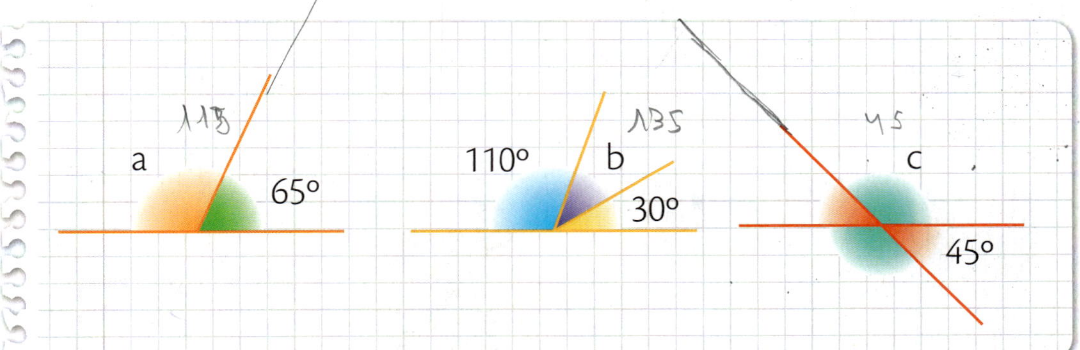

- Clasifica cada ángulo según su amplitud.

6 ¿Cuáles de las siguientes afirmaciones son correctas?

A. Dos ángulos agudos consecutivos siempre forman uno recto.

B. Dos ángulos rectos consecutivos forman uno llano.

C. Dos ángulos llanos consecutivos siempre forman uno completo.

D. Un ángulo recto es la mitad de uno completo.

E. Cuatro ángulos rectos consecutivos forman uno completo.

Nos activamos

1 Utiliza tu libro de espejos para ver estas figuras completas.

- ¿Dónde has colocado el libro de espejos en cada caso?
- ¿Cómo lo has colocado? ¿Qué figuras has formado?
- ¿Qué observas si separas el libro de espejos de cada figura?

Comprendemos

Una figura es **simétrica** si al doblarla por su **eje de simetría** coinciden las dos partes.

Dos figuras son **simétricas** si al doblar por el **eje de simetría** coinciden las dos.

Cuando nos miramos al espejo se trata de una **simetría especular**.

La simetría respecto a un eje se llama **simetría axial**.

2 **¿Cuáles de estas figuras son simétricas?**

A.

B.
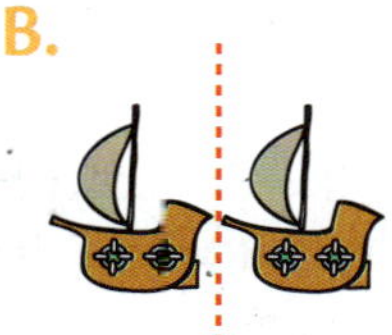

C.

D.
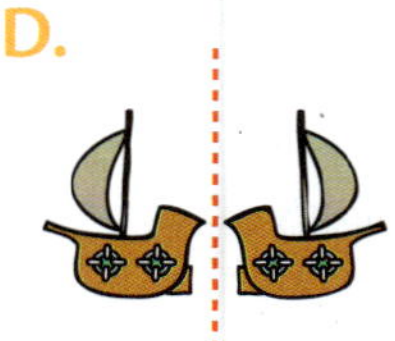

- En una **traslación**, los puntos de una figura se desplazan la misma distancia en el mismo sentido.

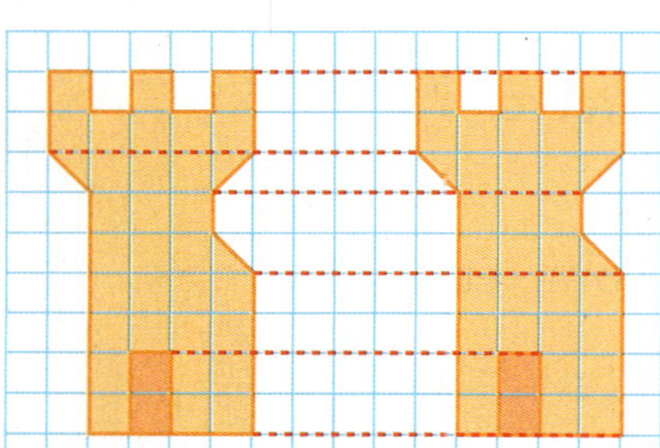

- En un **giro**, los lados de una figura se desplazan recorriendo el mismo ángulo en el mismo sentido.

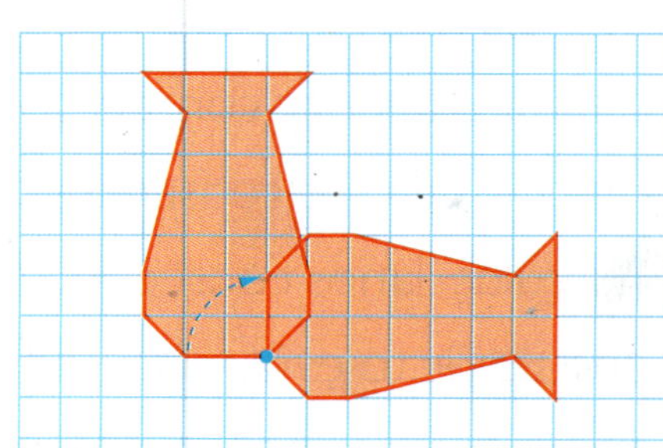

3 ¿Cuáles de estos dibujos representan una traslación y cuáles representan un giro?

A. B. C. D.

Aplicamos

4 Juega con tu compañero a hacer coincidir los puntos.

1.º Coged un folio cada uno y dobladlo por la mitad para marcar el eje de simetría. Estiradlo de nuevo y haced varias marcas de uno de los lados.

2.º Intercambiad vuestras hojas y tratad de situar las marcas simétricas en la mitad que está en blanco.

3.º Dobla el papel y repasa las marcas por detrás. Al estirar el folio podrás comprobar tu puntería.

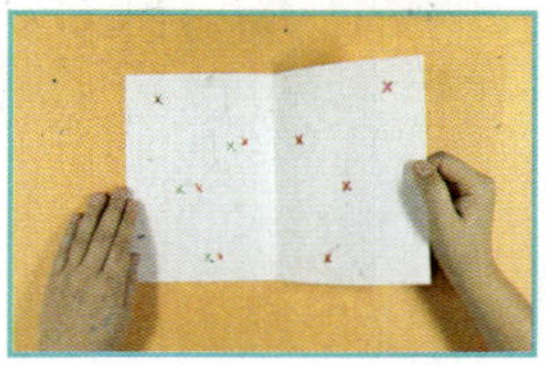

- ¿En qué te has fijado para colocar los puntos simétricos en el paso 2? Compara tu respuesta con tu compañero.

5 Leo ha dibujado la mitad de una figura simétrica.

a. ¿Qué representa la línea por la que se dobla el papel?

b. ¿Cuántos ejes de simetría tendrá la figura completa?

6 Observa la siguiente figura.

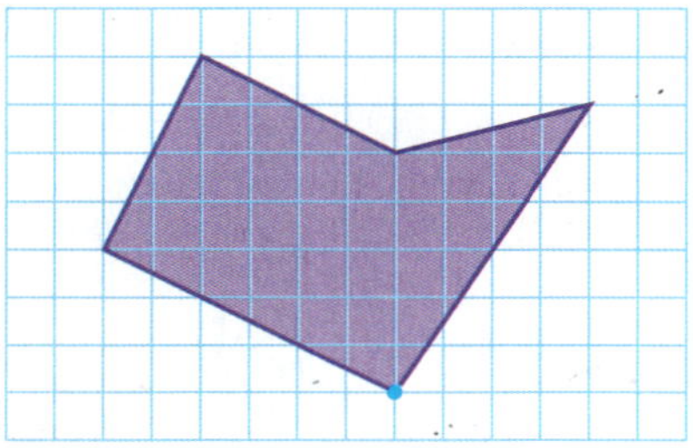

a. ¿Es simétrica?

b. Cópiala en tu cuaderno y trasládala 5 cuadraditos a la derecha.

c. Después, gírala 180° en el sentido de las agujas del reloj.

Sentido de las agujas del reloj

Sentido contrario a las agujas del reloj

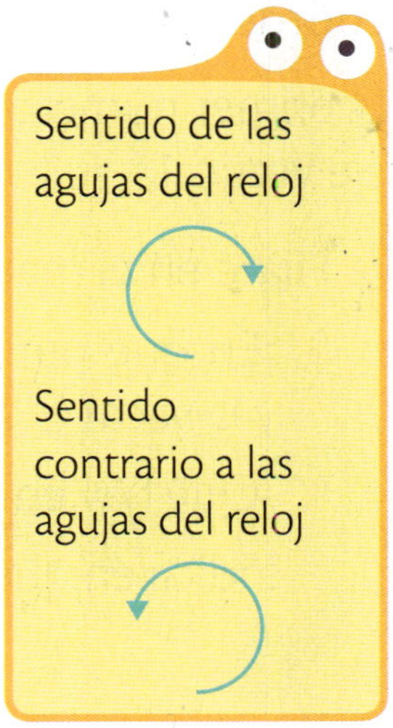

Nos activamos

1 Fíjate en el plano.

- Ana dice que vive en el cruce de la calle B con la calle 3, y lo ha escrito así: (B, 3).
- ¿En qué cruce vive Juan? Indícalo de la misma forma que Ana.
- Belén dice que ella vive en el cruce (A, 2). Copia en tu cuaderno el plano. Después, señala la casa de Belén.

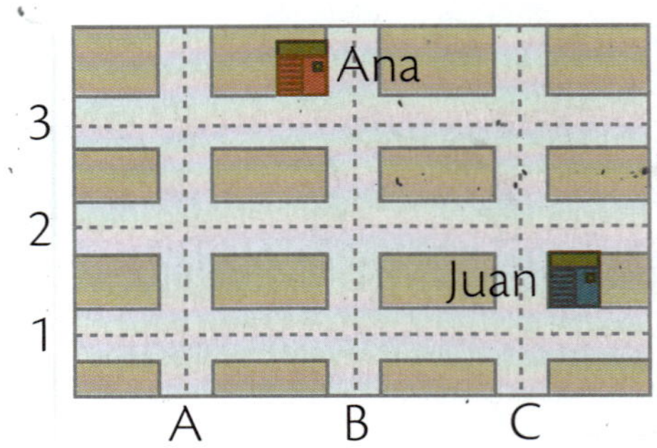

Comprendemos

Para representar puntos en el plano se utiliza el sistema de coordenadas cartesianas.

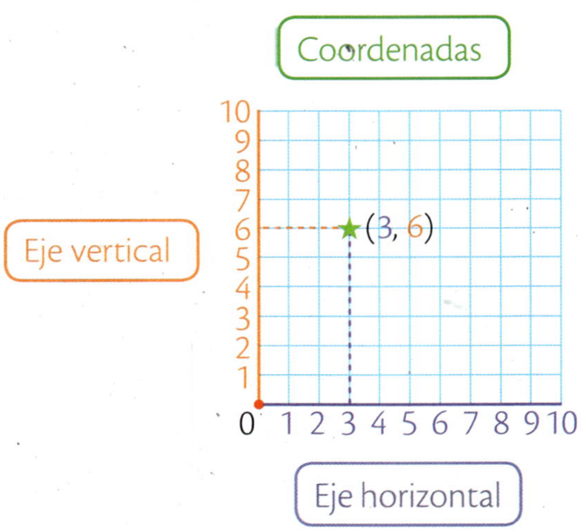

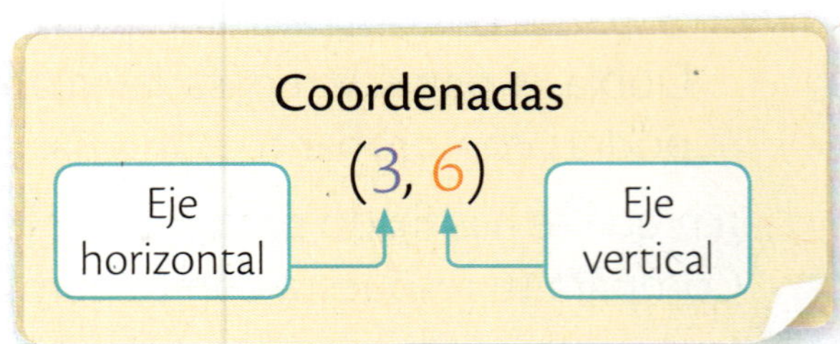

Los puntos del plano se representan con dos números que llamamos **coordenadas**.

El primer número corresponde siempre al eje horizontal y el segundo al eje vertical.

smMasSavia.com
Trabaja con las coordenadas.

2 **Fíjate en el mapa de la granja y responde.**

a. ¿En qué punto se encuentran el árbol, el conejo y la vaca?

b. ¿Qué hay en las coordenadas (10, 2)?

c. Indica en qué coordenadas está la fuente.

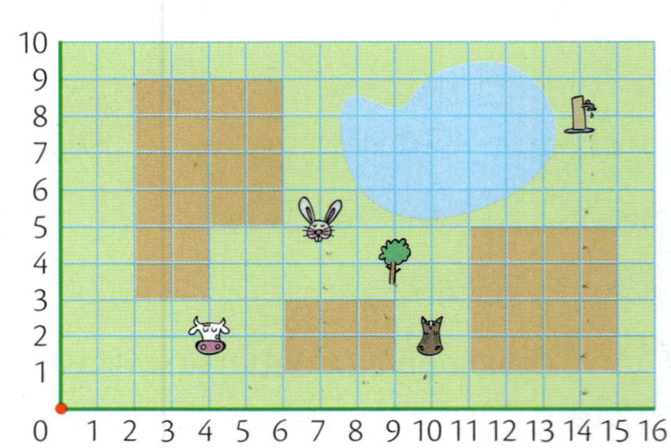

Aplicamos

3 Dibuja un eje de coordenadas de 8 × 8. Representa los puntos (4, 1), (2, 4) y (8, 7) en un plano.

Traza líneas para unir los puntos. ¿Qué figura obtienes?

4 Copia las siguientes figuras en tu cuaderno. ¿Qué coordenadas tienen los vértices?

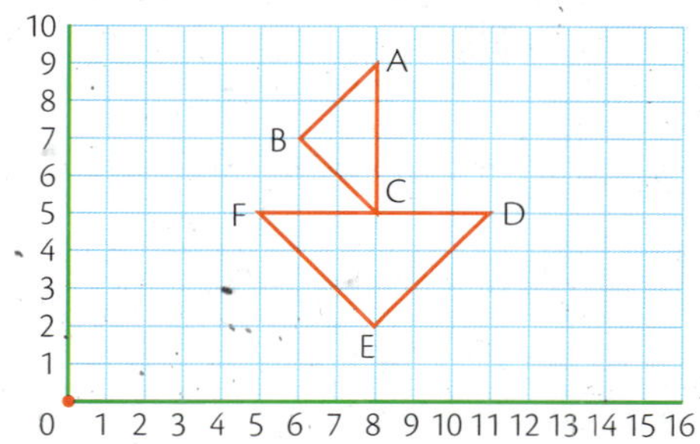

5 Dibuja en tu cuaderno un sistema de coordenadas cartesianas. Después, dibuja sobre él un cuadrado tan grande como quieras.
Escribe las coordenadas de sus vértices. ¿Qué observas?

6 Tres amigos coinciden en una función de teatro. Dibuja en tu cuaderno el patio de butacas. Señala después dónde se sienta cada uno. ¿Se sentarán juntos?

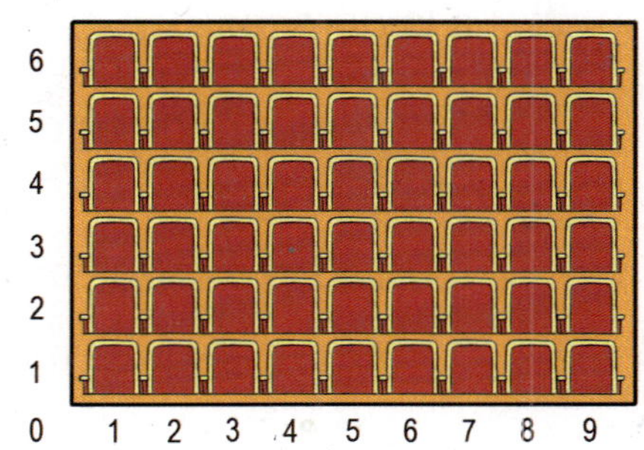

7 Marcos y su familia están de acampada en la montaña y quieren hacer una excursión por los alrededores.

a. ¿En qué punto está la familia de Marcos?

b. ¿Qué localidad está más cerca de la montaña, Covas o Belinde?

c. Escribe las coordenadas de dos puntos que tengan la misma coordenada horizontal.

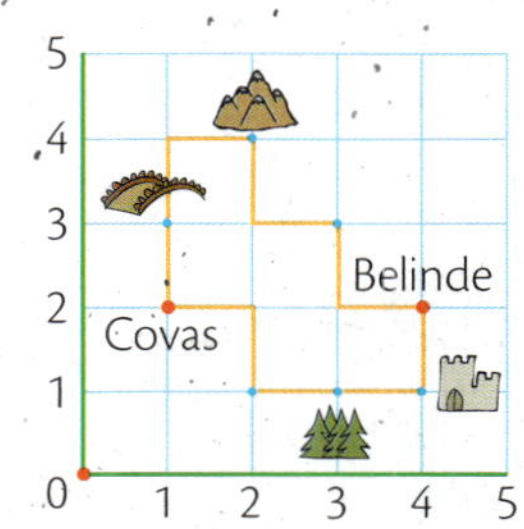

8 La constelación Osa Mayor en un conjunto de 7 estrellas. También recibe el nombre de "el Carro Mayor" por la forma que dibujan las estrellas. Dibuja la Osa Mayor en tu cuaderno con las coordenadas de sus estrellas:

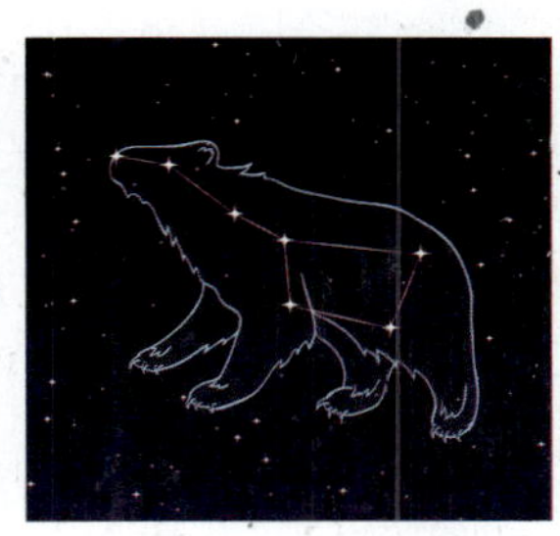

(1, 11) (6, 12) (9, 9) (13, 6) (23, 6) (14, 2) (22, 1)

Nota: Dibuja un eje de coordenadas de 23 × 14.

Nos activamos

1 1.º Dibuja en tu cuaderno una cuadrícula como la de la derecha.

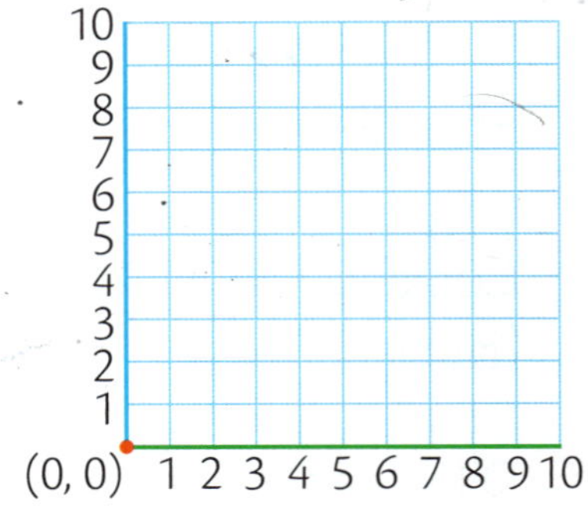

2.º Por parejas, inventad 10 preguntas que se respondan con SÍ, NO o NO SÉ. Por ejemplo:

- ¿Matemáticas es tu asignatura favorita? SÍ
- ¿Has copiado alguna vez a algún compañero? NO
- ¿Ganará España el próximo mundial? NO SÉ

3.º Situaros en el punto (0, 0) sobre la cuadrícula y responded individualmente a las preguntas en orden.

- Si la respuesta es SÍ, avanza 1 unidad sobre el eje horizontal. →
- Si la respuesta es NO, avanza 1 unidad sobre el eje vertical. ↑
- Si la respuesta es NO SÉ, desplázate diagonalmente arriba y a la derecha. ↗

4.º Mira el dibujo de tu compañero y averigua qué ha respondido a cada pregunta.

¡No olvides que su camino es tan bueno como el tuyo!

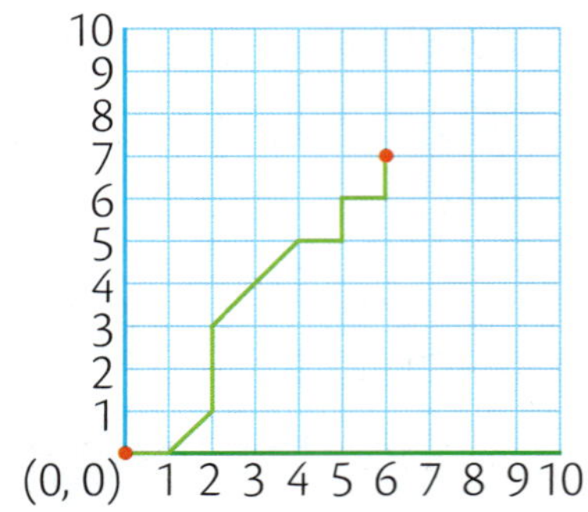

Comprendemos

La orientación espacial nos sirve para situarnos y movernos en un croquis, un plano o un mapa.

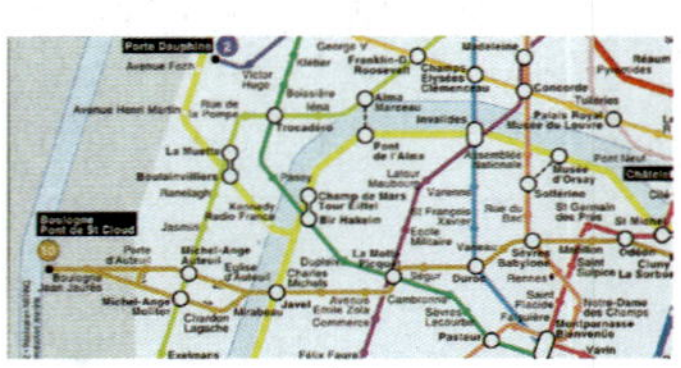

Croquis

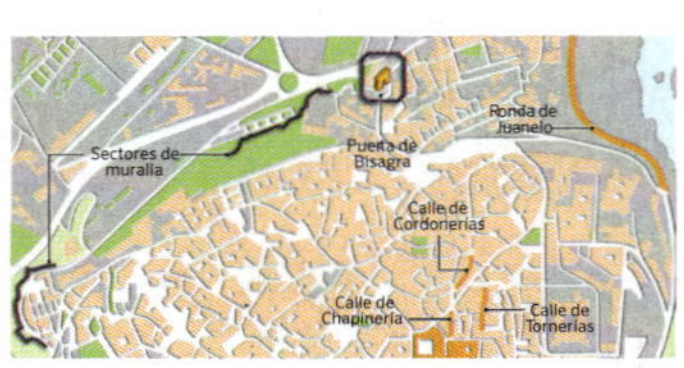

Plano

Mapa

2 **Escribe alguna forma sencilla de dar instrucciones para moveros por el plano.**

Ejemplo ▸

derecha, izquierda, arriba, abajo.

3 Fíjate en el dibujo que hiciste en la actividad 1. Escribe las instrucciones que debes dar a un compañero para que dibuje el mismo camino que tú.

Aplicamos

4 Lorena y Ramiro están practicando **geocaching** y buscan un tesoro. ¿Qué pasos tienen que seguir para encontrarlo?

Geocaching: actividad de esconder y buscar "tesoros" en cualquier lugar con ayuda de un GPS.

I G 5 Sara ha hecho un croquis para indicar a sus amigos cómo llegar a su fiesta de cumpleaños.

a. ¿Qué pasos tiene que seguir Laia para llegar hasta el cumpleaños?

b. ¿Qué pasos tiene que seguir Luca si pasa primero por casa de Martín?

c. Cuando termina el cumpleaños, Sara acompaña a sus amigos a volver a casa. ¿Cuál es el camino más rápido para dejar a cada uno en su casa?

d. ¿Qué mapa se corresponde con el croquis de Sara?

e. Dibuja el croquis de Sara en tu cuaderno. Con la ayuda de las siguientes pistas, escribe el nombre de las calles.

- La calle de Laia se llama Venus y es secante a la calle Saturno y a la calle Neptuno.
- Luca no vive en la calle Saturno.
- Júpiter es la calle donde se celebra la fiesta y es paralela a la calle Marte.
- Para ir desde la casa de Sara hasta la fiesta hay que pasar por todas las calles menos por Marte y Mercurio.

Nos activamos

1 Pregunta en tu clase qué estación del año es la favorita de cada alumno. Con los datos obtenidos, rellena la siguiente tabla.

	Primavera	Verano	Otoño	Invierno
N.º alumnos	◆◆◆ 2	16 ◆◆◆	◆◆◆ 0	◆◆◆ 1

- Escribe en tu cuaderno las cuatro estaciones del año. Colorea tantos cuadraditos como a alumnos les guste esa estación. ¿Cuál es la estación que más gusta en tu clase? ¿Y la que menos?

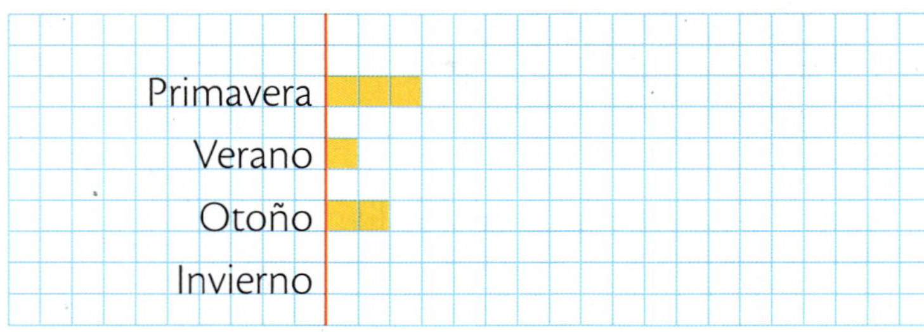

Comprendemos

Para visualizar la información que hemos recogido, podemos dibujar un gráfico de barras o su polígono de frecuencias asociado.

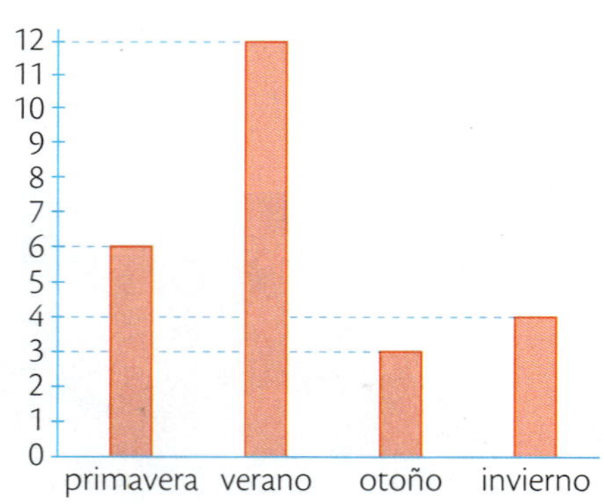

Gráfico de barras

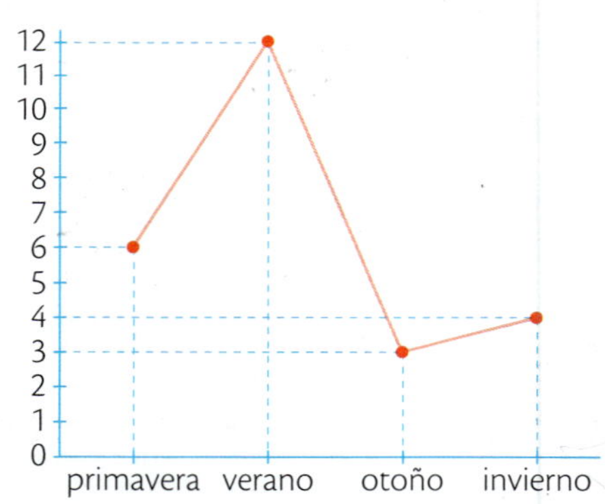

Polígono de frecuencias

2 **Fíjate en los gráficos de arriba.**

a. ¿Qué estación es la favorita? ¿Y cuál es la que menos gusta?

b. ¿A cuántos alumnos les gusta el otoño? ¿Y el verano?

c. ¿A cuántos alumnos han preguntado en total?

3 **Construye un gráfico de barras y su polígono de frecuencias con los datos que habéis obtenido en clase en la actividad 1.**

Aplicamos

4 Observa los gráficos, completa la tabla y responde.

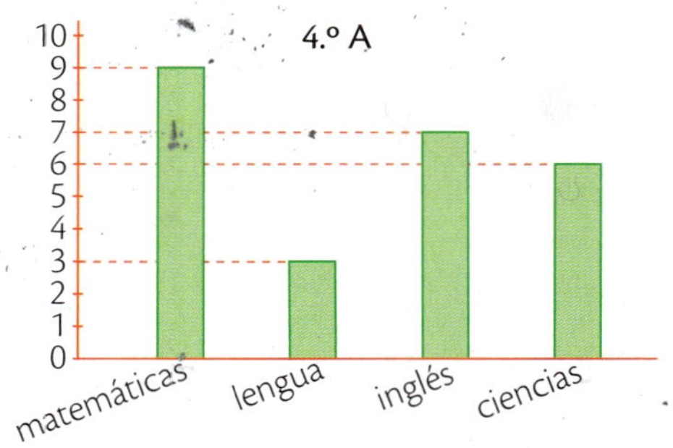

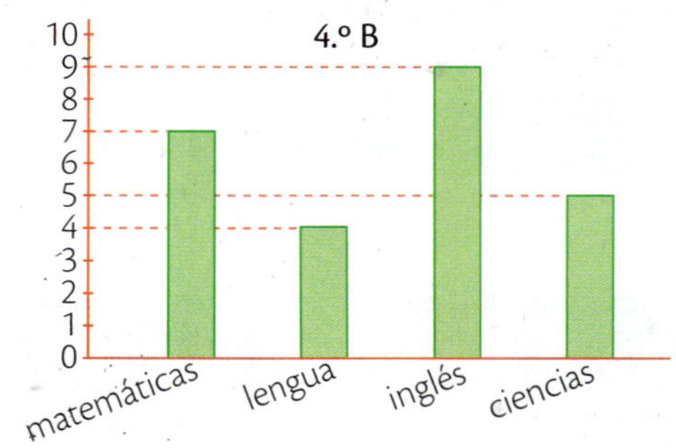

	Matemáticas	Lengua	Inglés	Ciencias
4.º A	◆◆◆	◆◆◆	◆◆◆	◆◆◆
4.º B	◆◆◆	◆◆◆	◆◆◆	◆◆◆

a. ¿Cuántos alumnos hay en 4.º A? ¿Y en 4.º B?

b. ¿Cuál es la asignatura preferida de 4.º A? ¿Y de 4.º B?

c. ¿Cuál es la asignatura preferida por los alumnos?

5 En la siguiente tabla aparecen los pasajeros que han volado hoy a los diferentes destinos.

	Lisboa	París	Roma	Berlín	Londres
Aerolínea Fly	0	125	210	80	320
Aerolínea Air	90	250	0	110	110

a. ¿Cuál es el destino más visitado? ¿Y el que menos?

b. ¿Cuál es la aerolínea más utilizada?

c. Indica cuál de los siguientes gráficos de barras se corresponde con la tabla.

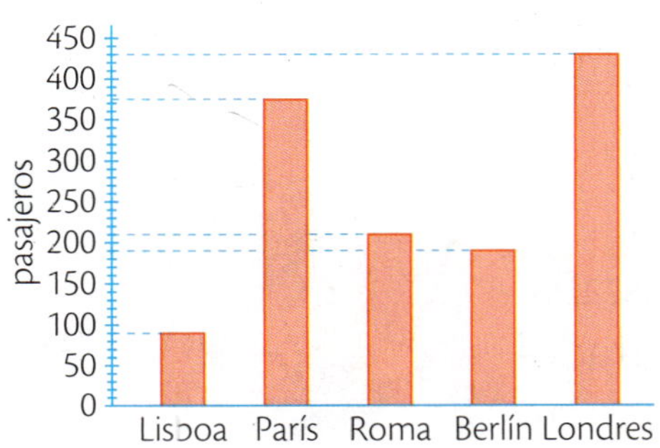

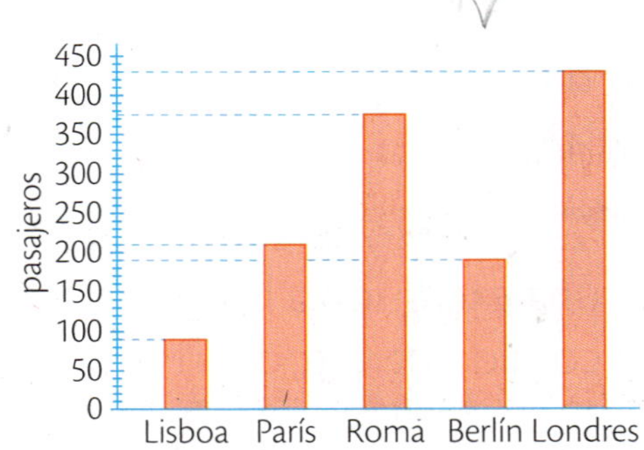

d. Dibuja en tu cuaderno el polígono de frecuencias.

CÁLCULO MENTAL

Mitad de números pares hasta 4 cifras

Mitad de 248

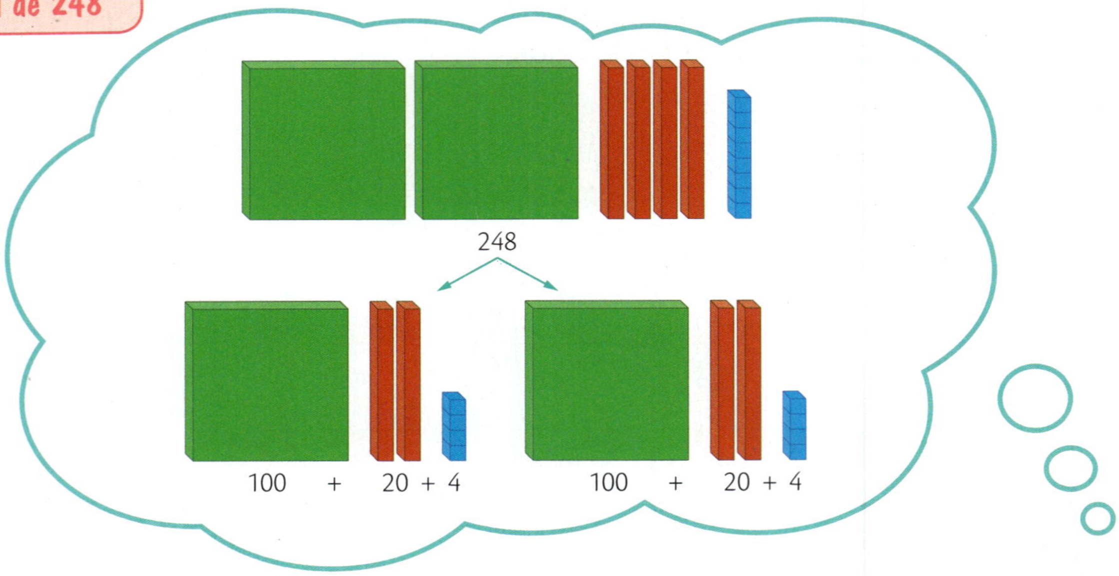

1 Resuelve mentalmente y completa en tu cuaderno.

La mitad de 288 es ◆◆◆.	La mitad de 806 es ◆◆◆.
La mitad de 264 es ◆◆◆.	La mitad de 426 es ◆◆◆.
La mitad de 442 es ◆◆◆.	La mitad de 684 es ◆◆◆.
La mitad de 622 es ◆◆◆.	La mitad de 820 es ◆◆◆.

2 Mañana vendrá a comer a casa mi tío y vamos a preparar un puré de verduras. Hemos encontrado la receta para 8 personas, pero solo somos 4. Por eso, tenemos que utilizar la mitad de cada ingrediente. ¿Qué cantidad de cada ingrediente tenemos que utilizar?

Ingredientes para puré de verduras:
- 226 g de zanahorias
- 420 g de calabacín
- 284 g de calabaza
- 408 g de patata

3 En clase íbamos a hacer una excursión a la montaña que costaba 648 € con transporte y comida para todos. Hemos encontrado una empresa que nos cobra solo la mitad. ¿Cuánto cuesta ahora?

GRANDES ESTRATEGAS

PROGRAMA COPER

EL TRABAJO DE CARLA

Carla tiene 28 imágenes de animales en peligro de extinción. Con ellos va a hacer un trabajo de Ciencias Naturales. Tiene 9 hojas para colocarlas.

En unas hojas pondrá dos imágenes y un texto y en otras hojas pondrá cuatro imágenes.

¿Cuántas hojas con cuatro imágenes tendrá el trabajo de Carla?

> COMPRENDER

1. Lee el problema atentamente.
2. Responde a las siguientes preguntas:

a. ¿Cuántas imágenes hay en total?
b. ¿En cuántas hojas tengo que colocarlas?

3. Organiza los datos, relaciones y objetivo del problema.
4. Dibuja un diagrama o un gráfico que explique el problema.

> PENSAR

1. En grupos, pensad qué estrategia podéis utilizar para resolver el problema. ¿Por qué la utilizáis?
2. ¿Habías pensado en otra estrategia? ¿Por qué no la habéis elegido?

> EJECUTAR

1. Ten en cuenta la información que has recogido y la estrategia que has elegido.
2. Representa la situación del problema en un diagrama.
3. Resuelve el problema. ¿Cuál es la solución?

> RESPONDER

1. Vuelve al problema y comprueba si la solución es válida.
2. Asegúrate de si hay una solución única o hay varias.
3. Lee de nuevo el objetivo y escribe una respuesta.

El trabajo de Carla tendrá ◆◆◆ hojas con 4 imágenes.

PROBLEMAS

Observa y contesta

OBSERVA LAS RAMPAS

1. ¿Cuál de las 4 rampas tiene menor longitud?
2. ¿A quién crees que le costará menos esfuerzo subir? ¿Por qué?
3. ¿Crees que el trabajador número 1 será capaz de subir la rampa? ¿Por qué?
4. ¿Cuántos grados crees que mide el ángulo de la rampa 1?
5. ¿Tú cuál elegirías para subir? ¿Por qué?
6. ¿Por qué la rampa 4 es tan larga?
7. ¿Qué relación hay entre la amplitud del ángulo de la rampa con la facilidad para subir?
8. ¿Crees que sería importante incluir rampas en ciertos lugares de tu localidad para facilitar la accesibilidad de personas con movilidad reducida o de personas que, como en este caso, tienen que transportar mucho peso? ¿Por qué?

FÍJATE EN LAS CARRETILLAS

9. ¿Cuántas barras tiene la carretilla del trabajador 1?
10. ¿Cómo son entre sí las barras?

FÍJATE EN LOS CARTELES DE LAS PUERTAS

11. ¿Qué observas en los símbolos de las puertas de cada tienda?
12. ¿Qué relación encuentras entre las camisetas de los trabajadores y el símbolo de cada tienda?

Utiliza tus estrategias

1 Fíjate en el plano de metro.

a. ¿Con qué elemento se representan las estaciones?

b. ¿Cómo son los ángulos que forman las líneas azul y malva en Plazoleta? ¿Son del mismo tipo el que forman las líneas roja y azul en Umbría?

c. ¿De qué color son las líneas que forman un ángulo recto en Radial?

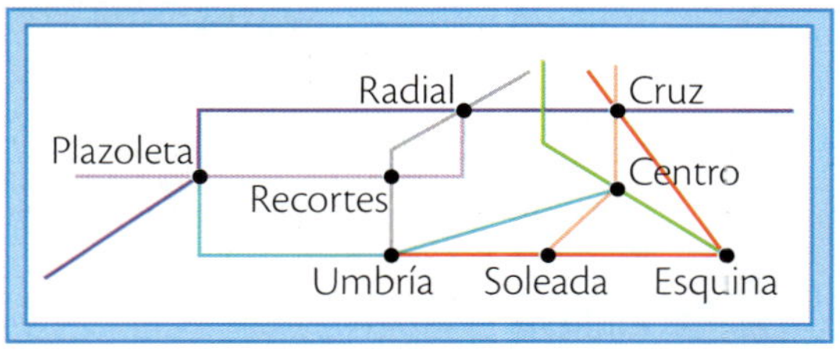

2 En una empresa de mensajería tienen una máquina para etiquetar los paquetes. La máquina tiene 2 teclas, y cada una hace una función diferente:

- **La tecla A** pinta una línea horizontal sobre la etiqueta.
- **La tecla B** hace un giro de 45° en sentido de las agujas del reloj.

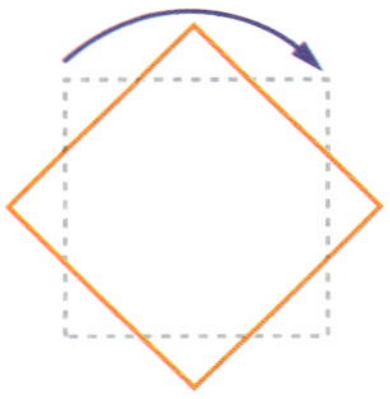

Ejemplo ▶

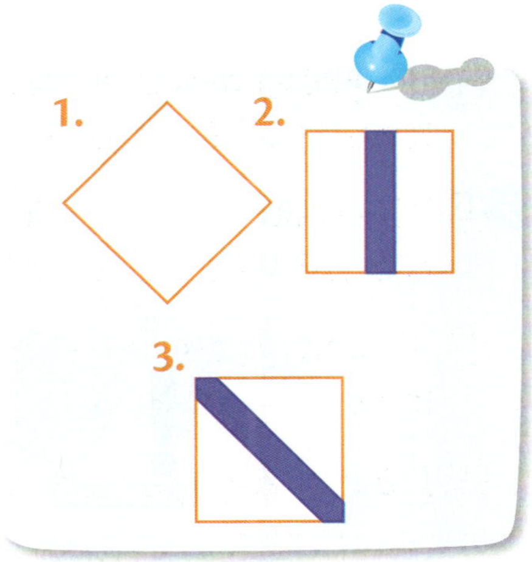

a. ¿Qué funciones se han ordenado en la máquina en cada caso para obtener estas etiquetas?

b. ¿Qué etiqueta saldrá después de teclear BABBA? Dibújalo en tu cuaderno.

Inventa un problema

Observa la imagen e inventa un problema.

COMPROBAMOS LO APRENDIDO

1 Organiza tus ideas. Copia el esquema en tu cuaderno y dibuja un ejemplo de cada tipo de ángulo.

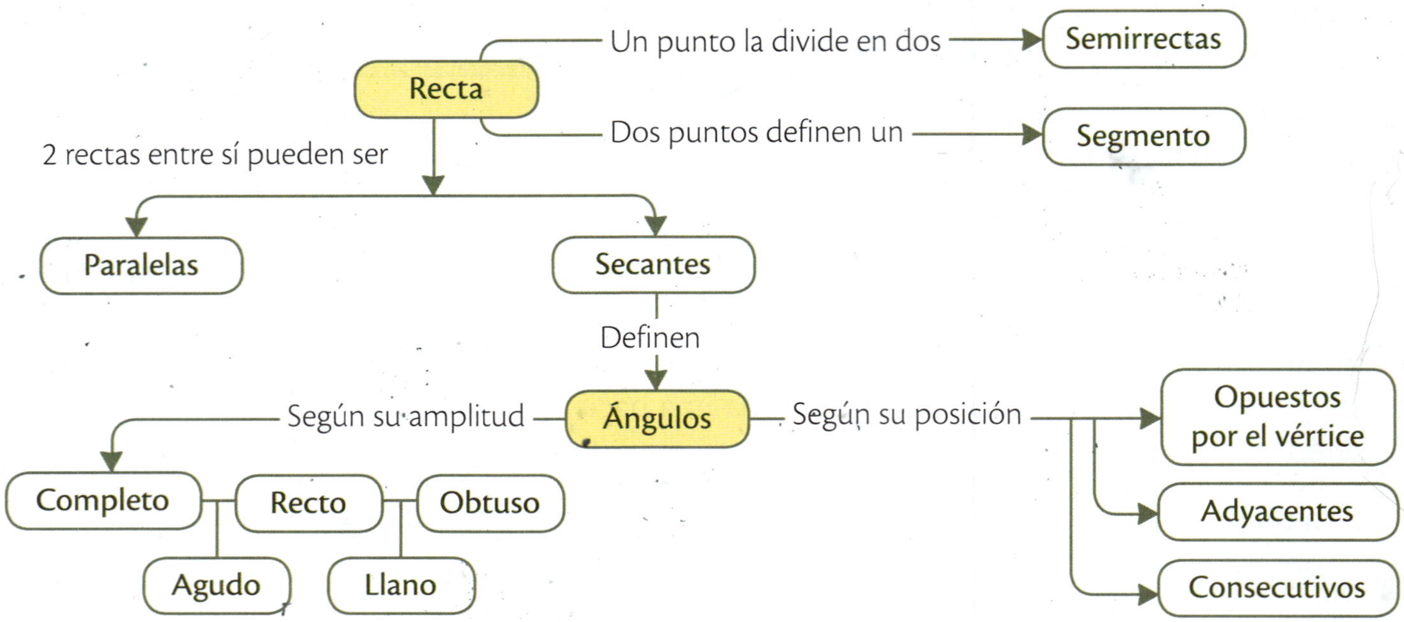

2 Observa el mapa y escribe el nombre de dos calles que sean:

a. Paralelas **b.** Secantes **c.** Perpendiculares

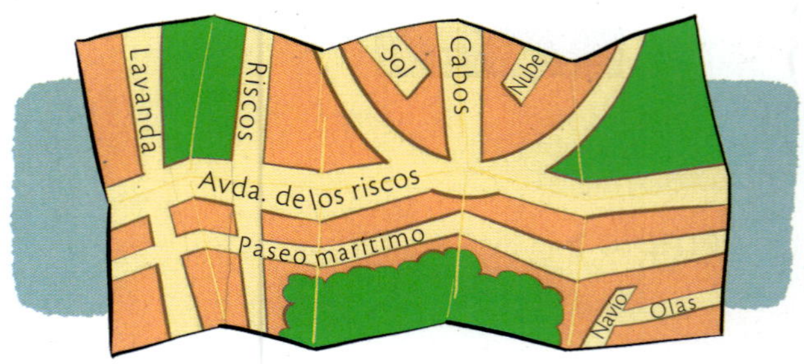

3 Dibuja estas señales en tu cuaderno. Marca y nombra los ángulos que tiene cada una.

4 Luis saca entradas por internet. Quiere dos asientos juntos y centrados. Las butacas verdes son las que están libres.

a. ¿Cuáles puede coger? Indica fila y columna.

b. ¿Cuánto se gastará si la entrada cuesta 6,99 €?

5 Completa la siguiente frase en tu cuaderno con las palabras perpendicular y secante.

Todas las rectas ◆◆◆ son ◆◆◆, pero no todas las rectas ◆◆◆ son ◆◆◆.

6 Sandra observa el reloj del salón. Se ha dado cuenta de que las agujas forman ángulos entre sí e intenta ponerles el nombre adecuado.

a. Media hora después, Sandra empieza a comer. ¿Cuál de estos relojes marca correctamente la hora? ¿Qué ángulo forman las agujas del otro reloj?

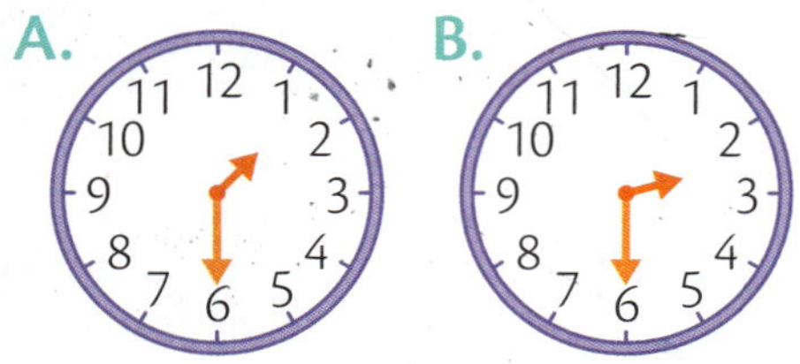

b. Sus padres le han dicho que saldrán de casa hacia el cine cuando las agujas formen un ángulo recto. ¿A qué hora se irán? ¿A qué otra hora las agujas forman un ángulo de 90°?

c. ¿Qué hora será cuando la aguja pequeña está en las 6 y las agujas forman un ángulo llano?

7 En la siguiente tabla aparece el número de espectadores que ha visto la película de cada director en una semana.

	Amenábar	Spielberg	Coppola	Bollaín
Cine Casio	315	430	0	455
Cine Petra	235	170	300	0

a. ¿Qué película ha sido la más vista? Recuerda sumar los espectadores de ambos cines.

b. ¿Crees que algún cine no ha proyectado alguna de las películas?

c. Copia el gráfico de la derecha. Complétalo con el número total de espectadores que han visto cada película.

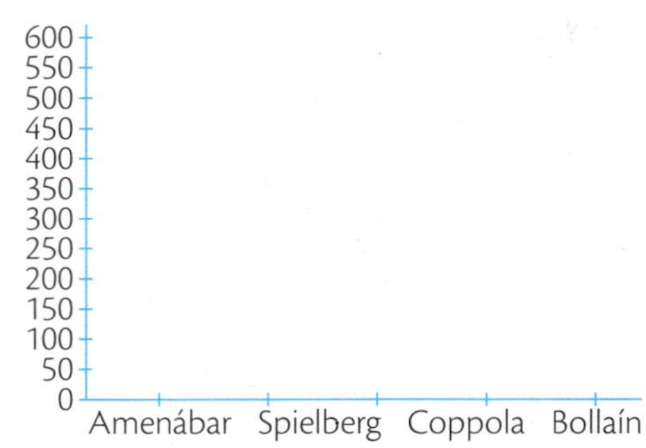

Mi diario

1 Creo que en mi casa les va a gustar, así que hoy contaré que hemos aprendido…

2 ¿A quién pido ayuda cuando me cuesta hacer una actividad? Explico por qué.

3 Escribo cómo creo que se ha sentido hoy el maestro durante la clase. ¿Por qué lo pienso?

smMasSavia.com | Autoevaluación.

11 Figuras planas

En esta unidad vamos a:

Clasificar polígonos.
¿Cómo son los polígonos regulares?

Estudiar los triángulos.
¿Son iguales todos los triángulos?

Estudiar los cuadriláteros.
¿En qué se parecen un cuadrado y un rombo?

Diferenciar la circunferencia y el círculo.
¿Cómo se coloca el compás para dibujar la circunferencia?

Construir figuras planas.
¿Qué polígono has formado?

Medir superficies.
¿Qué área es mayor?

smMasSavia.com
Lo que ya sé.

Nos activamos

1 En muchas constelaciones podemos distinguir formas geométricas, como en la constelación Cefeo.

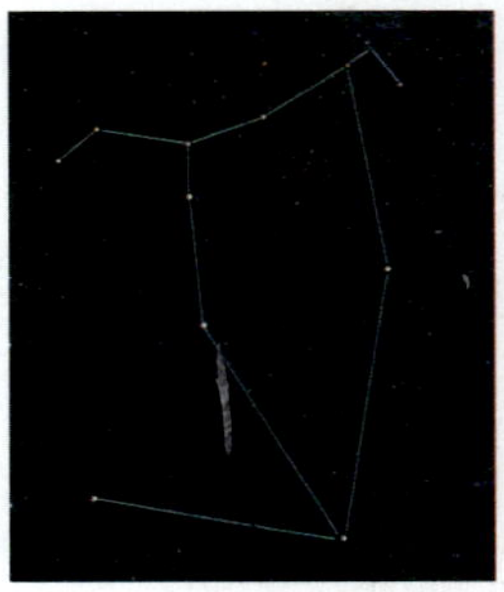

Dibuja en tu cuaderno la constelación.

a. ¿De qué tipo es la línea que forma la constelación?

A. Curva B. Recta C. Poligonal

b. ¿Qué diferencias hay entre estos tipos de líneas?

Comprendemos

Las líneas poligonales cerradas y su interior se llaman **polígonos**.

- Los elementos de un polígono son:

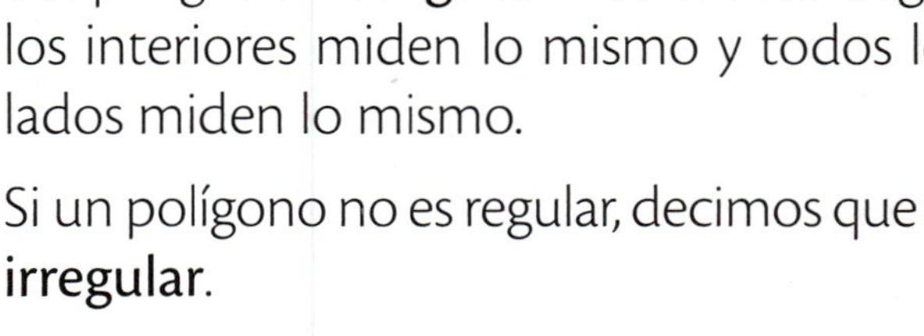

- Un polígono es **regular** si todos los ángulos interiores miden lo mismo y todos los lados miden lo mismo.
- Si un polígono no es regular, decimos que es **irregular**.

2 **Indica si los siguientes polígonos son regulares. ¿Cuántos lados tienen?**

a. b. c. d.

smMasSavia.com
Practica con los polígonos.

- Según el **número de lados**, los polígonos pueden ser:

Triángulo	Cuadrilátero	Pentágono	Hexágono
3 lados	4 lados	5 lados	6 lados

Heptágono	Octógono	Eneágono	Decágono
7 lados	8 lados	9 lados	10 lados

- La suma de las longitudes de todos los lados de un polígono se llama **perímetro**.

3 **Fíjate en las siguientes figuras.**

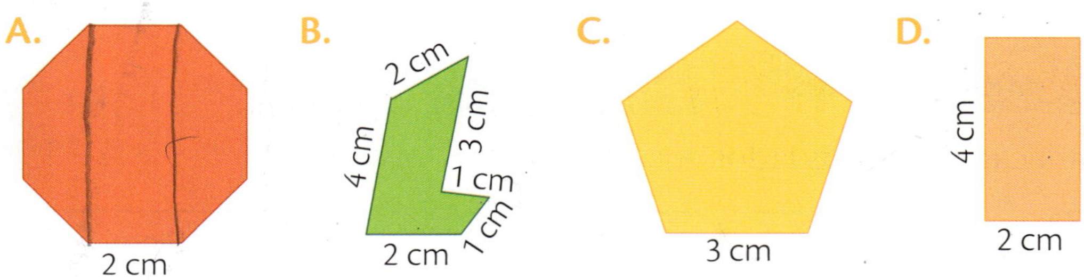

a. Clasifica los polígonos según su número de lados.

b. Calcula el perímetro de cada polígono.

Aplicamos

4 ¿Quién ha dibujado cada polígono?

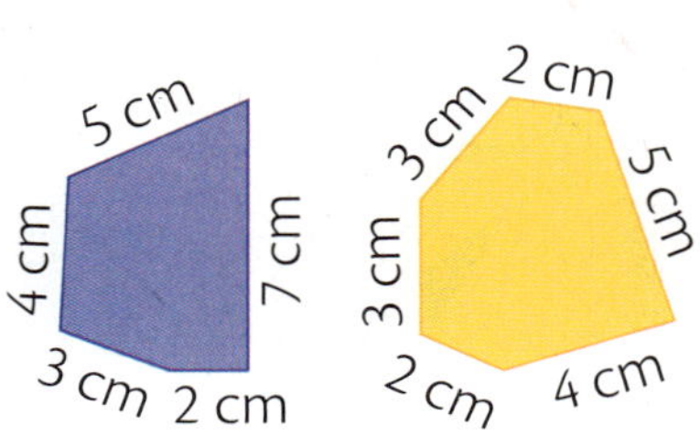

5 Dibuja un cuadrado en tu cuaderno. Marca el punto medio de cada lado. Después, únelos de forma consecutiva. ¿Qué polígono has formado?

Nos activamos

1 Vamos a construir triángulos con bolitas de plastilina y con palitos de diferentes tamaños.

- Coge 3 palitos del mismo tamaño y construye un triángulo. Según su amplitud, ¿cómo son los ángulos interiores?
- Coge 2 palitos iguales y otro más pequeño que los anteriores y construye un triángulo. Dibújalo en tu cuaderno. Según su amplitud, ¿cómo son sus ángulos interiores?
- Coge 2 palitos iguales y otro más grande que los anteriores y construye un triángulo. Dibújalo en tu cuaderno y compáralo con el triángulo anterior. Y ahora, ¿cómo son sus ángulos interiores según su amplitud?

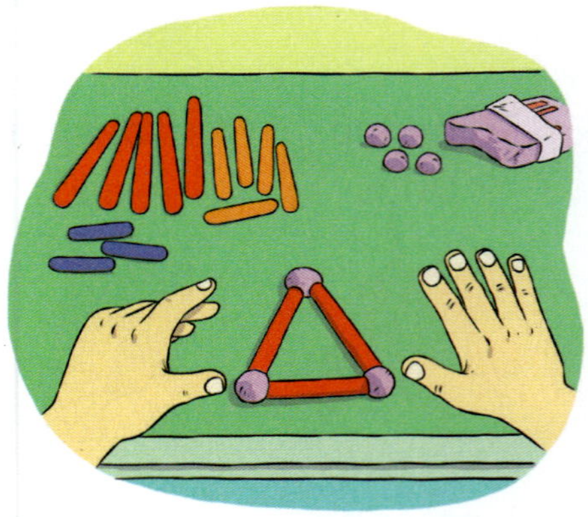

Comprendemos

Los **triángulos** son polígonos de 3 lados.

- Los triángulos se clasifican **según sus lados** en:

Equilátero

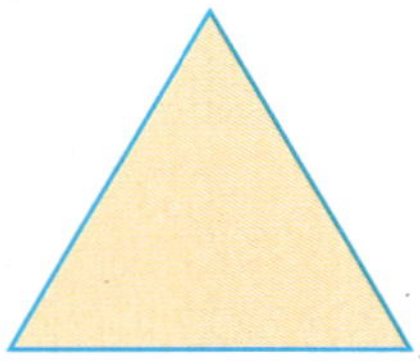

Todos sus lados miden lo mismo.

Isósceles

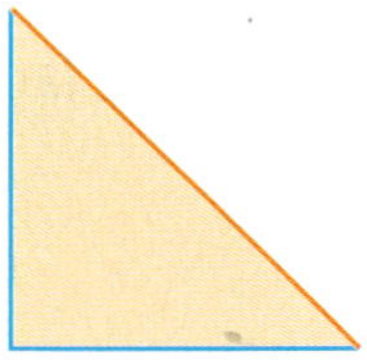

Dos lados miden lo mismo.

Escaleno

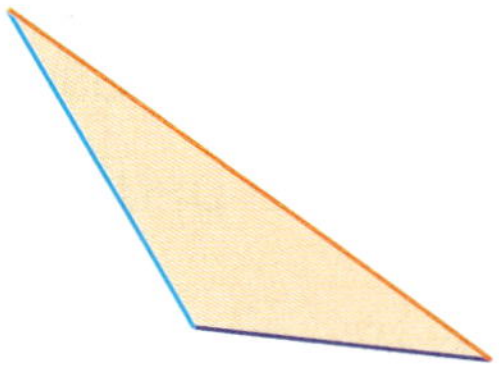

Los tres lados miden distinto.

- Los triángulos se clasifican **según sus ángulos** en:

Acutángulo

Los tres ángulos son agudos.

Rectángulo

Tiene un ángulo recto.

Obtusángulo

Tiene un ángulo obtuso.

2 Completa en tu cuaderno.

	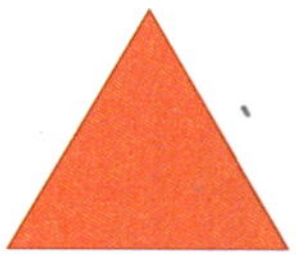			
Según sus lados	◆◆◆	◆◆◆	◆◆◆	◆◆◆
Según sus ángulos	◆◆◆	◆◆◆	◆◆◆	◆◆◆

Aplicamos

3 ¿Qué tipo de triángulo, según sus lados, se corresponde con estas medidas de sus lados?

a. 5 cm, 2 cm, 5 cm

b. 3 cm, 4 cm, 2,5 cm

c. 5 cm, 5 cm, 5 cm

• Calcula el perímetro de cada triángulo.

4 Clasifica los triángulos que tienen estos ángulos.

45°, 90°, 45°

110°, 30°, 40°

I G 5 Calcula cuánto mide el ángulo que falta.

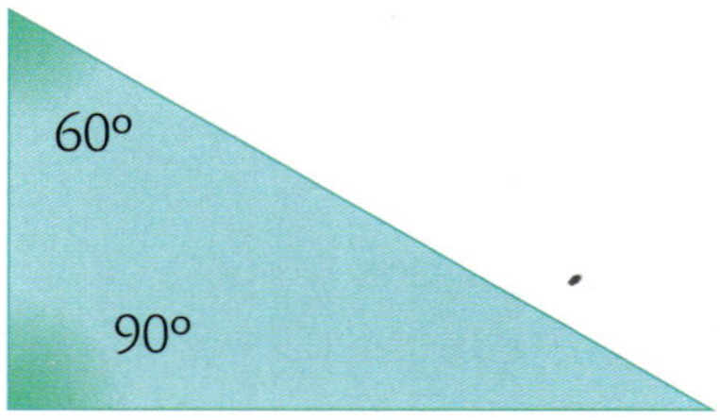

Los ángulos interiores de un triángulo suman 180°.

6 Clasifica este triángulo según sus lados y sus ángulos.

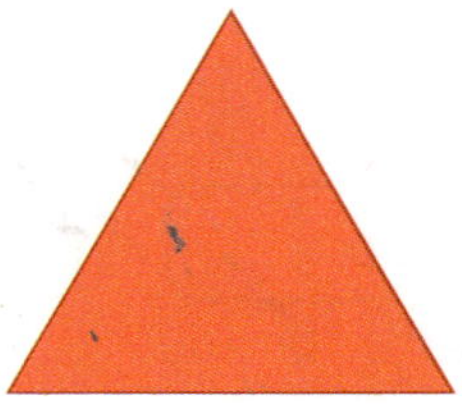

a. ¿Cuánto miden sus lados si su perímetro es 12 cm?

b. ¿Cuánto mide cada uno de sus ángulos interiores?

7 ¿Cuáles de estas afirmaciones son falsas? Justifica tu respuesta.

A. Un triángulo puede tener un ángulo recto, y otro, obtuso.

B. Un triángulo equilátero puede ser rectángulo.

C. Un triángulo rectángulo siempre tiene dos ángulos agudos.

D. Un triángulo puede tener dos ángulos rectos.

Nos activamos

1 Copia en un folio estos triángulos. Después, recórtalos.

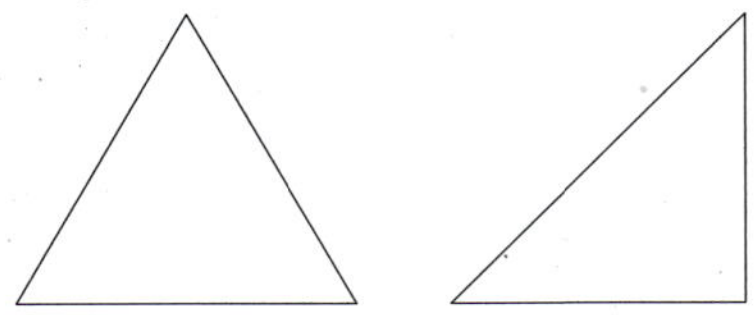

Dobla cada triángulo como se indica en la imagen. La línea de la doblez debe ser paralela al lado opuesto.

¿Qué polígonos se han formado? ¿Son regulares o irregulares?

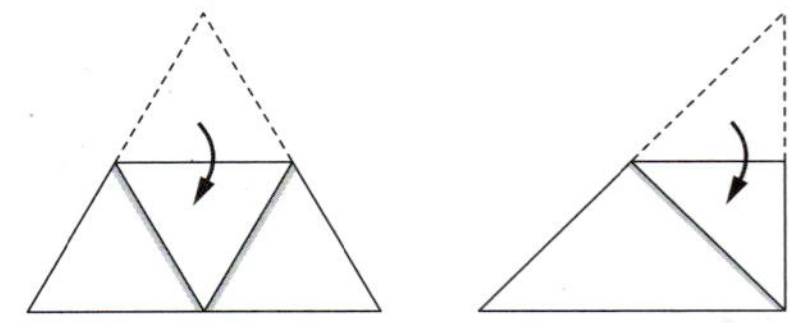

Comprendemos

Los **cuadriláteros** son polígonos de 4 lados.

Los cuadriláteros se clasifican en:

- **Paralelogramos:** tienen lados opuestos paralelos 2 a 2.

Cuadrado

Lados iguales.
Ángulos iguales.

Rectángulo

Lados iguales 2 a 2.
Ángulos iguales.

Rombo

Lados iguales.
Ángulos iguales 2 a 2.

Romboide

Lados iguales 2 a 2.
Ángulos iguales 2 a 2.

- **No paralelogramos**

Trapecio

Tiene 2 lados paralelos.

Trapezoide

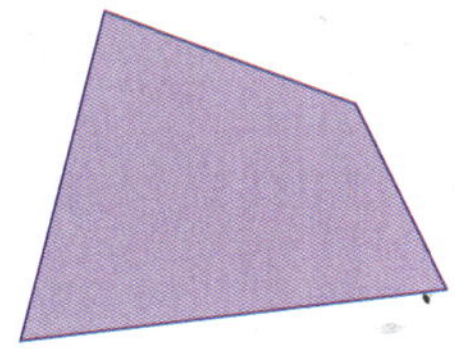

Ningún lado es paralelo a otro.

2 ¿Cómo se llaman los cuadriláteros que has construido en la actividad 1?

3 Clasifica estos cuadriláteros en tu cuaderno.

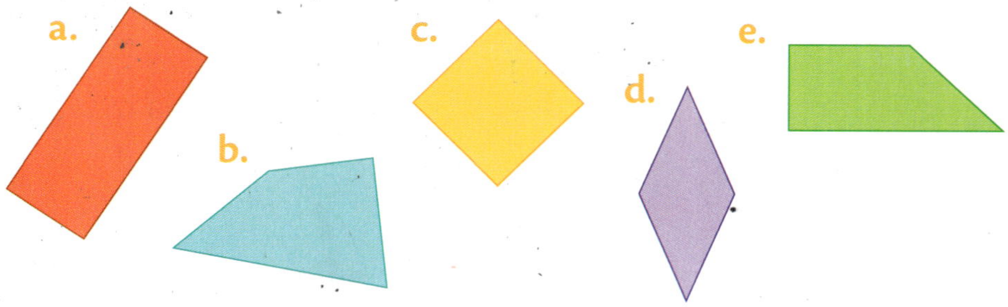

Aplicamos

4 smMasSavia.com | Los cuadriláteros.

5 ¿De qué cuadrilátero están hablando? Lee las pistas y averígualo.

6 Construye cuadriláteros con palitos y plastilina.

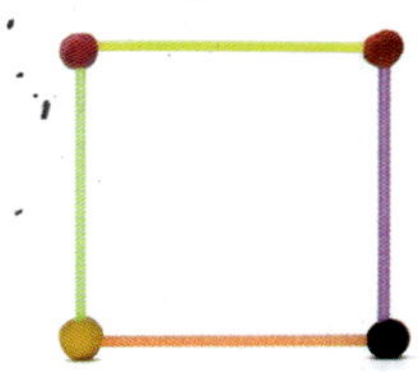

- ¿Cuántos cuadriláteros puedes construir con cuatro palitos iguales y plastilina?
- Ahora, corta del mismo modo dos palitos para que midan menos que los otros dos. ¿Qué cuadriláteros puedes formar ahora?
- Ahora, corta solo un palito. ¿Qué cuadrilátero puedes formar?

7 Corrige en tu cuaderno las afirmaciones que sean falsas.

A. Un rombo es como un romboide, pero con todos los lados iguales.
B. Si duplico los lados de un cuadrado obtengo un rectángulo.
C. Un trapecio con un ángulo recto es un cuadrado.
D. Un trapezoide puede tener 3 ángulos rectos.

Los ángulos interiores de un cuadrilátero suman 360º.

8 Copia esta figura en tu cuaderno.

a. ¿Qué tipo de cuadrilátero es?
b. Traza un segmento en el interior para obtener un cuadrilátero y un triángulo.
c. Clasifica ambas figuras.

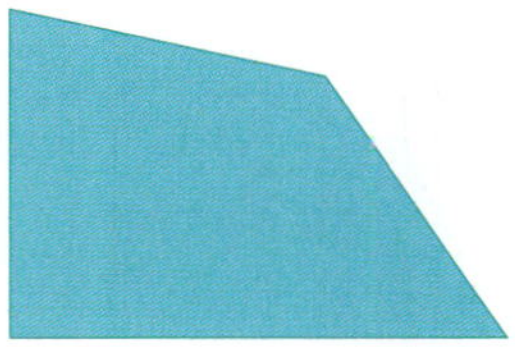

Nos activamos

1 **1.º** Dibuja una circunferencia en un folio con ayuda de un compás.

2.º Repasa la línea para hacerla más gruesa.

3.º Recórtalo.

4.º Dóblalo por la mitad y recorta la línea.

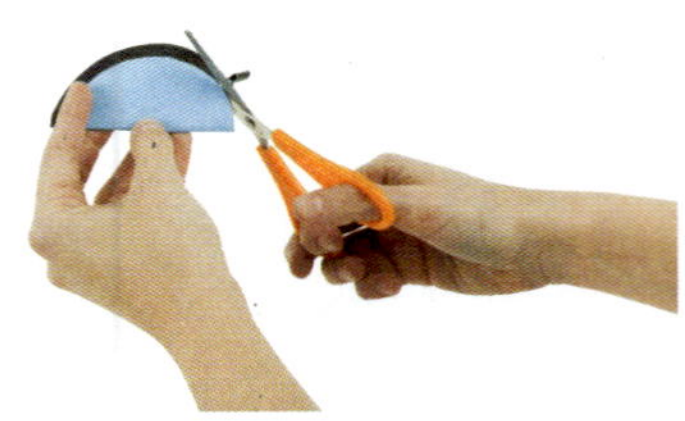

- ¿Qué diferencia hay entre las dos partes que has obtenido?

Comprendemos

> Una **circunferencia** es una línea curva cerrada que tiene todos sus puntos a la misma distancia del centro.
>
> Un **círculo** es una figura plana formada por una circunferencia y su interior.

smMasSavia.com

Practica con la circunferencia y el círculo.

Los **elementos** de la circunferencia y del círculo son:

Circunferencia

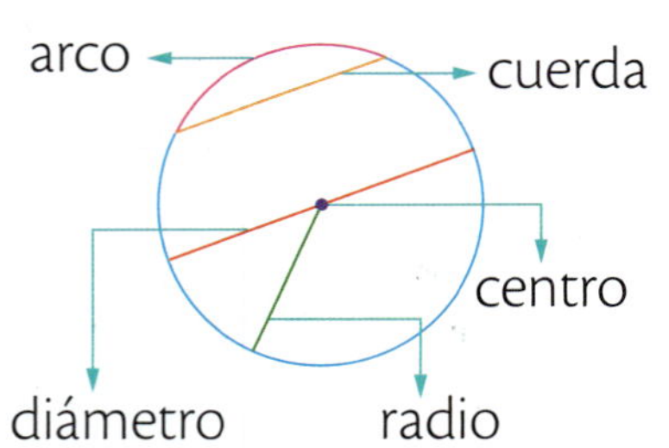

Círculo

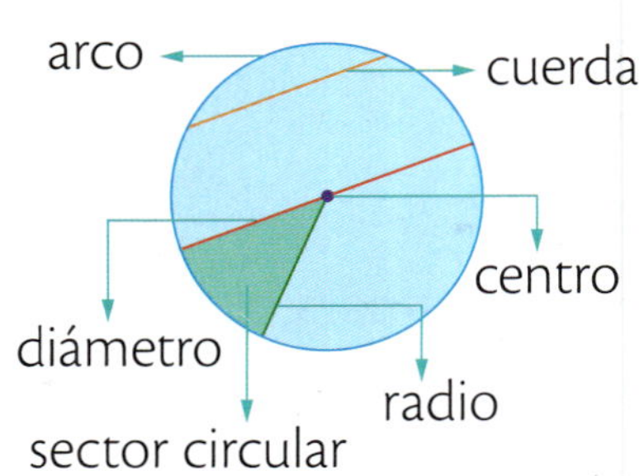

El radio siempre mide la mitad que el diámetro.

2 **Comprueba que la distancia desde el centro a cualquier punto de la circunferencia es la misma.**

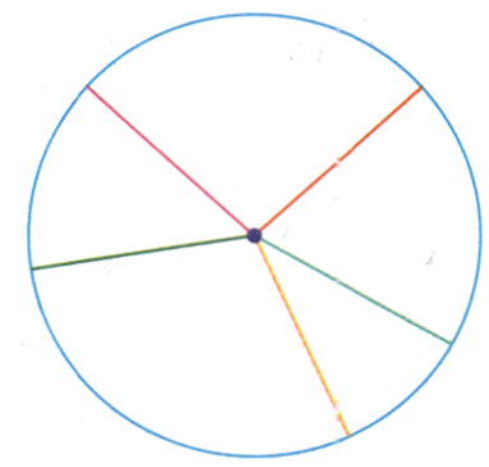

- Dibuja en tu cuaderno una circunferencia con un compás.
- Con una regla, mide la distancia desde el centro a varios puntos de la circunferencia. ¿Es siempre la misma?

3 **¿Cuáles de estas figuras son círculos?**

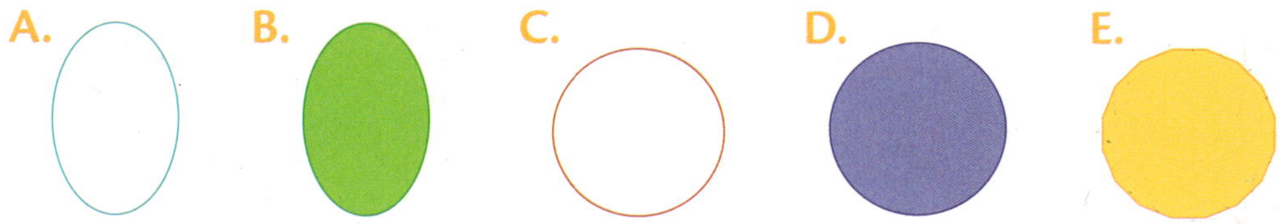

▸ Una recta respecto a una **circunferencia** puede ser:

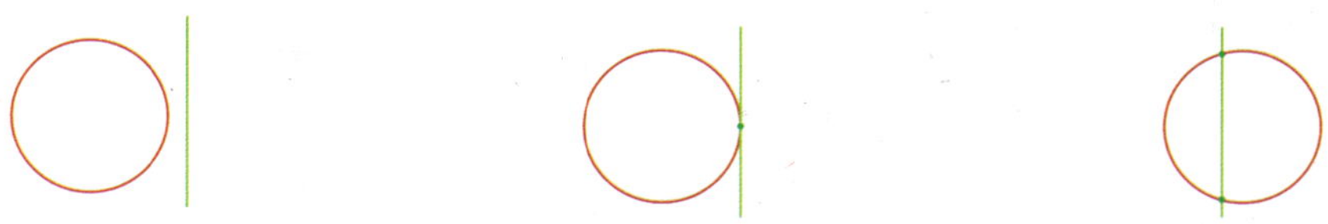

Exterior: no se cortan.	**Tangente:** tienen solo 1 punto en común.	**Secante:** se cortan en 2 puntos.

4 **¿Cuáles de las siguientes rectas son tangentes a la circunferencia?**

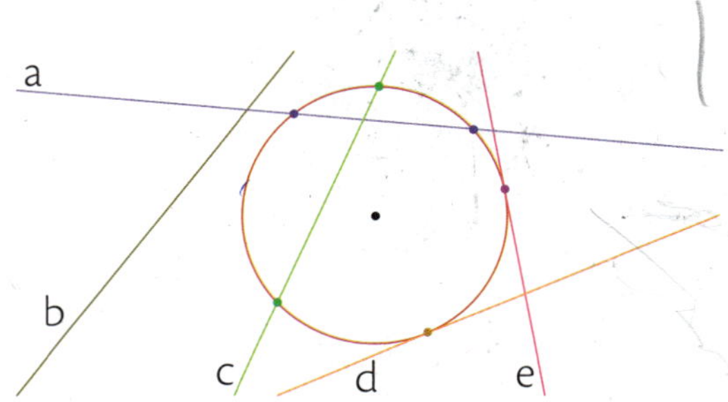

Aplicamos

5 Observa la cancha de baloncesto.

a. ¿Qué elemento de la circunferencia representa la línea que corta al círculo?

b. ¿Qué elemento sería si no pasara por el centro?

6 Daniela quiere dibujar una circunferencia de 6 cm de diámetro.

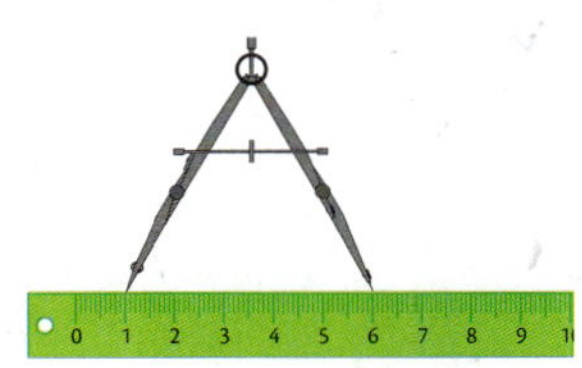

- ¿Lo conseguirá si coloca así el compás? ¿Por qué?
- ¿Cuánto debe abrir el compás para dibujar una circunferencia de 9 cm de diámetro?

I G **7** ¿Cómo puedes medir la longitud de una circunferencia con hilo y una regla?

Nos activamos

1 Calca estas parejas de triángulos. Después, recórtalos.

a. ¿Qué tipo de triángulos son?

b. ¿Con cuáles puedes formar un cuadrado? ¿Por qué?

c. ¿Qué figura se forma con la otra pareja de triángulos?

Comprendemos

Podemos construir figuras planas con regla y compás.

Construcción de un triángulo de lados 6 cm, 2 cm y 5 cm.

1.º

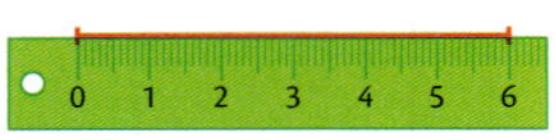

Traza un segmento que mida lo mismo que un lado.

2.º

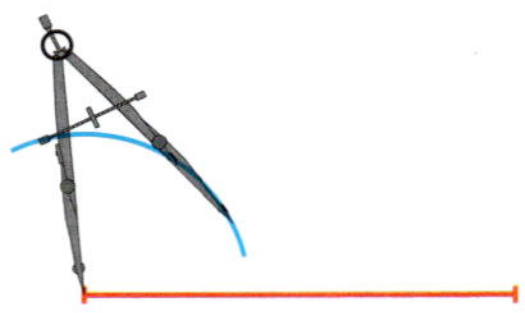

Toma la medida del lado de 2 cm con el compás. Pincha sobre un extremo del segmento y traza un arco.

3.º

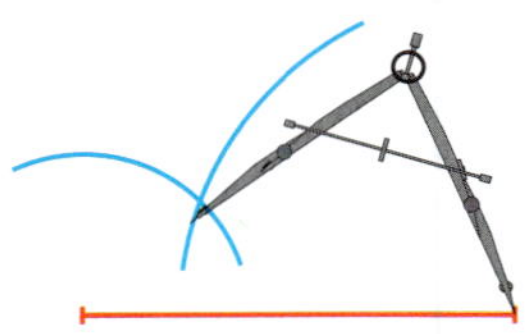

Toma la medida del tercer lado con el compás. Pincha sobre el otro extremo del segmento y traza un arco.

4.º

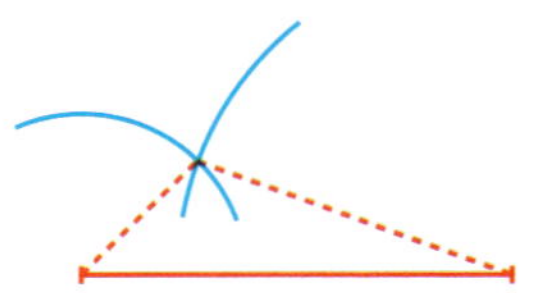

Une el punto en el que se cortan los arcos con los extremos del segmento.

Construcción de un cuadrado de 4 cm de lado.

1.º

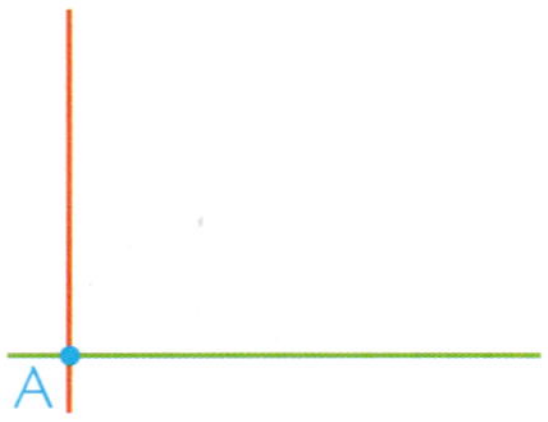

Traza dos rectas perpendiculares y marca el punto de corte.

2.º

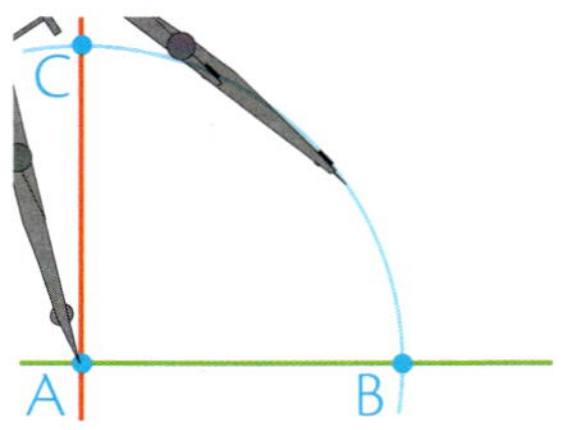

Toma la medida del lado con el compás. Pincha en A y traza un arco. Marca los puntos de corte.

3.º

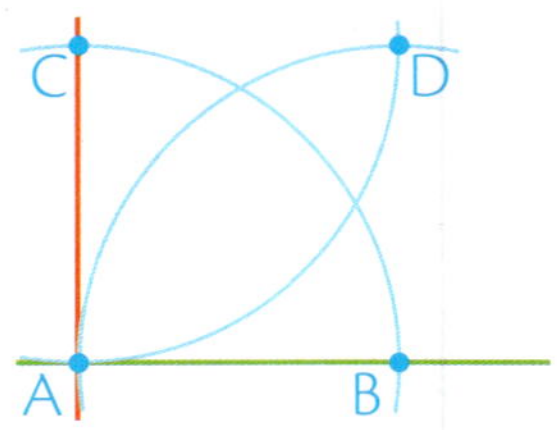

Pincha en B y traza un arco. Pincha en C y traza otro arco. El punto de corte de los arcos es el vértice D.

4.º

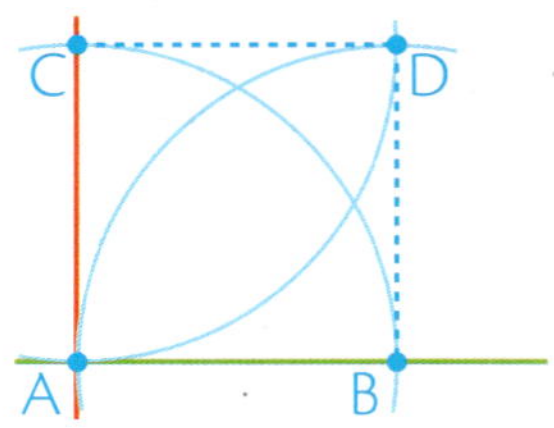

Une los vértices.

2 Dibuja en tu cuaderno un triángulo con regla y compás. Sus lados deben medir 3 cm, 4 cm y 6 cm.

3 Dibuja en tu cuaderno un cuadrado de 5 cm de lado con regla y compás.

Aplicamos

4 Sigue los siguientes pasos y responde.

1.º Construye un cuadrado con regla y compás.
2.º Traza sus diagonales con otro color.
3.º Marca el punto en el que se cortan las diagonales (punto P).
4.º Pincha en P, abre el compás hasta uno de los vértices y traza una circunferencia.

a. ¿Qué elemento de la circunferencia son las diagonales?

b. ¿Por qué da igual el vértice que elijas en el cuarto paso?

5 Calca este triángulo 4 veces. Después, recorta los triángulos resultantes.

- Coge los 4 triángulos y forma un rectángulo con ellos.
- Intenta formar un rombo, un romboide y un trapecio. ¿Hay alguna figura de las anteriores que no puedas formar? ¿Por qué?

6 Dibuja en tu cuaderno un cuadrado. Después, divídelo en 4 partes iguales como en la imagen.

- Pincha el compás en el centro y traza una circunferencia con la distancia a un vértice. ¿Qué observas?
- Prolonga las líneas interiores del cuadrado y marca los puntos en los que cortan a la circunferencia.
- Une los puntos. ¿Qué polígono se ha formado? ¿Es regular?
- Une los vértices de los dos cuadrados que has formado de forma consecutiva. ¿Qué polígono se forma? ¿Es regular?

7 ¿De cuántas formas puedes dividir un rectángulo en dos partes iguales?

- ¿Qué tipo de figuras obtienes en cada caso?
- ¿Cómo puedes dividirlo para formar un triángulo y un trapecio?

Nos activamos

1 1.º En equipos de 4, formad un cuadrado de 1 m de lado. Usad las cintas métricas.

2.º Dibujad en un folio un cuadrado de 1 dm de lado. Recortadlo.

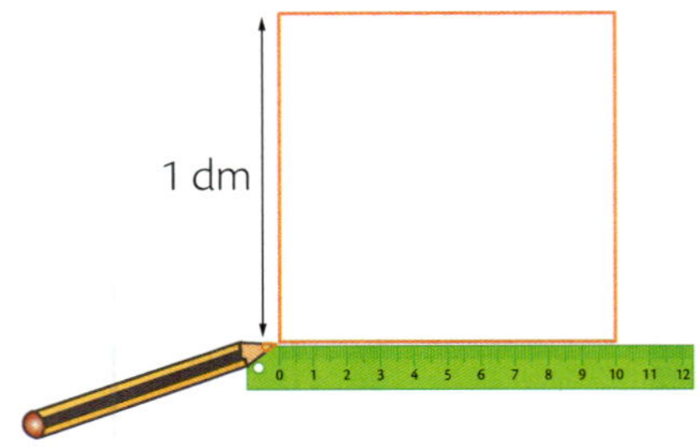

- ¿Podéis cubrir el interior del cuadrado de 1 metro de lado con los cuadrados que habéis recortado? ¿Cuántos cuadrados crees que necesitáis?
- ¿Cuántos alumnos cabéis de pie dentro del cuadrado grande que habéis construido?

Comprendemos

Podemos medir la superficie de una figura plana cubriéndola con cuadrados iguales, tomando el cuadrado como unidad de medida:

La cenefa tiene 18 cuadrados de área.

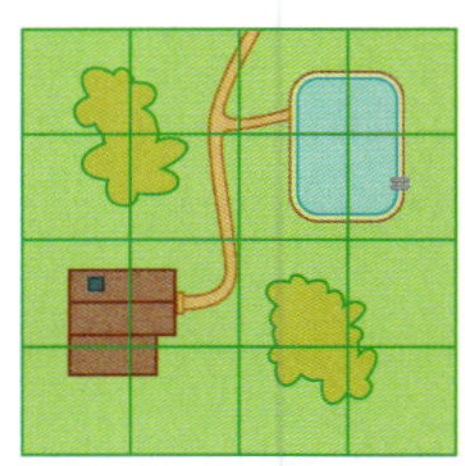

La parcela tiene 16 cuadrados de área.

Conocer la longitud del lado del cuadrado nos permite expresar la medida de una superficie utilizando otras unidades.

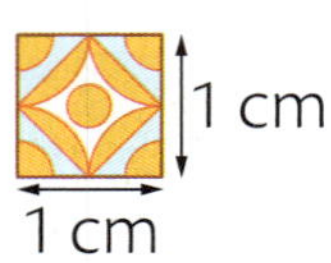

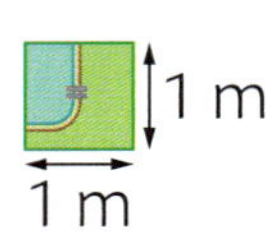

La superficie de un cuadrado de 1 cm de lado mide **1 cm²** y se llama **centímetro cuadrado**.

El área de la cenefa es 18 cm².

La superficie de un cuadrado de 1 m de lado mide **1 m²** y se llama **metro cuadrado**.

El área de la parcela es 16 m².

2 ¿Qué unidad utilizarías para medir cada una de estas superficies: metro cuadrado o centímetro cuadrado?

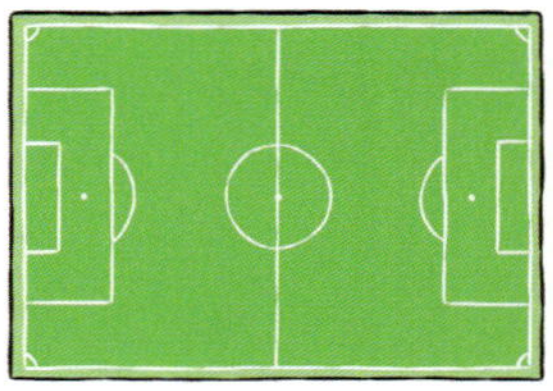

Aplicamos

3 Ordena de menor a mayor el área de las siguientes figuras.

A.

B.

C.
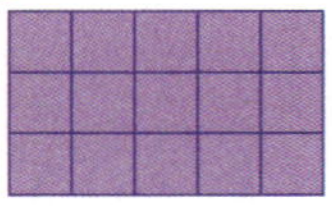
D.
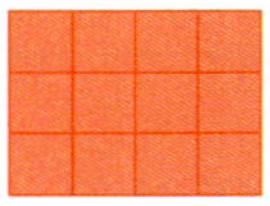
E.

4 Calcula el área de cada una de estas figuras con una multiplicación.

a.
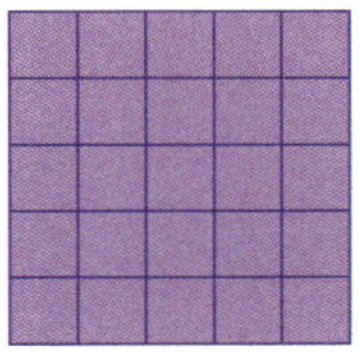
b.
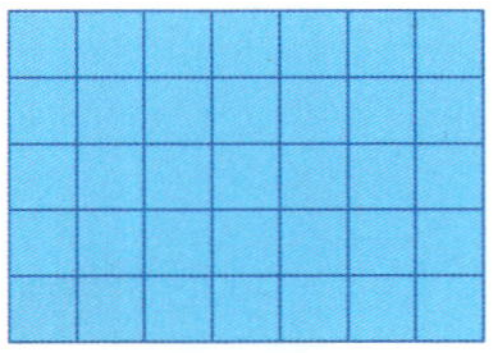
c.

- ¿Puedes escribir las multiplicaciones en forma de potencia? ¿Por qué?

5 Candela quiere cubrir esta parte del jardín con baldosas cuadradas de 0,5 m de lado.

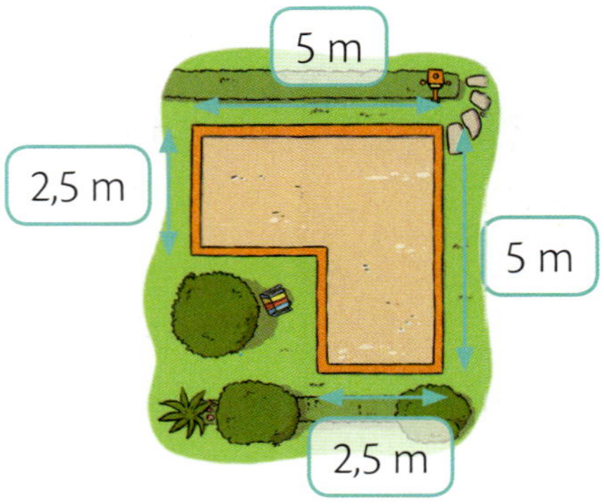

a. ¿Cuántos metros mide la valla que rodea la zona?

b. ¿Cuántas baldosas necesita para cubrirla?

c. Calcula el área de esa parte del jardín en cm^2.

d. ¿Cómo puedes calcular el área en metros cuadrados?

6 **Prepara la tarea.** Dibuja en una cartulina estas figuras. Después, coloréalas y recórtalas.

- Un triángulo con un lado de 4 cm.
- Un cuadrilátero cuya superficie mida el doble que la del triángulo.
- Un círculo con el mismo diámetro que uno de los lados del cuadrilátero.

Nos activamos

1 En la clase de Rubén han utilizado sus sectores de fracciones para representar sus colores favoritos. Les ha quedado así:

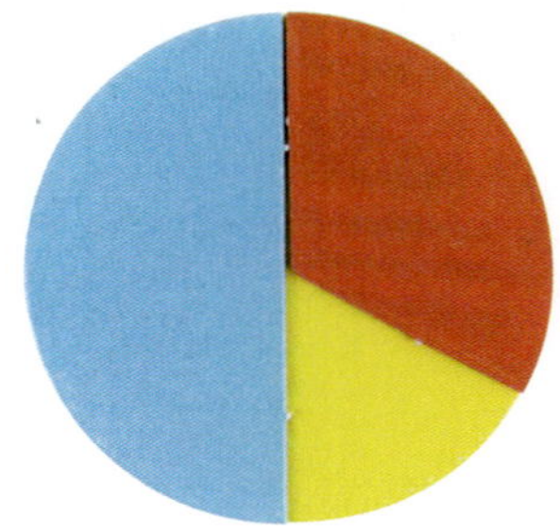

- ¿Qué colores han votado en la clase de Rubén?
- ¿Cuál es el color que más gusta en su clase?
- ¿Qué fracción del total representa cada color?
- Si en la clase de Rubén hay 24 alumnos, ¿cuántos han votado cada color? Utilizad vuestros sectores para averiguarlo.

Comprendemos

Un diagrama circular o **gráfico de sectores** es un círculo dividido en partes. Cada parte o sector representa una fracción del total.

- $\frac{1}{2}$ de los alumnos han votado azul.
- $\frac{1}{3}$ de los alumnos han votado rojo.
- $\frac{1}{6}$ de los alumnos han votado amarillo.
- $\frac{1}{2}$ de 24 alumnos = 12 alumnos.
- $\frac{1}{3}$ de 24 alumnos = 8 alumnos.
- $\frac{1}{6}$ de 24 alumnos = 4 alumnos.

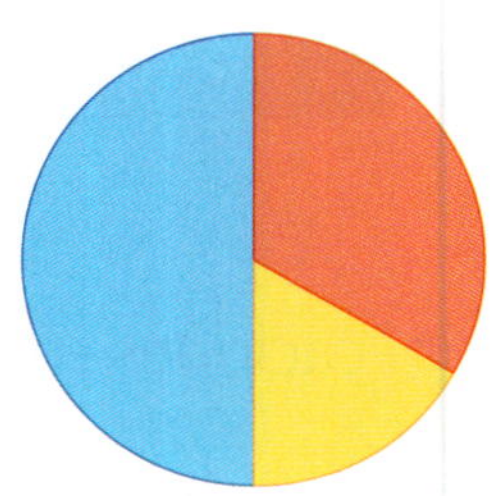

2 **Observa el gráfico de sectores de los libros más solicitados en la biblioteca la última semana y contesta.**

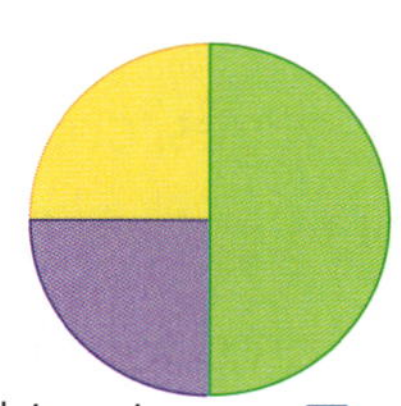

a. ¿Cuál ha sido el libro más solicitado?

b. Si se han sacado 12 libros la última semana, ¿cuántos libros de aventuras se han solicitado? ¿Y de historia?

Aplicamos

3 Pregunta a 12 compañeros qué mascota tienen. Escribe los resultados en tu cuaderno en una tabla de datos como esta.

Mascotas	Votos
Ninguna	◆◆◆
Perro	◆◆◆
Gato	◆◆◆
Pez	◆◆◆
Otra	◆◆◆

a. ¿Cuántos alumnos no tienen mascota?

b. ¿Cuántos alumnos tienen alguna mascota que no estaba en la tabla?

c. Copia este gráfico de sectores en tu cuaderno. Complétalo con los datos que has obtenido.

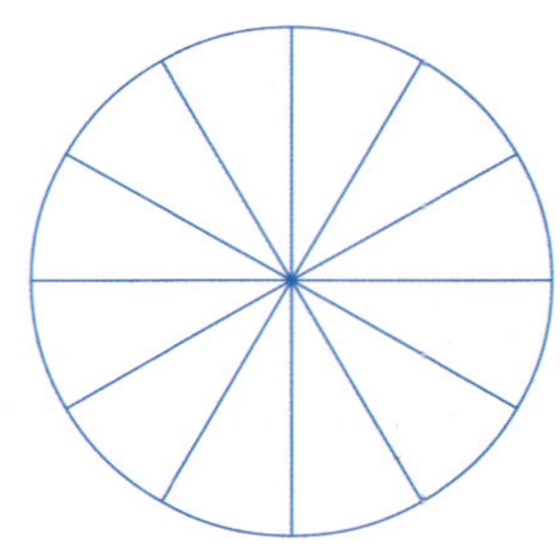

4 Observa el gráfico de sectores sobre el deporte favorito de algunos alumnos de 4.º y contesta.

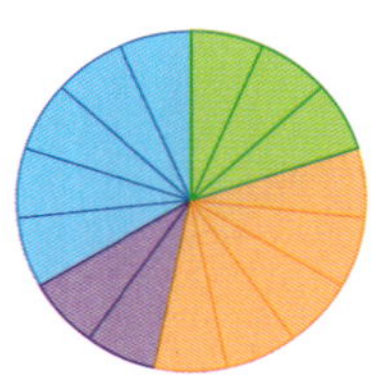

a. Completa la tabla de datos.

Deporte	Fútbol	Baloncesto	Tenis	Atletismo
Votos	◆◆◆	◆◆◆	◆◆◆	◆◆◆

b. Si en 5.º se han recogido los siguientes datos, ¿qué gráfico de sectores le corresponde a la tabla?

Deporte	Fútbol	Baloncesto	Tenis	Atletismo
Votos	4	5	3	2

A.

B.

C.

CÁLCULO MENTAL

Dividir entre 4 como mitad de la mitad

124 : 4

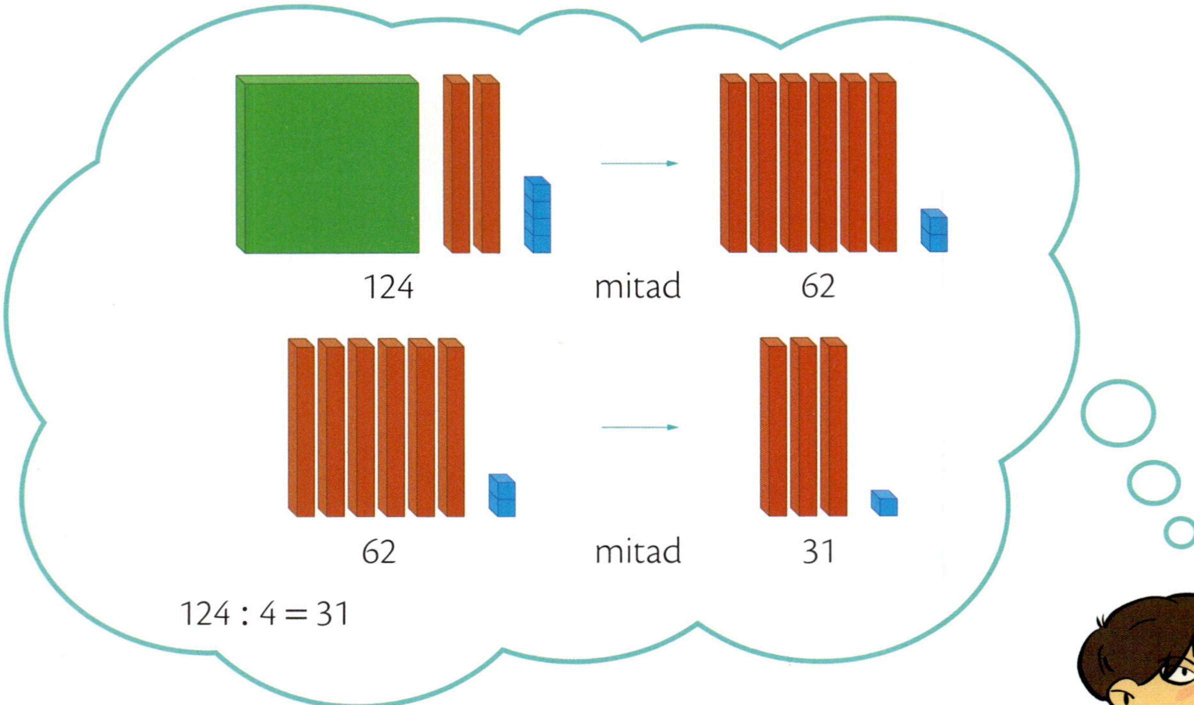

1. Resuelve mentalmente y completa en tu cuaderno.

84 : 4	140 : 4
128 : 4	200 : 4
92 : 4	164 : 4

2. En la biblioteca hay 184 libros. Hay que cambiar la cuarta parte porque están muy estropeados. ¿Cuántos libros hay que cambiar?

3. El perímetro de un cuadrado es 148 centímetros. ¿Cuánto mide un lado?

4. Jacinto tiene 4 veces la edad de su hija Celia. Si Jacinto tiene 48 años, ¿qué edad tiene Celia?

LOS PRÉSTAMOS DE LA BIBLIOTECA

La nueva biblioteca municipal ha prestado 225 libros en los 4 días que lleva abierta. Cada día se prestó el doble que el día anterior. ¿Cuántos libros se prestaron cada día?

> Comprender

1. Lee el problema atentamente.
2. Responde a las siguientes preguntas:

a. ¿Cuántos libros ha prestado la biblioteca?
b. ¿En cuántos días se han prestado los libros?

3. Organiza los datos, relaciones y objetivo del problema.
4. Dibuja un diagrama o un gráfico que explique el problema.

> Pensar

1. En grupos, pensad qué estrategia podéis utilizar para resolver el problema. ¿Por qué la utilizáis?
2. ¿Habías pensado en otra estrategia? ¿Por qué no la habéis elegido?

> Ejecutar

1. Ten en cuenta la información que has recogido y la estrategia que has elegido.
2. Representa la situación del problema en un diagrama.
3. Resuelve el problema. ¿Cuál es la solución?

> Responder

1. Vuelve al problema y comprueba si la solución es válida.
2. Asegúrate de si hay una solución única o hay varias.
3. Lee de nuevo el objetivo y escribe una respuesta.

La biblioteca prestó el primer día ◆◆◆ libros, el segundo día ◆◆◆ libros, el tercer día ◆◆◆ libros y el cuarto día ◆◆◆ libros.

PROBLEMAS

Observa y contesta

Observa la escena

1. Encuentra, al menos, tres objetos de forma rectangular en la imagen.
2. ¿Qué tipo de triángulo forma el pantalón con el cinturón, según sus lados y según sus ángulos?
3. Los lápices de colores respecto a los coches, ¿serían rectas secantes, tangentes o exteriores? ¿Y la regla?
4. ¿Usarías la misma unidad para medir la superficie de la foto cuadrada y la superficie de la habitación? ¿Por qué? ¿Cuál utilizarías en cada caso?

Fíjate en el reloj

5. Indica qué circunferencias y círculos encuentras en la escena.
6. ¿Qué hora marca el reloj? ¿Qué dos tipos de ángulos forman las agujas del reloj?
7. ¿A qué hora en punto se forman dos ángulos llanos con las agujas del reloj? ¿Pasa en alguna hora que no sea en punto?
8. En el reloj, ¿de qué color es el círculo que se forma y de qué color es la circunferencia?

Mira el cuadro de fotos

9. ¿Cuántos paralelogramos hay en el cuadro con fotos?
10. ¿Cuántos lados tiene el cuadro? ¿Y cuántos ángulos? ¿Cómo se llama el polígono?
11. ¿Qué dos fotos unidas forman un rectángulo?

Utiliza tus estrategias

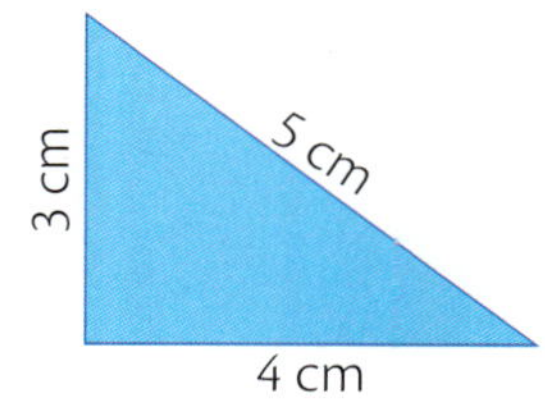

1 Con dos triángulos rectángulos, como el de la imagen, han formado un rectángulo. ¿Cuál será su perímetro?

2 Paula suele correr entre semana alrededor de este parque.

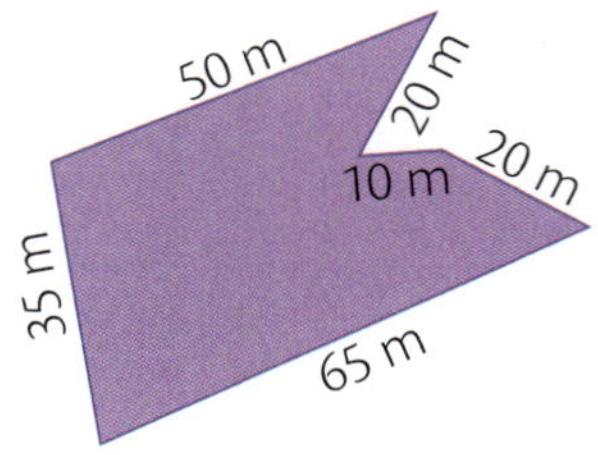

a. ¿Qué tipo de polígono es?

b. ¿Es lo mismo calcular los metros que recorre en una vuelta que calcular el perímetro del parque?

c. ¿Cuántas vueltas da si recorre una distancia de 5 000 m?

I G 3 Una finca rectangular está formada por las cuatro parcelas iguales de unos hermanos, como se ve en la figura. El perímetro de cada una de las parcelas es de 400 m.

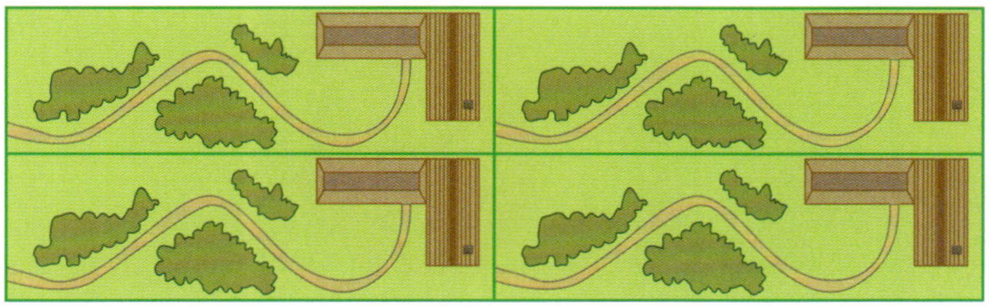

a. ¿Cuál es el perímetro de toda la finca?

A. 1 600 m B. 800 m C. 600 m D. 1 000 m

b. Quieren vallar toda la finca y para ello han comprado 1 km de valla. ¿Tendrán suficiente? ¿Cuánto les sobra o les falta?

Inventa un problema

Observa la imagen e inventa un problema que se resuelva con una multiplicación.

COMPROBAMOS LO APRENDIDO

1 Organiza tus ideas. Copia el esquema en tu cuaderno y completa con las palabras que faltan.

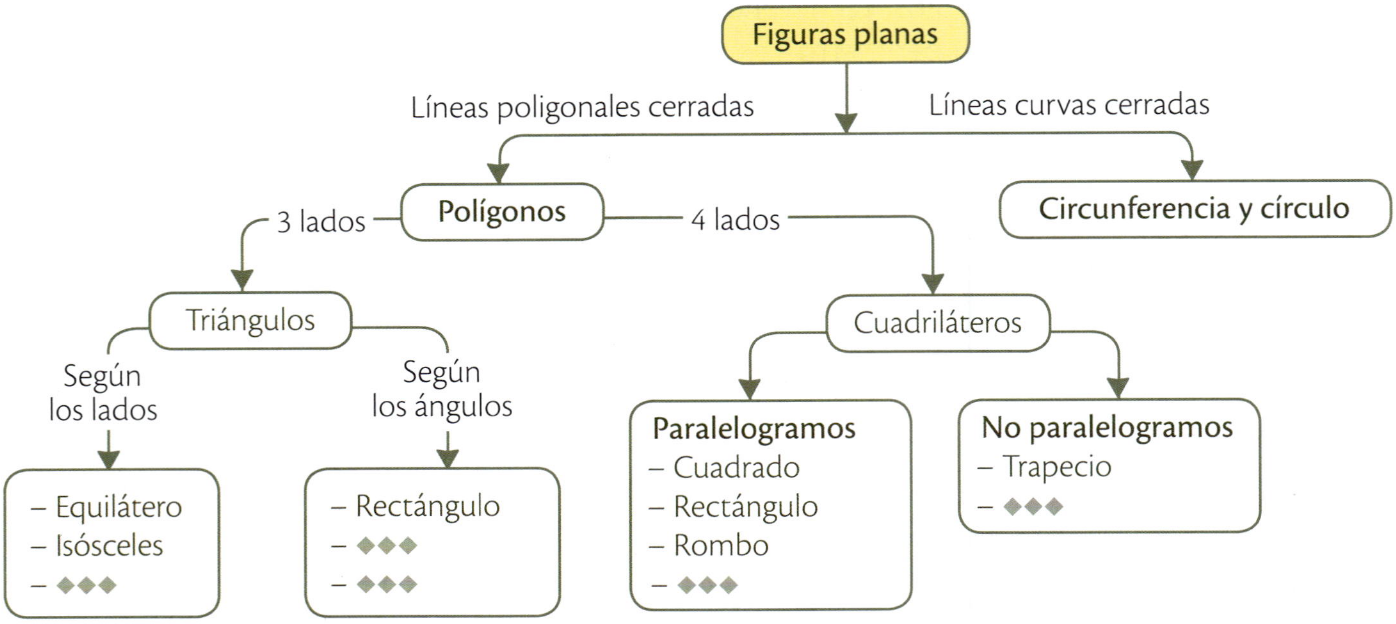

2 ¿Cuáles de estos polígonos son regulares? Clasifícalos según el número de lados.

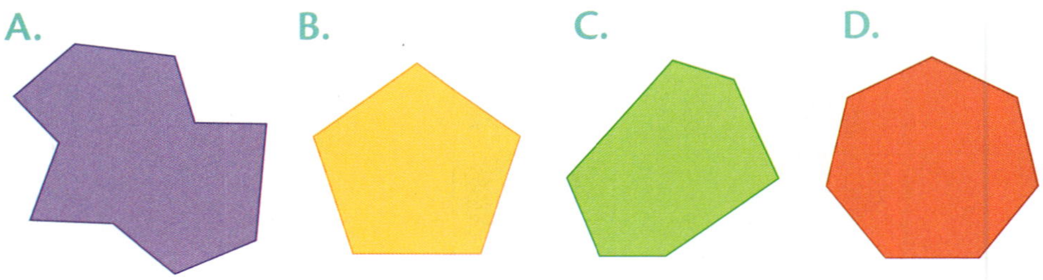

3 Si un triángulo tiene un ángulo recto, ¿cómo son los otros dos ángulos? Razona tu respuesta.

4 ¿En qué cuadrilátero piensa Ricardo? Dibújalo en tu cuaderno.

5 ¿Cuál es el área de la siguiente figura?

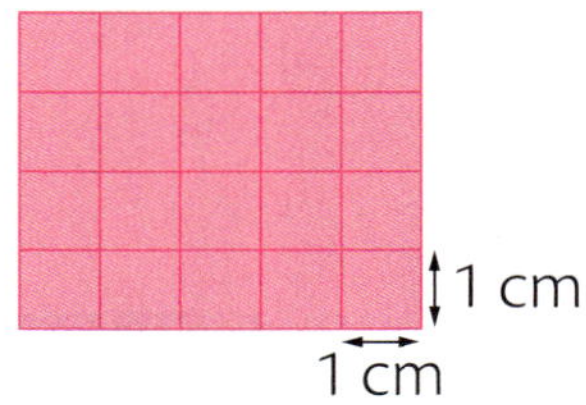

6 Completa la siguiente frase en tu cuaderno con las palabras radio y diámetro.

El ◆◆◆ es la mitad del ◆◆◆.
El ◆◆◆ es el doble del ◆◆◆.

7 Fíjate en este mosaico y responde.

a. Nombra los diferentes tipos de polígonos que ves.

b. ¿Son regulares o irregulares?

c. Si el lado del pentágono mide 5 cm, ¿cuánto miden los lados de los otros polígonos?

8 Mateo y Marcos tienen dos parcelas cuadradas. La de Mateo mide 9 m de lado. La parcela de Marcos tiene una superficie de 64 metros cuadrados.

a. ¿Cuánto mide la superficie de la parcela de Mateo?

b. ¿Cuánto mide el lado de la parcela de Marcos?

c. ¿Qué parcela es más grande?

d. Patricia tiene una parcela cuadrada con un área 36 metros cuadrados mayor que la de Marcos. ¿Cuánto mide el lado de la parcela de Patricia?

e. ¿Cuánto mide el perímetro de cada parcela?

9 El circuito de la carrera solidaria de este año tiene la siguiente forma.

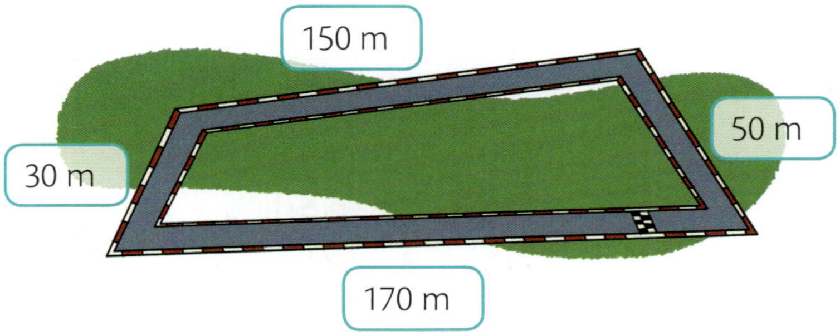

a. ¿Qué tipo de polígono es?

b. ¿Qué perímetro tiene el circuito?

c. ¿Cuántas vueltas tienen que dar para correr 20 km?

Mi diario

1 En esta unidad me he dado cuenta de que conocer las figuras planas es útil porque…

2 Lo que me ha parecido más fácil de aprender es…

3 Cuando trabajo en grupo me siento…

smMasSavia.com | Autoevaluación.

12

Cuerpos geométricos

En esta unidad vamos a:

Estudiar los poliedros.

¿Qué figura geométrica plana aparece?

Conocer los prismas.

¿Qué prisma tiene todas sus caras laterales y bases iguales?

Trabajar con las pirámides.

¿Cuántas caras iguales tiene un tetraedro?

Identificar los cuerpos redondos.

¿Qué figuras generamos al hacer los giros?

Construir cuerpos geométricos.

¿Todos los desarrollos planos están formados por polígonos?

smMasSavia.com

Lo que ya sé.

1 Poliedros

Nos activamos

1 Coge varios palillos y bolitas de plastilina para construir una figura.

- Haz un cuadrado.

- Pincha un palillo sobre cada plastilina hacia arriba y júntalos todos con otra bolita.

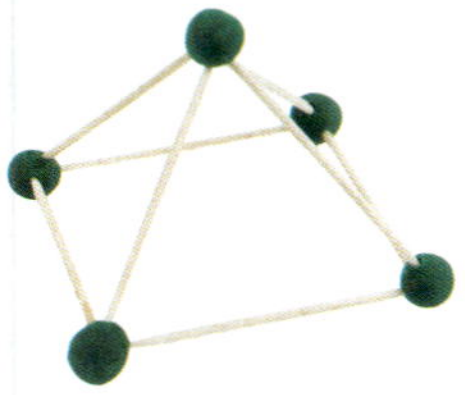

- Da la vuelta, y de nuevo, sobre el cuadrado vuelve a poner 4 palillos y júntalos.

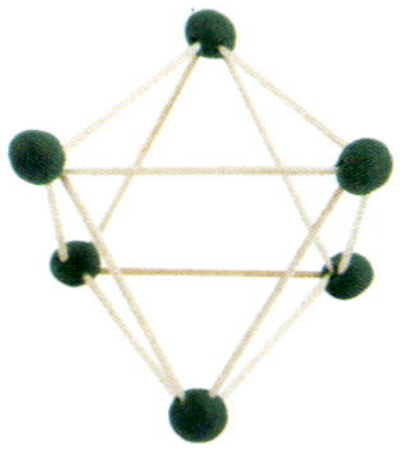

- ¿Cuántas bolitas de plastilina has utilizado?
- ¿Cuántos palillos has utilizado?

Comprendemos

Los **poliedros** son cuerpos geométricos cuyas caras tienen forma de polígono.

Los elementos de un poliedro son: **caras, vértices y aristas**.

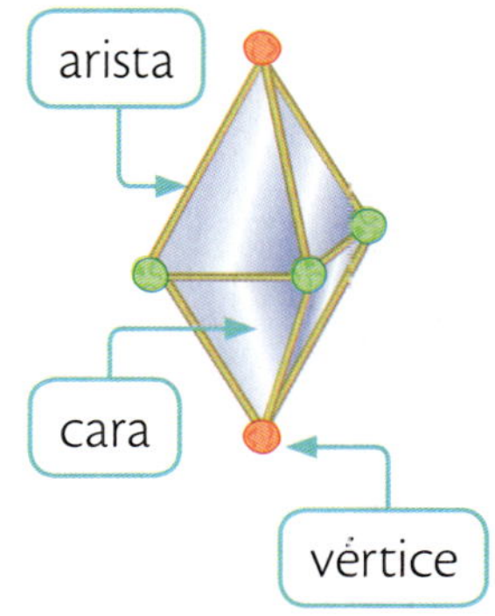

2 **Construye un cubo con los palillos y plastilina.**

- ¿Qué has utilizado para los vértices? ¿Y para las aristas?
- ¿Tiene caras tu cubo? ¿Se te ocurre cómo fabricar las caras?

Aplicamos

3 ¿Cuáles de estos objetos tiene forma de poliedro? Justifica la respuesta.

A. 

B. 

C. 

D. 

Los poliedros que tienen todas sus caras iguales se llaman **poliedros regulares**.

G I **4** Completa en tu cuaderno una tabla como esta.

	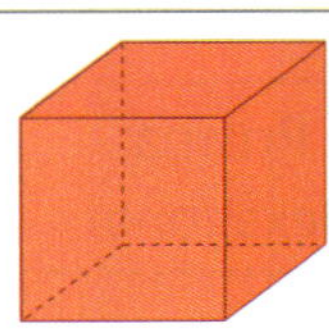	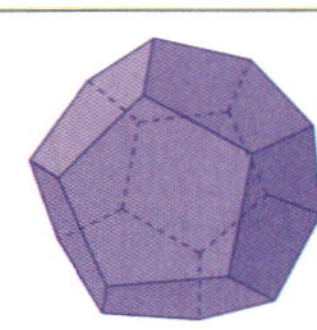	
N.º vértices	◆◆◆	◆◆◆	◆◆◆
N.º aristas	◆◆◆	◆◆◆	◆◆◆
N.º caras	◆◆◆	◆◆◆	◆◆◆
Polígonos que forman las caras	◆◆◆	◆◆◆	◆◆◆

5 ¿Cómo se llaman estas figuras?

¿En qué se parecen y en qué se diferencian?

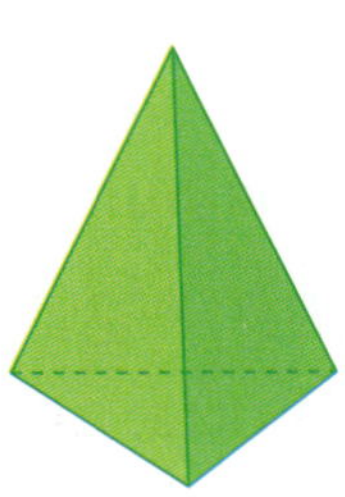

Nos activamos

1 Luisa y Marcos han colocado un cuadrado en su libro de espejos de pie de la siguiente manera.

Uno de tu equipo debe colocar un cuadrado de la misma forma. Decid ¡YA! cuando veáis el cubo.

- ¿Encontráis las caras? ¿Y las aristas?
- Ahora, abrid mucho el espejo hasta que veáis una forma triangular.

Comprendemos

- Un **prisma** es un poliedro que tiene dos bases iguales paralelas y varias caras laterales que son paralelogramos.
- Los prismas se nombran según el polígono de la base.

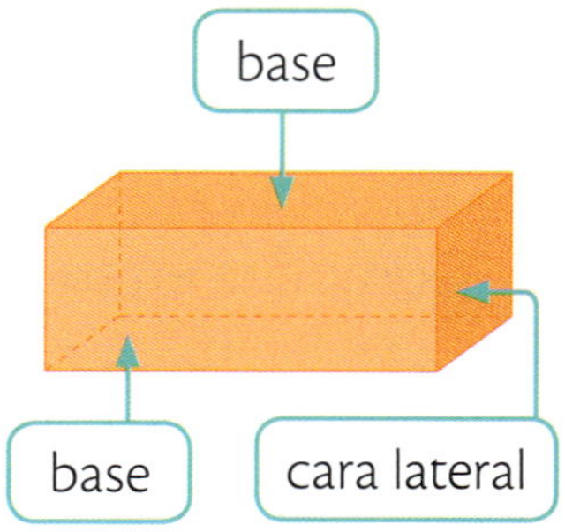

Prisma triangular

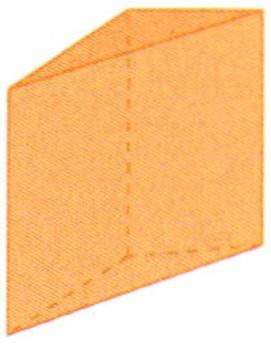

Su base es un triángulo.

Prisma cuadrangular

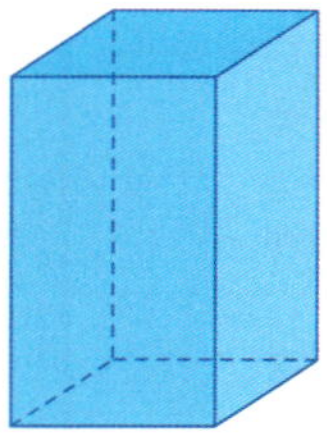

Su base es un cuadrilátero.

Prisma pentagonal

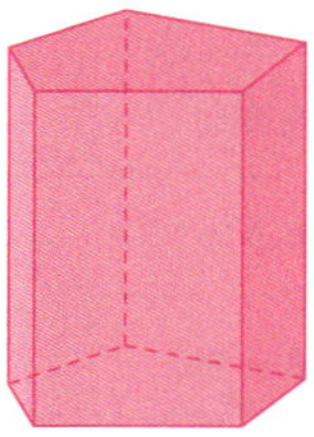

Su base es un pentágono.

Prisma hexagonal

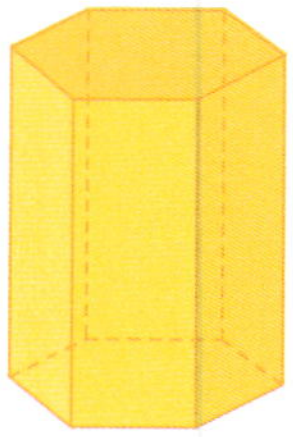

Su base es un hexágono.

smMasSavia.com

Diviértete con los prismas.

2 **Oriol ha cogido solo una de sus dos piezas y ha estampado la huella en la arena.**

- ¿Cómo se llama la figura que ha estampado?
- Si estampa la otra, ¿qué huella dejan sus caras laterales? ¿Y sus bases?

Aplicamos

3 ¿Qué objetos de la clase de Elena tienen forma de prisma?

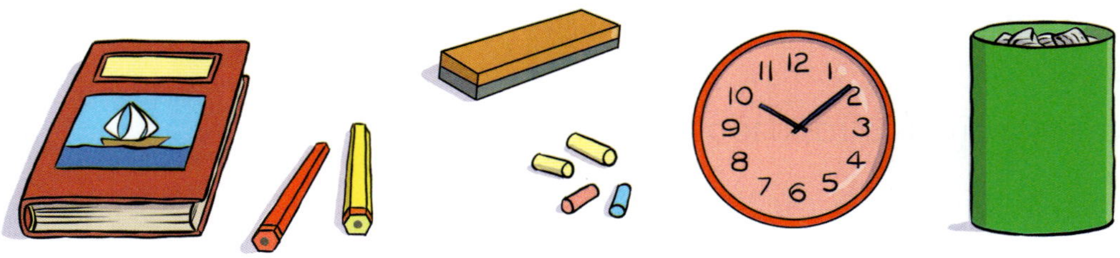

4 Copia y completa en tu cuaderno.

Polígono de las bases	◆◆◆	◆◆◆	◆◆◆
Número de caras laterales	◆◆◆	◆◆◆	◆◆◆
Número de vértices	◆◆◆	◆◆◆	◆◆◆

- ¿Qué relación hay entre el polígono de la base y el número de caras laterales?

5 Observa estos prismas y responde.

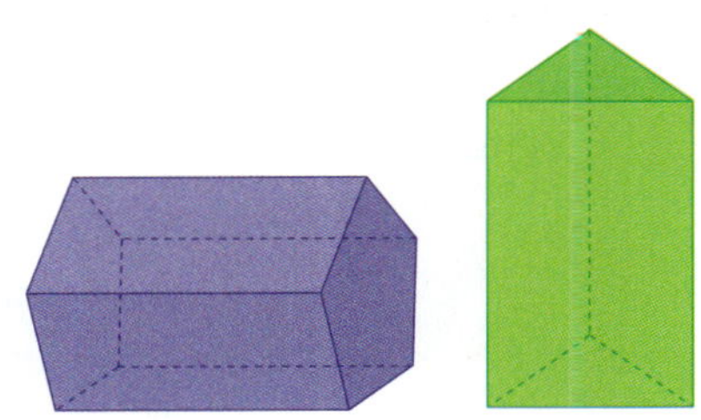

a. ¿Cómo se llaman?

b. ¿Cuántas caras laterales tienen? ¿Cuántos lados tienen los polígonos de las bases?

c. ¿Qué relación hay entre estas dos cantidades?

d. ¿Sucedería lo mismo si el prisma fuera de otro tipo?

6 Sigue las pistas y dibuja el prisma en tu cuaderno.

1.º Es un prisma cuadrangular.

2.º Sus caras son cuadrados.

3.º Se usa para jugar al parchís.

Nos activamos

1 Observa los dados del material de aula. Los números de las caras paralelas del cubo suman 7. Cuando vuestro profesor os enseñe una cara, tenéis que averiguar el número que hay en la otra.

- ¿Encontráis caras paralelas en los otros dados?

Comprendemos

- Una **pirámide** es un poliedro que tiene una sola base y varias caras laterales que son triángulos.
- Las pirámides se nombran según el polígono de la base.

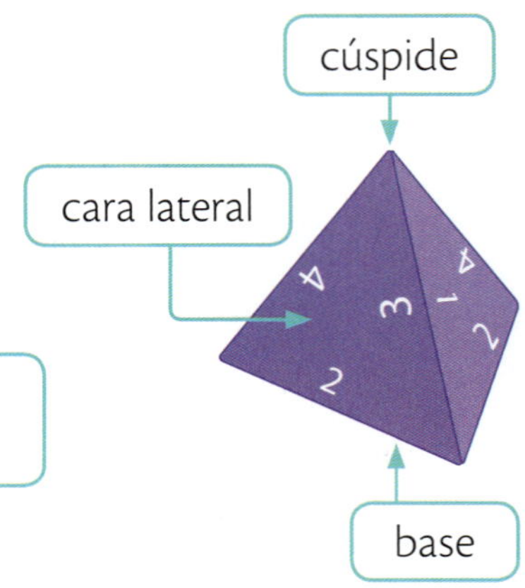

Pirámide triangular	Pirámide cuadrangular	Pirámide pentagonal	Pirámide hexagonal
	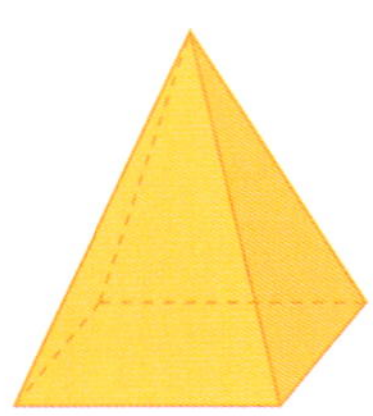	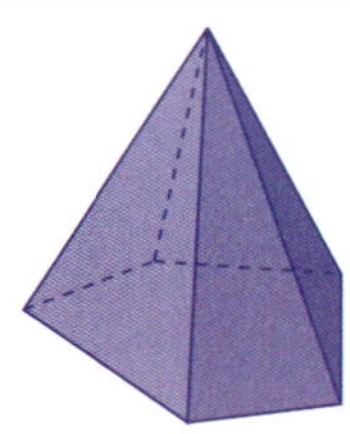	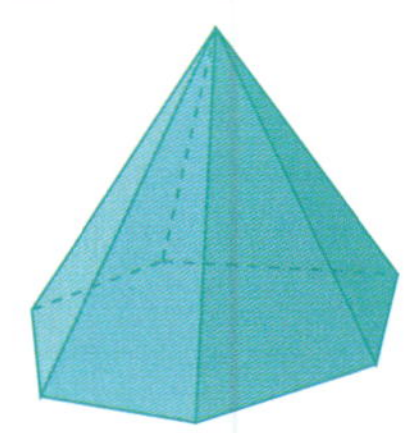
Su base es un triángulo.	Su base es un cuadrilátero.	Su base es un pentágono.	Su base es un hexágono.

2 **¿Cuáles de estas construcciones tienen forma de pirámide?**

A. 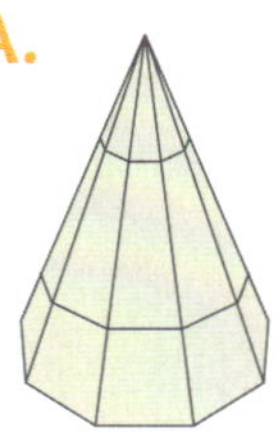
B. 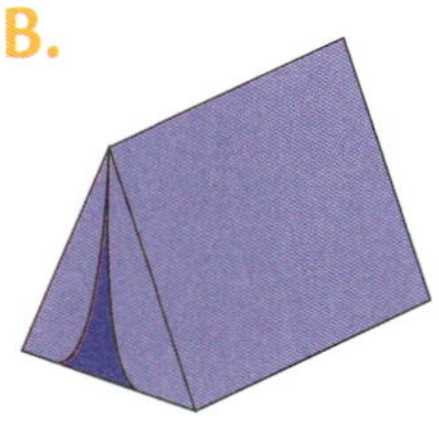
C. 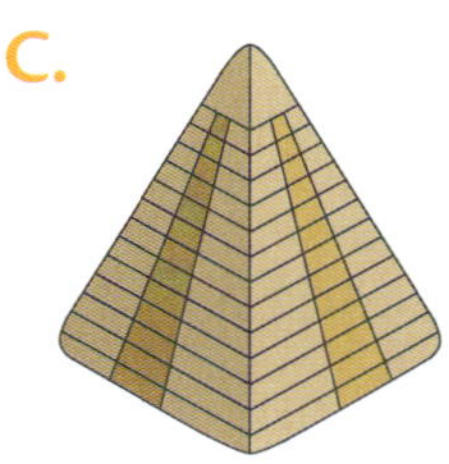
D. 

La pirámide que tiene todas sus caras iguales se llama **tetraedro**.

3 **¿Qué tipo de pirámide es el dado de tu clase?**

4 **Copia las pirámides en tu cuaderno y colorea según el código.**

aristas
cúspide
base

 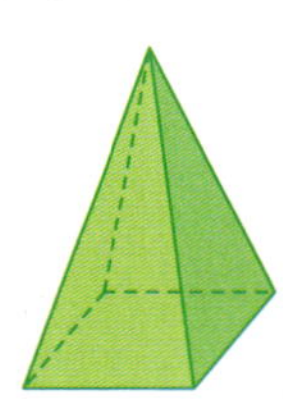 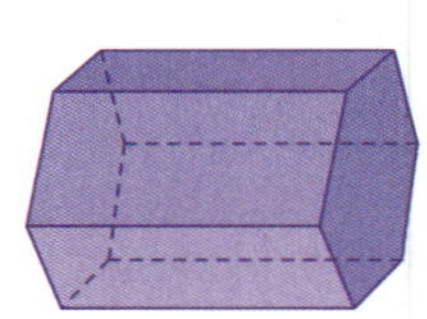 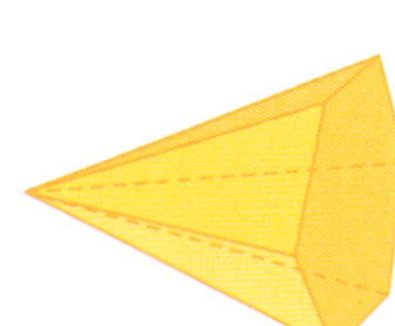 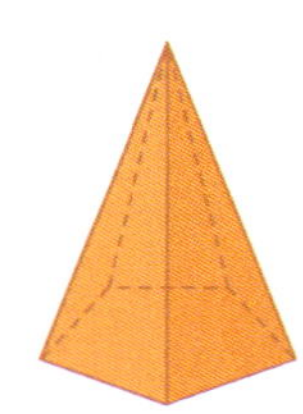

Aplicamos

5 Completa esta tabla en tu cuaderno.

	Pirámide hexagonal	Pirámide cuadrangular	Pirámide octogonal
N.º lados de la base	◆◆◆	◆◆◆	◆◆◆
N.º caras laterales	◆◆◆	◆◆◆	◆◆◆
N.º vértices	◆◆◆	◆◆◆	◆◆◆
N.º aristas	◆◆◆	◆◆◆	◆◆◆

6 Copia en tu cuaderno las afirmaciones que son ciertas.

A. La cúspide de una pirámide es un vértice de la base.

B. La base de una pirámide siempre es un polígono.

C. Una pirámide tiene tantas caras como aristas tiene en la base.

D. En una pirámide siempre hay más vértices que aristas.

E. La base de una pirámide puede ser un círculo.

7 Observa y responde.

a. ¿Qué huella deja una pirámide pentagonal si la apoyas por su base?

b. ¿Qué huella deja cada cara lateral? ¿Qué tipo de triángulo es según sus lados?

c. ¿Qué huella deja la cúspide?

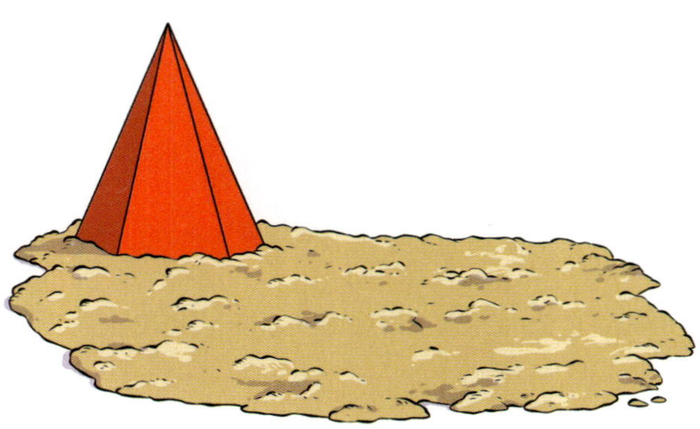

I G **8** Candela busca tela para forrar la casita con la que juegan sus nietos.

a. ¿Qué forma tiene la casita?

b. ¿Qué figuras tendrá que dibujar sobre la tela? ¿Cuántas necesita?

c. Le gustaría poner una cinta en las aristas para adornarlo. ¿Cuántas aristas tiene? ¿Cuántos rollos de 5 m necesita?

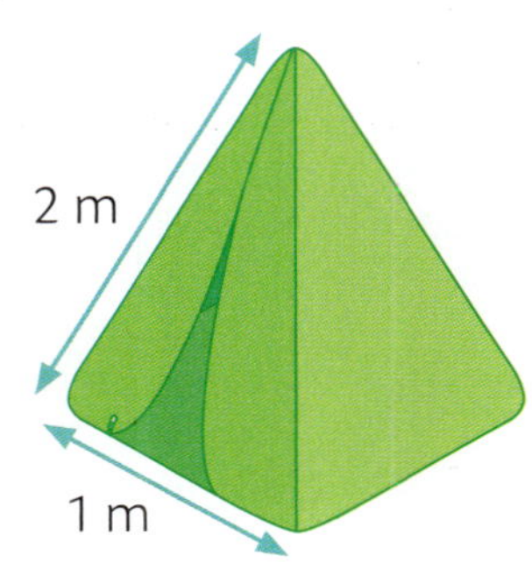

Nos activamos

1 En la clase de Pedro han jugado a las sombras. Han puesto 3 objetos detrás de una tela y con la ayuda de una linterna, hay proyectado las sombras de los objetos.

- ¿Han podido averiguar las figuras que se esconden detrás de la tela?

Comprendemos

Detrás de esta sombra se escondía esta figura, que se llama **cilindro**.

Detrás de esta sombra se escondía esta figura, que se llama **cono**.

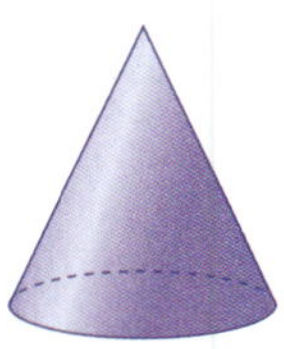

smMasSavia.com
Trabaja con los cuerpos redondos.

Detrás de esta sombra se escondía esta figura, que se llama **esfera**.

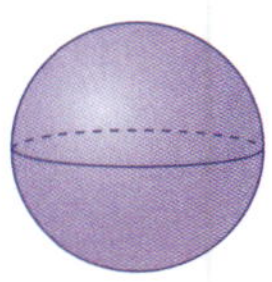

Los **cuerpos redondos** son cuerpos geométricos con alguna superficie curva.

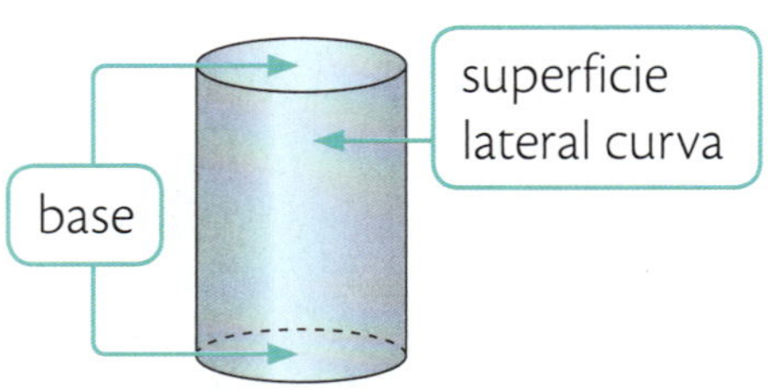

Cilindro

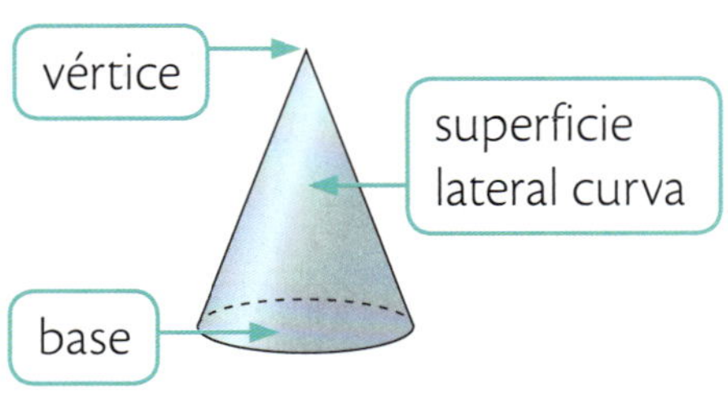

Cono

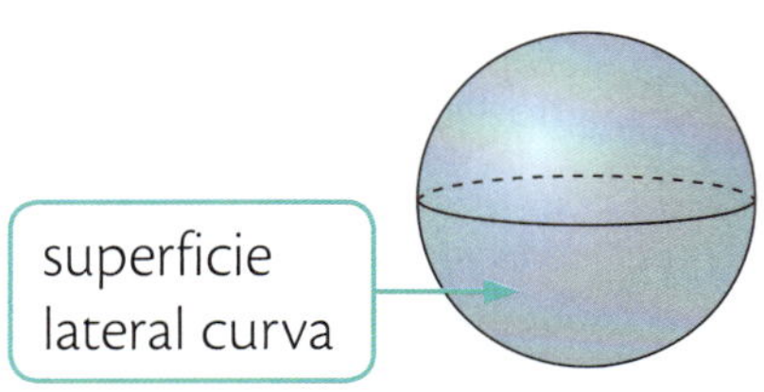

Esfera

2 ¿Cuáles de estos objetos tienen forma de cuerpo redondo?

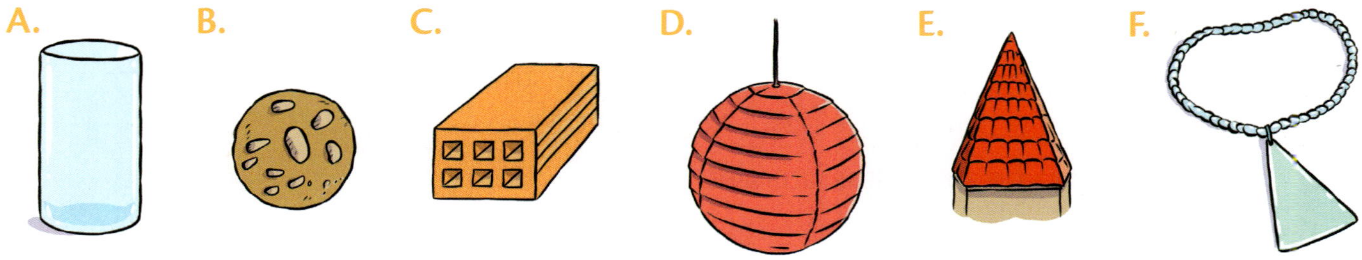

Aplicamos

3 Nombra dos objetos con forma de cilindro. ¿Por qué crees que se utiliza más el cilindro que el cono como envase?

4 Lorenzo ha construido varios objetos con forma de cuerpos geométricos. Después, los ha guardado en cajas. ¿Qué forma tiene el objeto que hay dentro de cada una?

Tiene vértice.	No tiene bases.	Tiene un número par de caras laterales planas.	Si juntas dos iguales, obtienes la misma forma.

5 ¿Una rueda es una esfera? Razona tu respuesta.

- Escribe el nombre de tres objetos con forma de esfera.

6 Mario le ha comprado una pelota de 7,5 cm de radio a su hermana y quiere dársela metida en una caja de regalo. ¿Le sirve alguna de estas cajas?

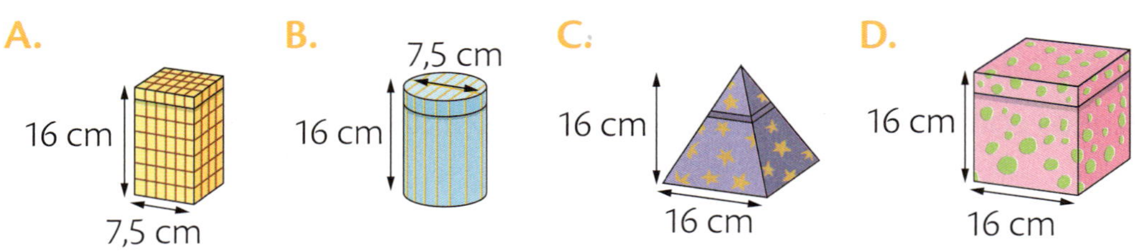

7 Juan dice que tiene muchas esferas guardadas en su bote.

- ¿Cómo puede ser?
- ¿Qué forma tiene el bote?

Nos activamos

1 1.º Coge una caja vacía de cartón que tenga forma prisma cuadrangular. Por ejemplo, una caja de pasta de dientes.

2.º Recorta por una de sus aristas laterales.

3.º Estira el cartón sobre la mesa.

- Dibuja en tu cuaderno la figura plana que has obtenido.

Comprendemos

El **desarrollo plano** de un cuerpo geométrico es la figura plana con la que se construye.

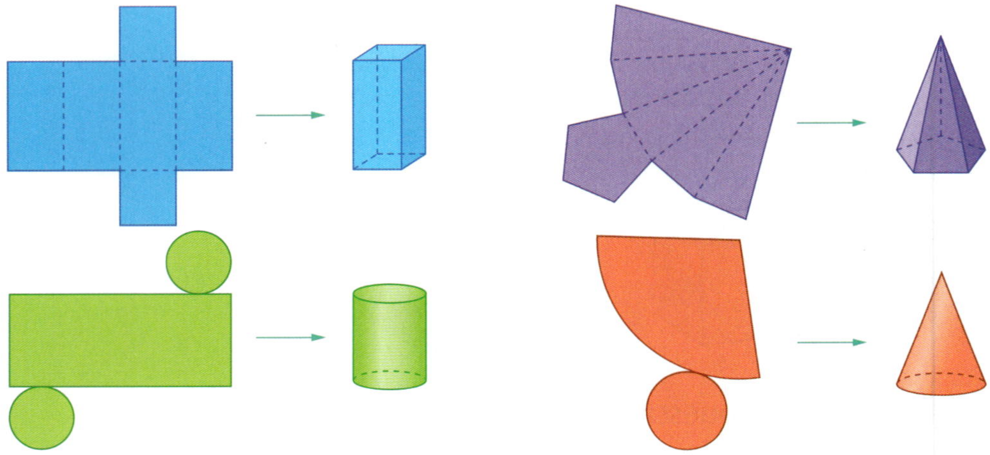

2 **Observa los desarrollos planos de arriba y contesta.**

a. ¿Qué figuras son las bases?

b. ¿En qué desarrollo plano no hay ningún polígono?

c. ¿Cómo se llama la figura que se forma con cada desarrollo?

smMasSavia.com
Trabaja con los cuerpos redondos.

3 **¿Qué cuerpos geométricos corresponden a estos desarrollos planos?**

A. 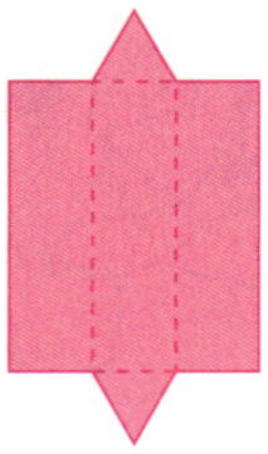

B. 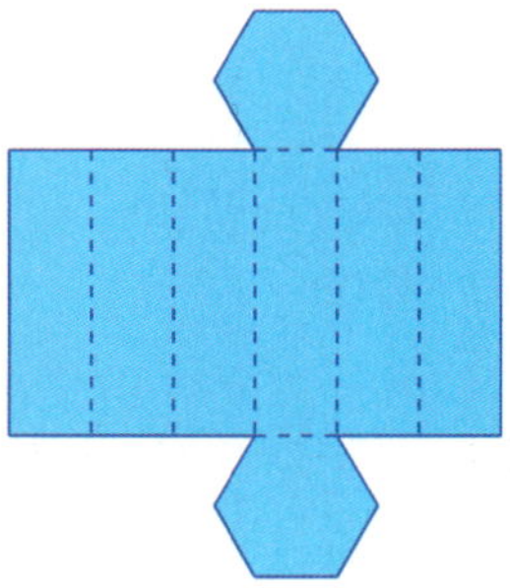

C. 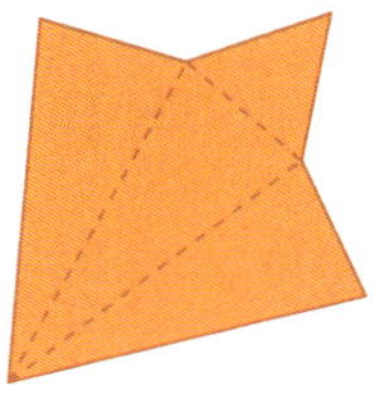

D. 

4 **Dibuja en tu cuaderno el desarrollo de estos poliedros.**

Cubo | Prisma pentagonal | Pirámide hexagonal

Aplicamos

5 Catalina ha dibujado estos desarrollos planos.

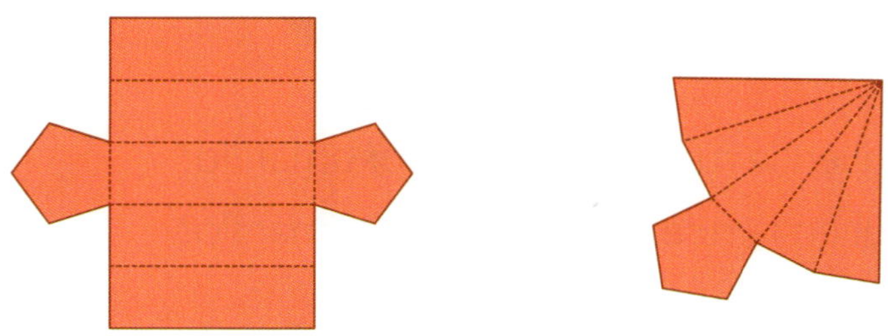

a. ¿Qué polígono tienen en común? ¿Qué parte del cuerpo geométrico es en cada caso?

b. ¿Qué parte del cuerpo geométrico son el resto de los polígonos?

c. ¿A qué figura corresponde cada desarrollo?

G〉I **6** ¿Tiene razón Ricardo? Explica por qué.

7 Aldo quiere construir una figura con la misma forma que esta. ¿Cuáles de estos desarrollos necesita dibujar? ¿Cuántas veces?

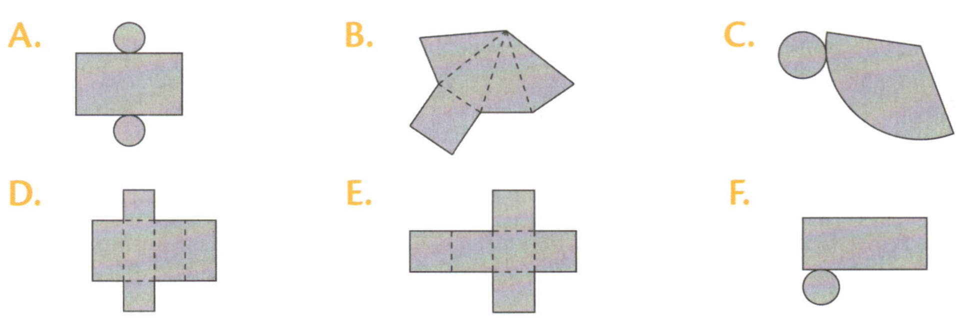

8 **Reflexionamos.** La huella que deja un cono o un cilindro es un círculo. ¿Qué huella deja una esfera?

Nos activamos

1 Fíjate en las ruletas del Taller de matemáticas y contesta a las preguntas.

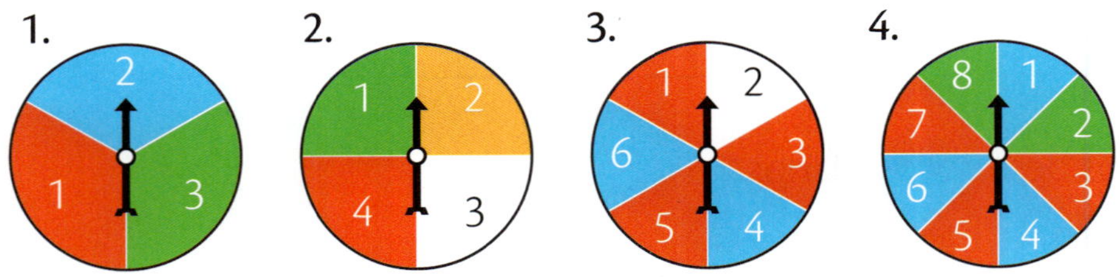

a. ¿Es posible obtener el color azul en la ruleta 1? ¿Y el color amarillo?

b. ¿Es posible obtener el color azul en la ruleta 2? ¿Y el color amarillo?

c. En la ruleta 3, ¿es más fácil sacar el color azul o el color rojo?

d. ¿En qué ruleta es más fácil sacar un número primo?

Comprendemos

El color o número que salga en las ruletas depende del **azar**. Cada uno de los posibles resultados (azul, rojo, verde, uno, dos, tres…) se llama **suceso**.

> Un **suceso seguro** siempre va a ocurrir.
>
> Un **suceso posible** puede ocurrir o puede no ocurrir.
>
> Un **suceso imposible** no va a ocurrir nunca.

2 **Fíjate en la ruleta 1. Relaciona en tu cuaderno las situaciones de la izquierda con los tipos de suceso de la derecha.**

Obtener un número primo	Suceso seguro
Obtener el color azul	Suceso imposible
Obtener el color amarillo	Suceso posible

3 **Escribe un suceso seguro, un suceso posible y un suceso imposible de las ruletas del ejercicio 1.**

Ejemplo ▸

En la ruleta 1, es un suceso seguro obtener un número menor que 4.

Aplicamos

4 Luna saca una bola de la urna sin mirar. Indica qué tipo de sucesos son las siguientes situaciones. Explica por qué.

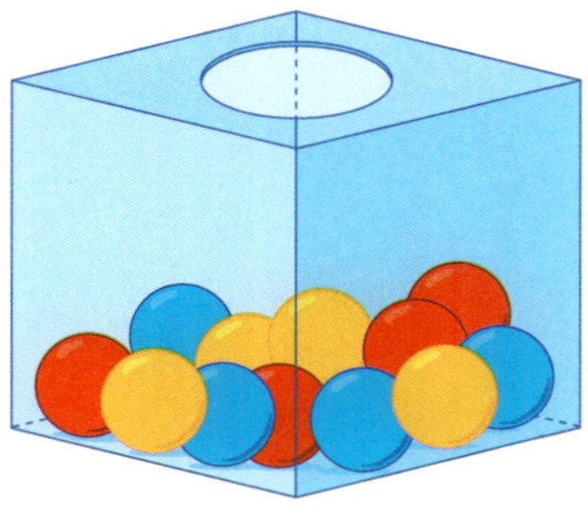

- Sacar una bola de color.
- Sacar una bola verde.
- Sacar una bola amarilla o una bola roja.

5 Indica si las siguientes frases son verdaderas o falsas.

a. Sacar el número 8 al lanzar un dado de 6 caras es un suceso posible.

b. Sacar un número par al lanzar un dado de 6 caras es un suceso posible.

c. Sacar un número impar al lanzar un dado de 6 caras es un suceso imposible.

d. Sacar un número del 1 al 6 al lanzar un dado de 6 caras es un suceso seguro.

6 Carlos tiene tres bolsas con diferentes formas geométricas en su interior.

A.

B.

C.

a. ¿Qué bolsa cogeremos para que sacar un cuadrado sea un suceso seguro?

b. ¿Qué bolsa cogeremos para que sacar un círculo sea un suceso posible?

c. ¿Qué bolsa cogeremos para que sacar un triángulo sea un suceso imposible?

CÁLCULO MENTAL

Dividir entre 5

430 : 5

430 —(: 10)→ 43 —(doble)→ 86

430 : 5 = 86

1. Resuelve mentalmente.

250 : 5	125 : 5	840 : 5	180 : 5
415 : 5	320 : 5	535 : 5	635 : 5

2. Explica cómo puedes resolver la siguiente división si en tu calculadora no funciona la tecla del número 5.

3. El jueves el colegio hará una visita a un museo de arte. Hay 110 personas entre las cuatro clases y hay que entrar en grupos de 5. ¿Cuántos grupos habrá que hacer?

LAS VACACIONES DE RODRIGO

Rodrigo va a pasar dos semanas de vacaciones en casa de sus abuelos. Está muy ilusionado. Prepara una maleta de ropa con un pantalón azul y otro gris. También mete tres camisetas, una negra, una blanca y una roja. Por último, incluye dos chaquetas, una amarilla y otra verde. ¿De cuántas formas diferentes podrá vestirse Rodrigo?

> Comprender

1. Lee el problema atentamente.
2. Responde a las siguientes preguntas:

a. ¿Cuántos tipos de prenda lleva Rodrigo?
b. ¿Cuántos colores diferentes tiene de cada tipo?

3. Organiza los datos, relaciones y objetivo del problema.
4. Dibuja un diagrama o un gráfico que explique el problema.

> Pensar

1. En grupos, pensad qué estrategia podéis utilizar para resolver el problema. ¿Por qué la utilizáis?
2. ¿Habías pensado en otra estrategia? ¿Por qué no la habéis elegido?

> Ejecutar

1. Ten en cuenta la información que has recogido y la estrategia que has elegido.
2. Representa la situación del problema en un diagrama.
3. Resuelve el problema. ¿Cuál es la solución?

> Responder

1. Vuelve al problema y comprueba si la solución es válida.
2. Asegúrate de si hay una solución única o hay varias.
3. Lee de nuevo el objetivo y escribe una respuesta.

Rodrigo podrá vestirse de ◆◆◆ formas diferentes.

PROBLEMAS

Observa y contesta

UN EXTRAÑO CLIENTE

1. Un extraño cliente ha llegado a la heladería y ha pedido un cilindro que contenga en su interior dos esferas de sabor afrutado. ¿Qué ha pedido el cliente?
2. ¿Por qué lo ha llamado así?
3. ¿Por qué el niño le mira con esa cara de sorpresa?
4. ¿Cuánto tiene que pagar el extraño cliente por su pedido?
5. ¡En su época no había euros y céntimos! Así que ofrece como pago su preciado monóculo. ¿Qué diferencia de forma hay entre el monóculo y la bola de helado?

UNA HELADERÍA

6. Fíjate bien en un cono de helado sin bola. ¿Es realmente un cono?
7. ¿Y la tarrina es realmente un cilindro?
8. ¿Qué podrías hacer para que la tarrina sí fuera un cilindro?
9. Si ajustan el tamaño de la bola de helado al diámetro del contenedor de helado, ¿sería más grande la bola en el cono o en la tarrina? ¿Por qué?
10. Si la esfera tiene exactamente el mismo diámetro que la tarrina, ¿cabrá la mitad de la bola de helado?
11. El último cliente del día ha gastado 4,10 €. ¿Qué ha podido comprar?

UN NIÑO SORPRENDIDO

12. ¿Qué formas ves en el helado que ha pedido el niño?
13. ¿Cuánto ha tenido que pagar el niño por su helado?
14. ¿Cuánto se habría ahorrado en caso de pedir el helado con la tarrina cilíndrica en lugar de pedirlo con el cono?

Utiliza tus estrategias

1 ¿Cuántos tetraedros se pueden construir con 216 triángulos, de los cuales un tercio son triángulos equiláteros iguales?

2 El cubo de Rubik es un rompecabezas formado por 27 cubitos más pequeños.

a. Si cada cara tiene un color diferente, ¿cuántos colores tiene el cubo de Rubik?

b. ¿Cuántas pegatinas hay en una cara del cubo de Rubik? ¿Cuántas hay en todo el cubo?

c. Una aficionada a resolver el cubo de Rubik tardó el año pasado, en una competición, 6 minutos y 35 segundos en resolverlo. Hoy ha tardado 5 minutos y 48 segundos. ¿Cuántos segundos más tardó el año pasado?

3 Han construido un edificio de 60 plantas con forma de prisma triangular. Si en cada planta hay 5 ventanas por fachada, ¿cuántas ventanas hay en el nuevo edificio?

A. 300 B. 120 C. 90 D. 900

4 En una rotonda han colocado una escultura con forma de poliedro gigante de 12 caras. Han tardado 9 horas en pintar cada cara. ¿Cuántos pintores han trabajado si cada uno ha empleado 18 horas y todos tienen la misma jornada?

Inventa un problema

Observa la imagen, lee el texto e inventa un problema cuya solución sea:

En el prisma cuadrangular cabe más líquido.

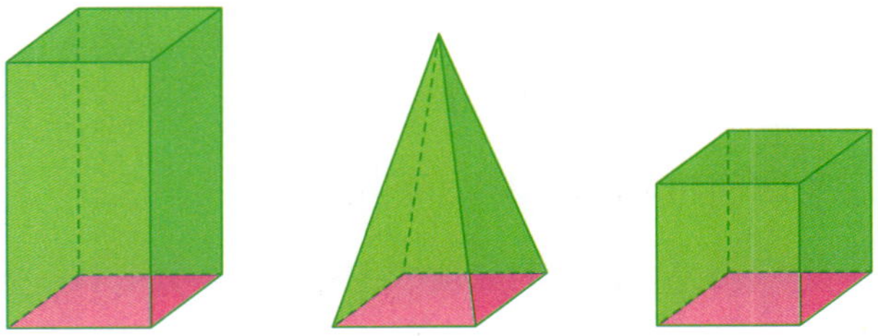

COMPROBAMOS LO APRENDIDO

1 Organiza tus ideas. Copia el esquema en tu cuaderno y complétalo con los cuerpos geométricos.

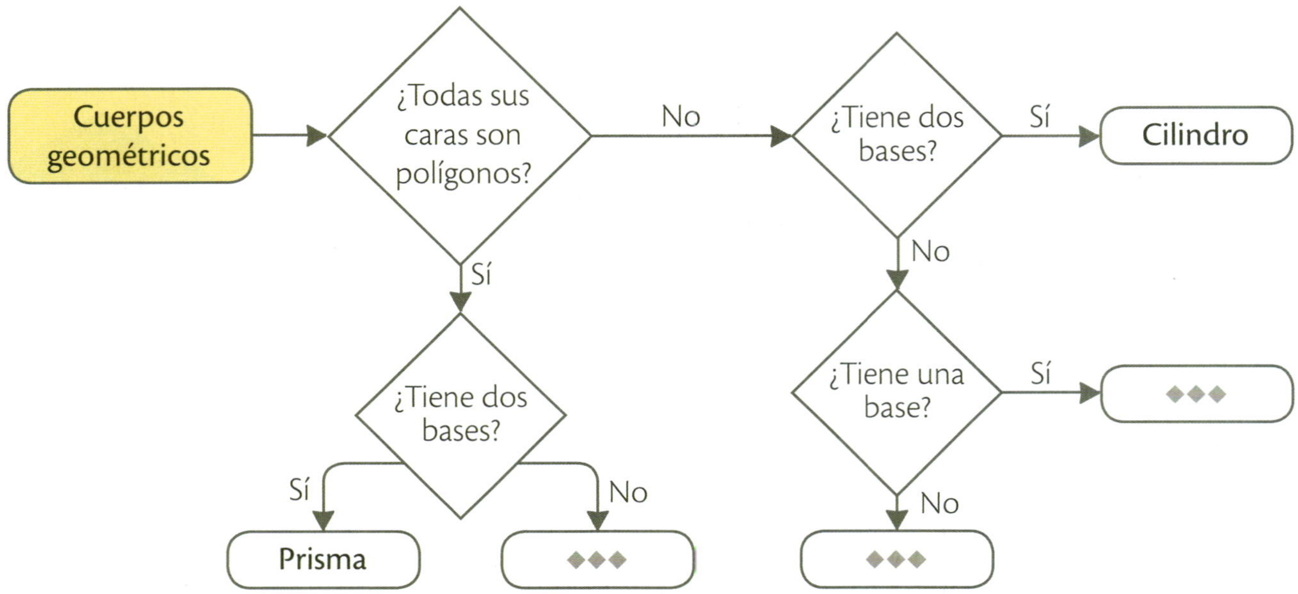

2 Escribe en tu cuaderno las semejanzas y diferencias que encuentras entre estas figuras.

A.

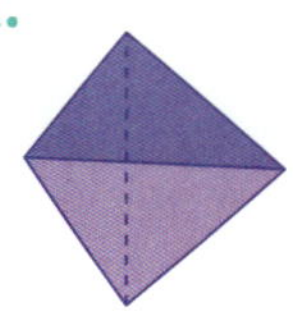

B.

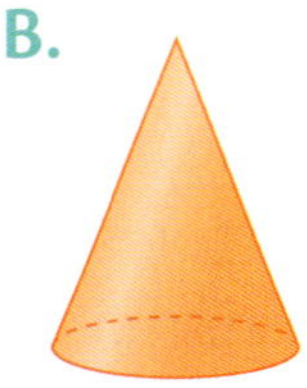

C.

D.

3 Dibuja en tu cuaderno un poliedro formado por 5 polígonos, que tiene 2 bases triangulares y 6 vértices. ¿Cómo se llama?

4 Martín y unos amigos construyen figuras con palillos y plastilina.

a. ¿Cuántos cubos pueden construir?

b. ¿Cuántas pirámides pueden hacer con los palillos y plastilina que sobran? ¿De qué tipo?

5 Completa en tu cuaderno.

Los poliedros son cuerpos ◆◆◆ cuyas ◆◆◆ son polígonos.

6 Sebastián quiere aprovechar un hueco de la trastienda que mide 1 m de largo, 2 m de acho y 3 m de alto para almacenar cajas.

a. ¿Qué forma tiene el hueco?

b. ¿Cuántas cajas pequeñas puede guardar?

c. ¿Y si solo guarda cajas grandes?

d. ¿Qué modelo elegirá para cubrir el hueco con el menor número posible de cajas?

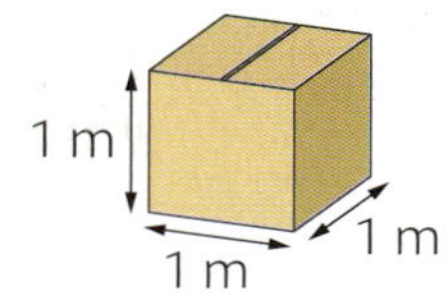

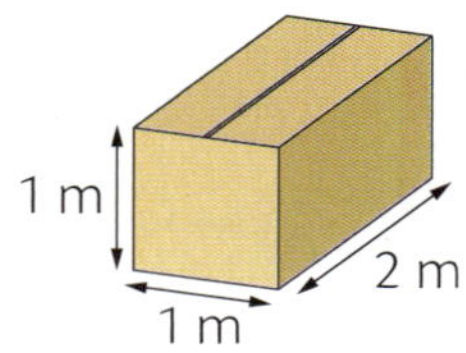

7 Los alumnos de 4.º han visitado una exposición muy especial en la que había figuras hechas con cubos. Cada alumno ha elegido la que más le ha gustado.

Figura	A	B	C	D
N.º alumnos	11	15	14	16

a. ¿En qué figura se han utilizado más cubos?

b. ¿Puedes formar un cubo con 9 piezas y que no te sobre ninguna?

c. ¿Cuántas piezas necesitas para formar un cubo con 16 piezas en la base?

d. ¿Cuántos cubos forman la figura elegida por la mayoría de los niños?

e. Crea una figura diferente hecha con cubos y dibújala.

Mi diario

1 ¿Qué tipo de actividades son las que más me han gustado? Intento explicar por qué.

2 En esta unidad, lo que más me ha costado aprender ha sido…

3 ¿Qué siento cuando algo que quiero hacer me resulta difícil?

smMasSavia.com | Autoevaluación.

MEJORA TU CONVIVENCIA EN CLASE

Muchas veces, necesitamos trabajar en equipo, algo que nos enriquece. Sin embargo, distintas opiniones pueden dar lugar a desacuerdos. En estos casos, es importante buscar una solución conjunta en la que todos salgan beneficiados.

¿Quieres saber cómo hacerlo?

Creamos un cuadro

PASO 1 Formad equipos de 3. Juntad las figuras de la actividad 6 de la página 213.

- ¿Podéis clasificarlas según estos criterios?
- Clasificad los triángulos según sus lados y según sus ángulos.
- ¿De qué tipos son vuestros cuadriláteros?
- ¿Qué círculo ocupa mayor superficie?

Tamaño	Forma
Superficie	Color
Textura	Otros...

PASO 2 Elegid una de estas palabras relacionadas con el trabajo en equipo:

Escuchar Colaborar Ayudar
Respetar Proponer Entender
Explicar Negociar

Utilizad todas las figuras para componer un cuadro relacionado con la palabra anterior.

- ¿Es posible hacer una composición simétrica? Explicad por qué.
- Pensad un título para vuestro cuadro.
- Hacedle una foto.

Construimos una escultura

TAREA FINAL

PASO 3 Elegid otra de las palabras del paso 2.

- Construid una escultura con todas vuestras figuras, relacionada con la palabra anterior.
- Poned un título a vuestra composición.
- Hacedle una foto.

PASO 4 Observad vuestra composición. ¿Habéis podido formar alguna de estas figuras?

En los casos en los que no, explicad qué os ha faltado o ha sobrado.

Prisma
Pirámide
Cilindro
Cono
Esfera

Trabajo en equipo

PASO 5 Recordad cómo habéis trabajado en el equipo y debatid estas preguntas.

- ¿Cuándo ha sido más difícil ponerse de acuerdo?
- ¿Cómo lo habéis solucionado?
- La forma de resolverlo, ¿ha sido respetuosa con todas las partes?
- ¿Podríais haber llegado a un acuerdo de otra forma?

PASO 6 Haced una exposición con las fotos y los títulos de vuestras creaciones. Colgadlas en un lugar visible para tener siempre cerca las pautas para el trabajo en equipo.

Mi diario

1. Explico los pasos que hemos seguido en el equipo para crear nuestra escultura.
2. Escribo una cosa que he descubierto sobre cómo trabajo en equipo haciendo esta tarea.

El libro **Matemáticas para 4.º de Primaria** forma parte del Proyecto Editorial de Educación Primaria de SM.
En su realización ha participado el siguiente equipo:

Autoría
Javier Bernabeu, Mercedes Garín, José Gabriel Díaz, Manuel García, María Nila Pérez, Francisco Morales, José Manuel Vidal, Aurora Bellido, Equipo editorial SM

Edición
Sara Sánchez, Eva Béjar, Aurora Bellido, Equipo I més, Servicios Editoriales, Belén Martínez, Carolina Arias, Silvia González

Asesoría pedagógica
José Gabriel Díaz

Corrección
Javier López

Ilustración
Ricard Zaplana, Diego Burdío, Juan Antonio Rocafort, Javier Andrada, Shutterstock, Alejandro Mesa (cubierta)

Fotografía
Sergio Cuesta, Fidel Puerta, María Pía Hidalgo; Montse Fontich / Archivo SM; SHUTTERSTOCK; 5W Infographic; iStock, AGE FOTOSTOCK; Getty Images; ARCHIVO SM

Edición gráfica
Sergio Cuesta

Diseño de cubierta e interiores
Estudio SM

Coordinación editorial de Matemáticas
Fina Arévalo

Coordinación transversal del proyecto
Nuria Corredera, Mara Mañas, Antonio de Pedro y Nuria Vallina

Dirección de Arte del proyecto
Mario Dequel

Dirección editorial
Aída Moya y Fina Arévalo

Todas las actividades contenidas en este libro han de ser realizadas en un cuaderno aparte, nunca en el propio libro.
Los espacios incluidos son meramente indicativos y su finalidad es puramente didáctica.

Igualdad de género
En SM utilizamos el masculino genérico, según las directrices académicas establecidas, para evitar textos excesivamente artificiosos y difíciles de entender. Con el fin de agilizar la lectura, utilizamos nombres de género común, y recurrimos a la duplicidad masculino/femenino cuando pueda producirse ambigüedad en el mensaje. En este último caso, equilibramos el uso de ambos géneros y evitamos estereotipos.

Así mismo, siguiendo la orientación de Ana López-Navajas, experta en igualdad de género, en Más Savia damos visibilidad a las mujeres desde diferentes perspectivas: ofrecemos una imagen ajustada y equitativa de todas las áreas del saber para construir un recorrido histórico sin sesgo de género, ofreciendo modelos históricos y culturales femeninos para transmitir una cultura participada por ambos sexos; identificamos el papel, impulsor de progreso social, que han tenido las mujeres anónimas en la intrahistoria; y ofrecemos referentes profesionales y experiencias vitales que rompen con una visión limitada de las vocaciones, aficiones y sensibilidades al no asociarlas con un género concreto.

Gestión de las direcciones electrónicas
Debido a la naturaleza dinámica de internet, SM no puede responsabilizarse de los cambios o las modificaciones en las direcciones y los contenidos de los sitios web a los que remite en este libro.

Con el objeto de garantizar la adecuación de las direcciones electrónicas de esta publicación, SM emplea un sistema de gestión que redirecciona las URL que con fines educativos aparecen en la misma hacia diversas páginas web; entre otras de uso frecuente: http://es.wikipedia.org, www.youtube.es. SM declina cualquier responsabilidad por los contenidos o la información que pudieran albergar, sin perjuicio de adoptar de forma inmediata las medidas necesarias para evitar el acceso desde las URL de esta publicación a dichas páginas web en cuanto tenga constancia de que pudieran alojar contenidos ilícitos o inapropiados. Para garantizar este sistema de control es recomendable que el profesorado compruebe con antelación las direcciones relacionadas y que comunique a la editorial cualquier incidencia a través del correo electrónico ediciones@grupo-sm.com.

ISBN General: 978-84-9182-213-4
ISBN Andalucía: 978-84-9182-216-5
Depósito legal: M-6820-2019
Depósito legal: M-12427-2019
Impreso en la UE / *Printed in EU*

Este libro está impreso en papel procedente de bosques gestionados de manera sostenible.